大学计算机应用基础

主　编◎刘　震　姚文亮　范　彬
副主编◎徐立波　于修理　赵　军
参　编◎王星苹　郭冰莹　张　淼　刘　洋
李　洋　孙　晋　杨　光　丁　静
卢佳斌　吴素红

北京理工大学出版社
BEIJING INSTITUTE OF TECHNOLOGY PRESS

内 容 简 介

本书以科技自立自强的国家发展战略为指导，以培养计算机应用技术应用型人才为目标，以微软 Windows 10 和国产麒麟操作系统为切入点，从企业、行业办公需求出发，全面系统地介绍了计算机的基础知识、基本操作与应用。

本书共 8 章，主要包括计算机基础知识、操作系统、WPS 文字处理软件、WPS 电子表格软件、WPS 演示软件、WPS 的云服务与移动办公应用、计算机网络应用和网络安全以及计算机应用能力拓展等。

本书结合大量典型案例，注重理论知识与实际情景相结合，既可作为广大应用型本科院校、职业院校的计算机基础课程教材，也可作为计算机培训班的应用教学参考用书。

图书在版编目（CIP）数据

大学计算机应用基础 / 刘震，姚文亮，范彬主编. --北京：北京理工大学出版社，2023.8
ISBN 978-7-5763-2729-8

Ⅰ. ①大… Ⅱ. ①刘… ②姚… ③范… Ⅲ. ①电子计算机-高等学校-教材 Ⅳ. ①TP3

中国国家版本馆 CIP 数据核字（2023）第 149126 号

出版发行 / 北京理工大学出版社有限责任公司
社　　址 / 北京市海淀区中关村南大街 5 号
邮　　编 / 100081
电　　话 / (010) 68914775（总编室）
　　　　　(010) 82562903（教材售后服务热线）
　　　　　(010) 68944723（其他图书服务热线）
网　　址 / http://www.bitpress.com.cn
经　　销 / 全国各地新华书店
印　　刷 / 涿州市新华印刷有限公司
开　　本 / 787 毫米×1092 毫米　1/16
印　　张 / 16.25
字　　数 / 382 千字
版　　次 / 2023 年 8 月第 1 版　2023 年 8 月第 1 次印刷
定　　价 / 49.00 元

责任编辑 / 李　薇
文案编辑 / 李　硕
责任校对 / 刘亚男
责任印制 / 李志强

图书出现印装质量问题，请拨打售后服务热线，本社负责调换

前言

随着信息技术的飞速发展，计算机的应用已经渗透到社会的各行各业，计算机在人们的工作和生活中发挥着越来越重要的作用。因此，能够熟练运用计算机进行信息处理是每位大学生必须掌握的基本能力。

大学计算机应用基础是我国高等院校非计算机专业的公共必修课，依据《新时代大学计算机基础课程教学基本要求》，适应以科技自立自强的国家发展战略为指导思想的需要编写本书。本书结合行业、企业对于从业人员的信息技术创新应用替代计算机的应用水平和综合素养的需求，制订培养学生学习计算机应用能力的目标和课程目标，体现了教材的科学性和严谨性，紧贴科技创新前沿发展。

本书重构了内容体系结构，强化以信息技术应用创新为目标的信息素养培养，增强学生对信息技术应用创新的意识。同时，本书设计了“必修”与“选修”相结合的内容体系，使学生既掌握了基本的计算机系统知识，又以不同专业的行业需求为背景，满足不同专业对于计算机应用的实际需求。除此之外，本书利用网络教学平台，配置了相关的教学资源，在教学资源的选取过程中结合思政，增强大学生科技自强意识，培养爱国情怀。

本书深入浅出地讲解了以下 8 章内容。

第 1 章　计算机基础知识。其内容包括计算机发展简史，计算机的特点、分类与应用，计算机系统，数制转换与信息编码，多媒体技术，计算机病毒及其防治。

第 2 章　操作系统。其内容包括麒麟操作系统与 Windows 10 操作系统，以及各操作系统下的基本操作、文件和文件夹管理、系统设置等，使学生熟练使用计算机。

第 3 章　WPS 文字处理软件。其内容包括 WPS 文字的基本操作、WPS 文字文档编辑、WPS 文字文档排版、WPS 中的图片和图形、WPS 文字中的表格等主要功能，并通过动手练习模块，使学生熟练使用 WPS 文字制作各类文档。

第 4 章　WPS 电子表格软件。其内容包括 WPS 表格的基本操作、WPS 表格数据运算、WPS 表格数据处理以及 WPS 表格图表设计等主要功能，并通过练习实践模块，使学生熟练使用 WPS 表格处理和制作各类表格文件。

第 5 章　WPS 演示软件。其内容包括 WPS 演示的基本操作、幻灯片的基本操作、演示文稿中的动态设计以及演示文稿的放映、打包与打印等主要功能，并通过练习实践模块，使学生熟练使用 WPS 演示软件制作各类演示汇报类文档。

第 6 章　WPS 的云服务与移动办公应用。其内容包括 WPS 云办公云服务、云共享与协作、金山 WPS Office 移动版的相关操作等。

第 7 章　计算机网络应用和网络安全。其内容包括计算机网络的网络现状、网络安全以及网络安全实践等。

第 8 章　计算机应用能力拓展。其内容包括图像处理、短视频制作、华为鸿蒙系统、微信小程序、VMware 虚拟机、办公绘图等软件的使用。

本书由刘震、姚文亮、范彬担任主编，由徐立波、于修理、赵军担任副主编，王星苹、郭冰莹、张森、刘洋、李洋、孙晋、杨光、丁静、卢佳斌、吴素红参与编写。其中刘震编写第1章的1.1~1.3节、第2章的2.1.1小节、2.2.1小节和2.2.2小节，赵军编写第1章的1.4~1.6节，姚文亮编写第2章的2.1.2~2.1.3小节、第4章的4.6节~4.7节、第7章的7.4节，王星苹编写第2章的2.1.4~2.1.5小节，郭冰莹编写第2章的2.2.3~2.2.6小节和第8章的8.5节，范彬编写第3章，徐立波编写第4章的4.1~4.5节，于修理编写第5章和第6章的6.1~6.2节，杨光编写第6章的6.3节，张森编写第7章的7.1节，刘洋编写第7章的7.2~7.3节，卢佳斌编写第8章的8.1节，孙晋编写第8章的8.2节，丁静编写第8章的8.3节，李洋编写第8章的8.4节，吴素红编写第8章的8.6节。刘震负责全书的整体结构设计与统稿，张文强负责审稿。

由于时间仓促，编者学识水平和经验有限，书中难免存在不足之处，恳请读者批评指正。同时向在本书编写过程中基于热情帮助和支持的各位同仁表示衷心感谢！

编　者

2023年5月

目　录

CONTENTS

第 1 章　计算机基础知识

第 2 章　操作系统

第 3 章　WPS 文字处理软件

第 4 章 WPS 电子表格软件

第 5 章 WPS 演示软件

第 6 章 WPS 的云服务与移动办公应用

第 7 章 计算机网络应用和网络安全

第8章 计算机应用能力拓展

第1章 计算机基础知识

1.1 计算机发展简史

随着人类文明的不断进步，计算工具经历了从简单到复杂、低级到高级的发展过程，相继出现了算筹、算盘、手摇机械计算机、电动机械计算机等计算工具，它们在不同的历史时期发挥了各自的作用，也孕育了现代电子计算机的设计思想和雏形。

1.1.1 计算机的产生

第二次世界大战期间，科学家和工程师迫切需要一种能更加快速运算的计算工具。当时，电子技术已具有记数、计算、传输、存储控制等功能，因此，科学家们利用电子技术制作了电子计算机。

1946 年，美国宾夕法尼亚大学成功研制了世界上第一台通用计算机 ENIAC(Electronic Numerical Integrator And Computer)，如图 1-1 所示。

ENIAC 整体重达 30 吨，占地 167 平方米，由 18 000 多个电子管、1 500 多个继电器组成。它的运算速度为每秒 5 000 次加法，这是划时代的"高速度"。美籍匈牙利科学家冯·诺依曼(John Von Neumann)与美国莫尔电机工程学院一个科研小组合作研制出了离散变量自动电子计算机(Electronic Discrete Variable Automatic Computer，EDVAC)，后世称为冯·诺依曼结构计算机。直至今天，绝大部分的计算机依然采用冯·诺依曼结构计算机的体系结构。因此，冯·诺依曼也被誉为"现代电子计算机之父"，如图 1-2 所示。

图 1-1　第一台通用计算机 ENIAC

图1-2　现代电子计算机之父——冯·诺依曼

1.1.2 计算机的发展

1. 计算机的发展阶段

计算机的硬件性能与其所采用的元器件密切相关，因此，现代计算机以计算机物理器件的变革作为标识，将计算机的发展划分为以下几个阶段。

1)第一代电子管计算机(1946—1958年)

电子管计算机时代，计算机的主要元器件是电子管，如图1-3所示，其输入、输出设备主要使用穿孔卡，主存储器采用磁鼓、磁芯，外存储器使用磁带。这个阶段的计算机没有操作系统和软件的概念，编程语言采用机器指令或汇编语言。第一代电子管计算机的体积庞大，运算速度低(一般为每秒几千次到几万次)，成本高，可靠性差，内存容量小。

这个阶段的计算机主要的应用领域在科学计算方面，其代表机型有ENIAC及IBM公司的650、709等。

2)第二代晶体管计算机(1959—1964年)

晶体管计算机时代，晶体管的出现代替了体积庞大的电子管，使计算机的体积不断缩小，性能得到了极大的提高。这个阶段的计算机的主要元器件是晶体管，如图1-4所示，主存储器采用磁芯，外存储器使用磁带。该阶段引入了中断等一系列现代计算机技术，使系统处理能力和输入/输出能力大大提高。软件方面出现了FORTRAN、COBOL、ALGOL等一系列高级语言。第二代晶体管计算机的体积小，速度快(一般为每秒10万次，可高达300万次)，功耗低，性能更稳定。

这个阶段的计算机主要的应用领域在工程设计和数据处理方面，其代表机型有IBM公司的7090、7094及CDC公司的T600等。

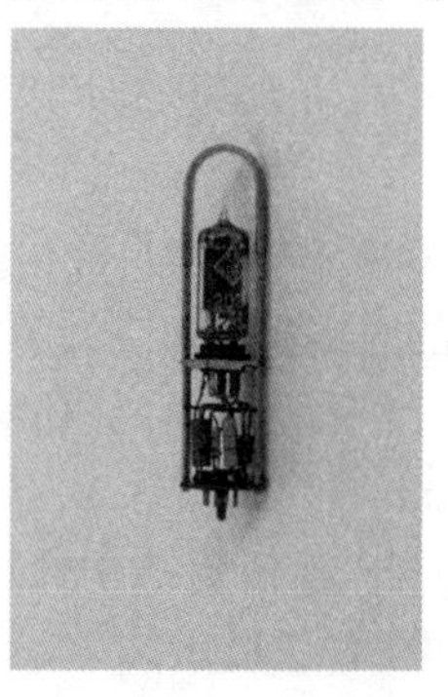

图1-3 电子管

图1-4 晶体管

3)第三代中、小规模集成电路计算机(1964—1970年)

图1-5 中、小规模集成电路

随着半导体工艺的发展，人们成功制造出了集成电路(Integrated Circuit，IC)计算机。在中、小规模集成电路计算机时代，中、小规模集成电路(如图1-5所示)代替了分立元器件，半导体存储器代替了磁芯存储器。软件方面，引入了分时操作系统，有了标准化的程序设计语言Basic，还提供了大量面向用户的应用程序。第三代中、小规模集成电路计算机的体积更小，功耗更低，速度更快(一般为每秒数百万次到数千万次)。

这个阶段的计算机的应用领域拓展到数据处理、事务管理和工业控制等领域其代表机型有以 DEC 公司的 PDP-11 为代表的小型机系统和 VAV 系列的计算机等。

4)第四代大规模、超大规模集成电路计算机(1971 年至今)

大规模集成电路(Large Scale Integration, LSI)的每块芯片上的元件数为 1 000~10 000 个;而超大规模集成电路(Very Large Scale Integration, VLSI)的每块芯片上则可以集成 10 000 个以上的元件。第四代大规模、超大规模集成电路计算机的主要元器件采用大规模集成电路和超大规模集成电路(如图 1-6 所示),将大容量的半导体存储器作为内存储器,软件方面则出现了数据库管理系统、网络管理系统和面向对象语言等。目前,各个阶段的计算机的运行速度已经达到每秒十亿次到万万亿次,内、外存容量都已经达到 GB、TB 数量级。

随着集成技术的不断发展,半导体芯片的集成度逐渐增高,每块芯片可容纳数万乃至数百万个晶体管,从而出现了微处理器。1971 年,世界上第一台微处理器在美国硅谷诞生,开创了微型计算机的新时代。这个阶段的计算机的应用领域从科学计算、事务管理、过程控制逐步走向大众生活。第一台微型计算机是由爱德华·罗伯茨推出的个人计算机(Personal Computer, PC)Altair 8800,如图 1-7 所示。因此,爱德华·罗伯茨也被誉为“PC 之父”。

图 1-6　大规模、超大规模集成电路

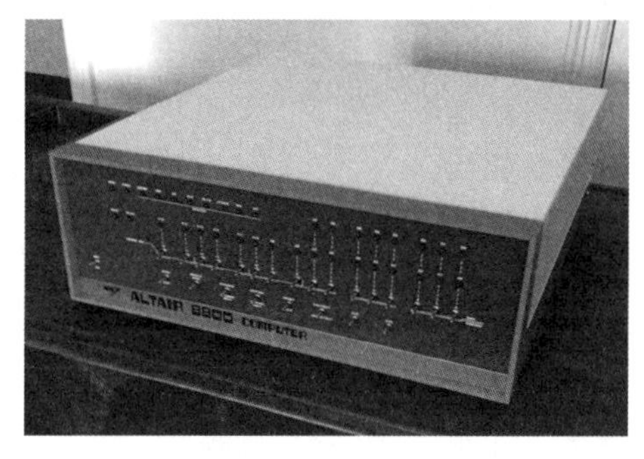

图 1-7　第一台微型计算机 Altair 8800

5)第五代计算机(新一代计算机,尚未普及)

从 20 世纪 80 年代开始,日本 美国及欧洲共同体相继开展了第五代计算机的研究。第五代计算机的研究目标试图突破冯·诺依曼计算机的体系结构,使计算机具有推理、联想、判断、决策、学习等人类智能功能。目前,新一代计算机包括超导计算机、量子计算机(如图 1-8 所示)、光子计算机(如图 1-9 所示)和生物计算机等。

图 1-8　量子计算机

图 1-9　光子计算机

2. 计算机发展的 5 种趋向

未来计算机的发展趋向表现为两个方面：一是朝着巨型化、微型化、多媒体化、网络化和智能化等方向发展；二是新一代计算机芯片技术。下面重点介绍计算机发展的 5 种趋向。

1) 巨型化

巨型化是指计算机具有高速的运算速度、大容量的存储空间和强大的处理能力。巨型计算机的主要应用领域包括尖端科学计算、军事、生物仿真等领域，这些领域需要大量的数据处理和运算，只有巨型化计算机才能完成。

2) 微型化

微型化是指计算机向使用方便、体积小、重量轻、价格低和功能齐全的方向发展。随着超大规模计算机的飞速发展，个人计算机更加微型化。书本型、笔记本型和掌上型等微型化计算机将不断涌现，越来越受到用户的喜爱。

3) 多媒体化

多媒体化是指以数字技术为核心的图像和声音，与计算机、通信等融为一体的信息环境。多媒体化的实质是使人们能够利用简单的设备，可以自由接收或发送所需要的信息。

4) 网络化

网络化是指利用现代通信技术和计算机技术，把分布在不同地理位置的计算机，通过通信设备链接起来，从单机走向联网是计算机应用发展的必然结果。

5) 智能化

智能化是指让计算机模拟人的感觉、行为、思维过程，使其具备视觉、听觉、语言、行为、思维、逻辑推理、学习和证明等能力，形成智能型、超智能型计算机，进而代替或超越人类某些方面的脑力劳动。

1.1.3 我国计算机的发展

1. “银河”系列巨型计算机

我国计算机技术起步相对较晚，但发展速度十分迅速。1958 年，我国成功研制第一台通用数字电子计算机——103 机，该计算机可以运行简短的程序。1964 年，我国成功研制第一台自行设计的大型通用数字电子计算机——119 机，其平均浮点运算速度为每秒 5 万次，承担了我国第一颗氢弹的计算任务。1980 年初，国防科技大学开始研制“银河”系列巨型计算机，到 1983 年，“银河一号”的运行速度达到每秒一亿次。1997 年，“银河三号”的研制填补了我国通用巨型计算机的空白，它的运算速度达到每秒 130 亿次，其系统的综合技术水平已达到当时国际先进水平。

2. “曙光”系列巨型计算机

1990 年，中国科学院成立国家智能计算机研究开发中心并启动研制“曙光”计算机计划。在国家高技术研究发展计划(简称 863 计划)的支持下，国家智能计算机研究开发中心成功研制曙光群结构超级服务器系列产品，如图 1-10 所示。1997—1999 年，我国先后推出具有机群结构的曙光 1000A、曙光 2000-L、曙光 2000-Ⅱ的巨型机；2000 年，推出浮点运算速度为每秒 4 032 亿次的曙光 3000 巨型机；2004 年上半年，推出浮点运算速度为每秒 10 万亿次的曙光 4000-A 巨型机。

图1-10 “曙光”系列巨型计算机

3. “天河”系列超级计算机

2009年，我国成功研制“天河一号”超级计算机，其峰值运算速度达每秒千万亿次。“天河一号”的诞生创立了我国高性能计算机发展史上新的里程碑，是我国战略高新技术和大型基础科技装备研制领域取得的又一重大创新成果，实现了我国自主研制超级计算机能力从百万亿次到千万亿次的跨越。2014年，国防科技大学成功研制出“天河二号”，如图1-11所示，运算速度达到每秒3.39亿亿次。

图1-11 “天河二号”超级计算机

4. “神威”系列超级计算机

2014年，国家并行计算机工程技术研究中心开始研制“神威”系列超级计算机。2016年，我国自主研发的“神威·太湖之光”超级计算机问世，如图1-12所示。“神威·太湖之光”是全球首台运行速度超过每秒10亿亿次的超级计算机，峰值运算速度达每秒12.54亿亿次。“神威·太湖之光”超级计算机一分钟计算能力相当于70亿人用计算器不间断计算32年，其浮点运算速度为每秒9.3亿亿次，其效率比之前的“天河二号”超级计算机提高将近3倍。2017年，国际TOP500组织公布了全球超级计算机500强排行榜榜单，“神威·太湖之光”和“天河二号”连续三年稳居全球超级计算机系统的第一、第二位。

图 1-12 “神威·太湖之光”超级计算机

1.1.4 我国信息技术应用创新产业的发展

1. 信创的基本概念

信创是信息技术应用创新的简称。“信创”二字来源于“信息技术应用创新工作委员会”，信创产业推进的背景在于，过去中国 IT 底层标准、架构、产品、生态大多数都由国外 IT 商业公司制订，存在诸多的底层技术、信息安全、数据保存方式被限制的风险。目前，全球 IT 生态格局将由过去的“一极”向未来的“两极”演变，中国要逐步建立基于自己的 IT 底层架构和标准，形成自有开放生态。基于自有 IT 底层架构和标准建立起来的 IT 产业生态便是信创产业的主要内涵。

与传统信息技术产业不同，信创产业更加强调生态体系的打造。在信创产业中，中央处理器(Central Processing Unit，CPU)是“心脏”，操作系统是“灵魂”，信创整体解决方案的核心逻辑在于，形成以 CPU 和操作系统为核心的国产化生态体系，系统保证整个国产化信息技术体系可生产、可用、可控和安全。目前，国家企业正在开展基于 CPU 和操作系统的适配工作，核心技术生态已初步形成，信创生态体系如图 1-13 所示。

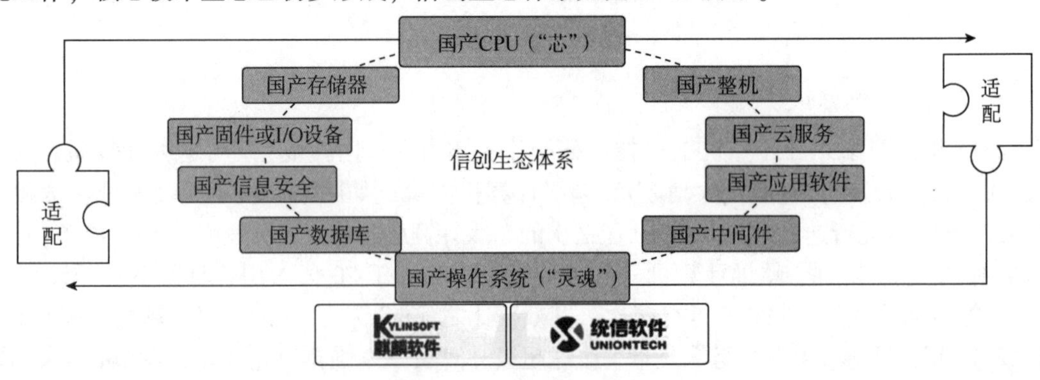

图 1-13 信创生态体系

2. 我国信创发展简史

2014 年，国家推出安可工程一期试点项目，近 3 000 台终端进行国产化软、硬件改造试验。安可工程作为信创产业的发展前身，推动了我国自主可控进程的发展。2018 年，安可工程推进，开启了安可工程一期试点项目，该项目将 20 ~ 30 万台终端计算机进行试验。2020 年起，政府提出“2+8+N”安全可控体系，“2+8+N”是指信创产业首先在党、政机关落地，其次扩展到金融、电信、石油、电力、交通、航空航天、医疗、教育等八大行业应用，最后落实到其他行业，进而实现全面推广信创产业在各大行业中的渗透。我国已经逐渐建立起信创产业的核心生态，主要包括基础硬件、基础软件、应用软件、信息安全四大主要领域，如表 1–1 所示。

表 1–1 信创产业领域

<table>
<tr><td colspan="7">行业应用 2+8：党、政；金融、电信、石油、电力、交通、航空航天、医疗、教育</td></tr>
<tr><td colspan="2">基础硬件</td><td colspan="2">基础软件</td><td colspan="2">应用软件</td><td>信息安全</td></tr>
<tr><td>底层硬件</td><td>国产芯片
固件</td><td rowspan="2">系统软件</td><td rowspan="2">操作系统
数据库
中间件</td><td>企业应用</td><td>办公软件
业务软件</td><td rowspan="3">安全软件
安全硬件
安全服务</td></tr>
<tr><td rowspan="2">基础设施</td><td rowspan="2">存储设备
通信设备</td><td rowspan="2">解决方案</td><td rowspan="2">金融场景
政府场景</td></tr>
<tr><td>云计算</td><td>云服务</td></tr>
</table>

3. 信创产业的结构

信创产业的上、下游产业链大致分为四大部分：基础硬件包括 CPU 芯片、传感器、终端设备、存储设备等；基础软件包括操作系统和数据库、云计算平台等平台软件；应用软件包括面向党、政以及各行业的应用软件以及各类常用软件等；信息安全包括安全管理、安全技术、安全标准等，如图 1–14 所示。

图 1–14 信创产业结构全景图

1.2 计算机的特点、分类与应用

1.2.1 计算机的特点

早期的计算机主要用于数值计算，随着计算机技术的不断发展，计算机已经应用在各个领域，可以处理数字、文字、图像等各类信息。与其他计算工具相比，计算机具有以下几个特点。

1. 运算速度快、计算精度高

计算机具有超快的运算速度。目前，巨型计算机的运算速度可以达到每秒几亿亿次，微型计算机的运算速度可以达到每秒几百万次乃至上千万次。计算机的精度取决于机器的字长位数，字长越长，精度越高。目前，字长已经达到了 32 位和 64 位，处理数据的结果具有非常高的精确度。

2. 逻辑判断性强、存储容量大

计算机具有可靠的逻辑判断能力。当判断一个数是正数还是负数时，计算机运行时可以根据上一步的运算结果进行判断并自动选择下一步的运算方法，从而实现计算机工作的自动化，保证计算机判断可靠、反应迅速、控制灵敏。

计算机的存储器可以存储大量的数据和计算机程序。其中，内存储器可以储存正在调用的程序和有关数据，外存储器可以长期存储大量的文字、图形、图像、声音等信息资料。目前，微型计算机的内存容量一般可以达到 8 GB，硬磁盘容量可以达到 1 TB。

3. 可靠性高、通用性强

目前，计算机采用大规模集成电路和超大规模集成电路，可靠性较高。它不仅适用于科学计算，也适用于数据处理、工业控制、计算机辅助设计和办公自动化等，因此，具有极强的通用性。

4. 自动化程度高

计算机是由内部指令控制和操作的，根据预先编制好的程序，计算机就能自动按照程序规定的步骤完成预定的处理任务，而不需要人工干预。

1.2.2 计算机的分类

计算机及相关技术的迅速发展带动计算机类型的不断分化，形成了不同的计算机类型。依照不同的标准，计算机有多种分类方法，常见的分类方法有以下几种。

1. 按处理方式分类

按处理方式可以把计算机分为模拟计算机、数字计算机以及混合计算机。

1) 模拟计算机

模拟计算机处理和显示的信息是连续的物理量，其基本运算部件是一些电子电路。模拟计算机的精度不高，通用性不强，但运算速度快。模拟计算机用于处理模拟信息，主要应用在过程控制和模拟仿真中，如工业控制中的温度、压力等。

2)数字计算机

数字计算机处理的是离散的数据，输入、输出都是数字量，其基本运算部件是数字逻辑电路。数字计算机由于采用二进制运算，因此具有计算精度高、便于存储信息、通用性强的特点。在实际应用中，数字计算机不仅能胜任科学计算和信息处理，还能进行过程控制和计算机辅助设计/计算机辅助制造等。

3)混合计算机

混合计算机兼有模拟计算机和数字计算机两种计算机优点，可以接收、输出、处理模拟和数字两种信号量。这类计算机既能高速运算，又便于存储信息，但造价昂贵。

2. 按功能分类

按功能可以把计算机分为通用计算机和专用计算机。

1)通用计算机

通用计算机适用于大多数场合，功能齐全，通用性好，目前人们使用的绝大多数计算机都是通用计算机。

2)专用计算机

专用计算机是指为解决特定问题或在特定领域专门使用的计算机，具有功能单一、可靠性强、结构简单的特点。其一般应用在过程控制中，如智能仪表、飞机的自动控制和导弹的导航系统。

3. 按计算机综合性能指标分类

按运算速度、输入/输出能力、存储能力等综合性能指标可以把计算机分为巨型计算机、大型通用计算机、小型计算机和微型计算机。

1)巨型计算机

巨型机又称超级计算机，它的主要特征是采用大规模并行处理体系，是所有计算机类型中速度最快、功能最强的一类计算机，其浮点运算速度已达到每秒亿亿次，主要用于国防尖端、空间技术、大范围长期天气预报、石油勘探等领域，如美国的 Gray 系列、中国的“神威”和“天河”系列等。

2)大型通用计算机

大型通用计算机的主要特征是通用性强，具有较高的运算速度、极强的综合处理能力和极大的性能覆盖，运算速度为每秒百万次至千万次，可同时支持上万个用户、几十个大型数据库。大型通用计算机一般在政府部门、大企业、银行、高校和科研院所等单位使用，通常被称为“企业级”计算机，如 IBM ES9000 系列等。

3)小型计算机

小型计算机的主要特征是容易连接各种终端和外部设备，适用于作为联机系统的主机，其运算速度和存储容量略低于大型通用计算机，但整体规模较小、机身结构简单、维护容易、成本低廉。小型计算机主要应用于科学计算和数据处理，还可以用于生产过程自动控制和数据的采集、分析处理等过程。

4)微型计算机

微型计算机由微处理器芯片、半导体存储器和输入、输出接口组装而成。微型计算机具有轻便小巧、性价比高、可靠性高等特点。目前，微型计算机已经应用于社会各个领域，成为大众化的工具。

4. 按工作模式分类

按工作模式可以把计算机分为工作站和服务器两类。

1)工作站

工作站是一种高档的微型计算机系统，它具有高速的运算能力和强大的处理功能，并配有大容量的存储。工作站具有大型计算机多任务的处理能力，且兼有微型计算机的操作变量和良好的人机界面，其最突出的特点是具有强大的图形交互能力。工作站主要应用在某些特定领域，常见的工作站有计算机辅助设计工作站、办公自动化(Office Automation，OA)工作站、图形处理工作站等。

2)服务器

服务器是一种在网络环境下为多个用户提供服务的共享设备，通常分为文件服务器、数据库服务器和应用程序服务器。服务器在处理能力、稳定性、可靠性、安全性、可拓展性和可管理性等方面有着更高的要求。服务器是网络的节点，存储、处理网络上80%的数据和信息。

1.2.3 计算机的应用领域

按照应用领域划分，计算机的应用领域可归纳为科学计算、数据处理、过程控制、计算机辅助工程、人工智能、网络通信、多媒体应用等领域。

1. 科学计算

计算机最开始是为了承担科学研究和工程设计中庞大复杂的计算任务而制造的，随着现代科学技术的发展，科学计算成为计算机应用的一个重要领域。计算机的高速度、高精度的运算能力可解决依靠人工无法解决的问题，如数学模型复杂、数据量大、精度要求高、实时性强的问题，都要应用计算机才能得以完成。

2. 数据处理

数据处理是指利用计算机对信息进行收集、加工、分析和统计等的处理过程，其目的是为人们提供有价值的信息，为管理者提供决策的依据。数据处理已应用在社会生产和生活的各个领域，如企业管理、文档管理、各种实验分析、物资管理、报表统计、信息情报检索等。

3. 过程控制

计算机过程控制也称实时控制，是指用计算机对工业生产过程的某些信号或某种装置的运行状态进行检测，再根据需要将被检测的信号和运行状态数据进行处理，制订最佳的处理方案，进而实现自动控制。工业生产过程的计算机控制，可以代替人们完成那些繁重或危险的工作，同时，可以大大提高生产效率，减轻人们的劳动强度，更重要的是可以提高控制精度，提高产品质量和合格率，特别是仪器仪表引进计算机技术后形成的智能化仪器仪表，将工业自动化推向了一个更高的水平。

4. 计算机辅助工程

计算机辅助工程是计算机应用中一个非常广泛的领域。计算机可以部分或全部替代过去由人进行的具有设计性质的工作。常见的计算机辅助工程有以下几个。

1)计算机辅助设计

计算机辅助设计(Computer Aided Design，CAD)是指利用计算机来帮助设计人员进行工程设计，以提高设计工作的自动化程度，节省人力和物力。目前，该技术已经在电路、机械、土木建筑、服装等设计中得到了广泛的应用。

2)计算机辅助制造

计算机辅助制造(Computer Aided Manufacturing，CAM)是指利用计算机进行生产设备的管理、控制与操作，从而提高产品质量、降低生产成本、缩短生产周期，并且大大改善了制造人员的工作环境。

3)计算机辅助技术

计算机辅助技术(Computer Aided Technology，CAT)是指利用计算机进行复杂且大量的测试工作。

4)计算机辅助教学

计算机辅助教学(Computer Aided Instruction，CAI)是指利用计算机帮助教师提升教学效率和学生的学习效率，使学生能够达到所期望的学习效果。

5. 人工智能

人工智能(Artificial Intelligence，AI)是利用计算机来模拟人类的智能，使计算机具有“云计算”“自适应学习”“大数据技术”等智能功能。目前，计算机的智能系统已经能够替代人的部分脑力劳动，并获得了实际的应用，尤其是在机器人、专家系统、模式识别等领域。

6. 网络通信

计算机网络是现代计算机技术与通信技术密切结合的产物。计算机网络将持续改变人类的生产和生活方式。人们可以通过计算机网络实现资源共享，还可以传送文字、数据、声音和图像等信息；民航、铁路、海运等交通部门的计算机联网以后，人们可以随时查询航班、车次与船期等消息，还可以实现就近购票等。近几年，研究人员又提出了云计算、网格计算、物联网、无线传感器网络等新概念，并开始应用到生产、生活中。

7. 多媒体应用

随着计算机技术的发展，人们利用计算机将文本、音频、视频、动画图形和图像等各种媒体综合起来，统称为多媒体。目前，多媒体已经应用在医疗、教育、商业、银行等各大领域。如今，多媒体技术与人工智能技术相结合，促进了虚拟现实、虚拟制造技术的发展。例如，飞行员在日常训练时，可以利用“虚拟现实”环境模拟训练，也能够取得良好的训练效果，还能节约一定的成本。

1.3 计算机系统

1.3.1 计算机系统的组成及工作原理

1. 计算机系统的组成

计算机系统由硬件系统和软件系统两大部分组成。硬件系统是计算机系统中固定物理形式的部件，构成了计算机工作的物质基础；软件系统是在硬件系统的基础上运行的各种程序、相应的数据及说明文件。硬件系统与软件系统是相互依赖的，硬件系统的发展向软件系统提供了良好的开发环境，而软件系统的发展又对硬件系统提出了新的要求。计算机系统的组成如图 1-15 所示。

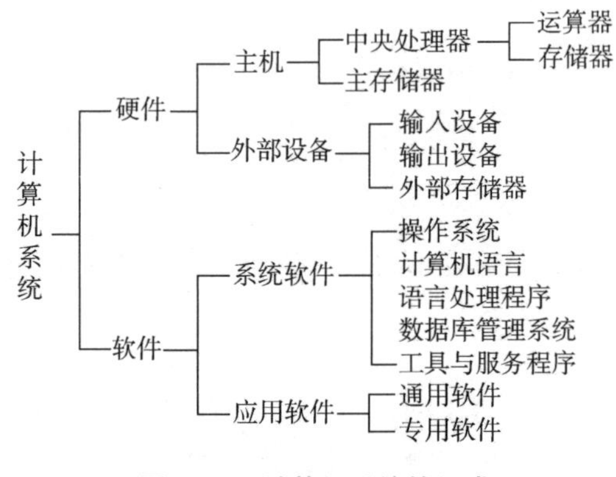

图 1-15 计算机系统的组成

2. 计算机的工作原理

冯·诺依曼提出了二进制思想和存储程序控制原理，现代计算机是依据冯·诺依曼结构计算机的思想组成的。因此，计算机的工作原理简要概括如下。

(1)计算机的硬件系统由运算器、控制器、存储器、输入设备和输出设备五大基本部件组成。

(2)计算机的机器指令和指令执行所需的数据以二进制形式存放在计算机的存储器中；每条机器指令一般具有一个操作码和一个地址码。其中，操作码表示运算的性质，地址码指出操作码在存储器中的地址。

(3)当计算机执行程序时，能够自动调用存储器中的程序和程序运行所需要的数据，无须人工干预，就能自动逐条取出指令和执行指令。

1.3.2 计算机硬件系统

计算机的硬件系统结构如图 1-16 所示。通常，人们把运算器和控制器合称为中央处理器(Central Processing Unit，CPU)，它是计算机的核心部件，而将中央处理器和内存储器结合在一起称为主机，将输入/输出设备称为外部设备。

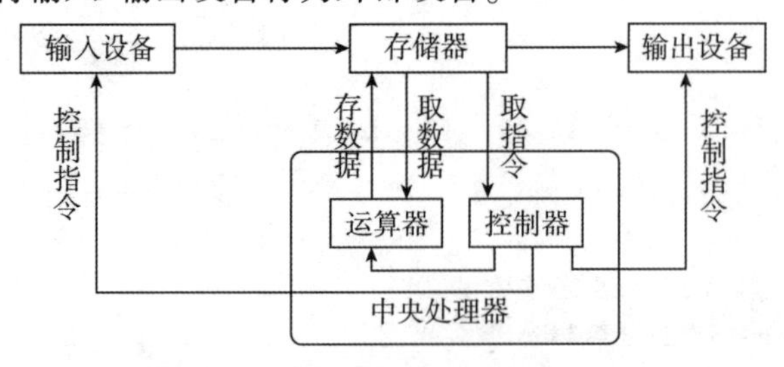

图 1-16 计算机硬件系统结构

1. 运算器

运算器由算术逻辑单元(Arithmetic Logic Unit，ALU)和寄存器(Registered)组成。ALU 负责完成算术运算、逻辑运算等操作；寄存器用来暂时存储参与运算的操作数或中间结果。常用的寄存器有累加寄存器、暂存寄存器、标志寄存器和通用寄存器等。

运算器在控制器的控制下执行程序中的指令，完成算术运算、逻辑运算、比较运算、位移运算以及字符运算等。其中算术运算包括加、减、乘、除等操作，逻辑运算包括与、或、非等操作。运算器的主要技术指标是运算速度，其单位是百万条指令数(Million Instructions Per Second，MIPS)。

2. 控制器

控制器是整个计算机系统的控制中心，它能够协调计算机各部分的工作，保证计算机能够按照预先设定的目标和步骤进行操作和处理。计算机在工作过程中，控制器从内存中取出指令，并对指令进行分析，根据分析的结果向有关部件发出控制信号，统一指挥计算机各部件协同工作，完成指令所规定的操作。同时，各部件的工作执行信息也会反馈到控制器，控制器通过分析反馈的信息来决定接下来的操作。控制器一般包括指令寄存器、指令计数器和操作码译码器。

微型计算机中的 CPU 将运算器和控制器制作在一块电路芯片上，CPU 作为指令的解释和执行部件，是整个计算机系统的核心，如图 1-17 所示。为了临时存储数据，CPU 中包含一些寄存器，并集成了高速缓冲存储器。高速缓冲存储器使 CPU 和内存之间起到缓冲作用，缓解高速 CPU 和低速内存之间速度不匹配的问题，进而提高工作效率。

目前，大部分 CPU 芯片主要由 Intel 和 AMD 公司供应。近几年，我国芯片产业得到飞速发展，国内主流的 CPU 品牌有龙芯、鲲鹏、飞腾、兆芯、申威等。龙芯 CPU 是我国最早的国产 CPU 厂商，在专用类、工控、嵌入式终端 CPU 等领域拥有较强优势，后拓展至桌面端和服务器 CPU 领域；飞腾 CPU 产品主要包括高性能服务器 CPU、高效能桌面 CPU 和高端嵌入式 CPU 三大系列，为从端到云的各型设备提供核心算力支撑；申威 CPU 主要应用于超级计算机和服务器领域，其中最出名的便是“神威·太湖之光”超级计算机。2019 年 1 月，华为向业界发布高性能服务器处理器鲲鹏 920。鲲鹏 920 同样高于其他 ARM 产品，内存带宽提升 46%，输入/输出(Input 1 OutPut，I/O)带宽提升 66%，网络吞吐量是业界标准的 4 倍，如图 1-18 所示。

图 1-17　计算机的 CPU

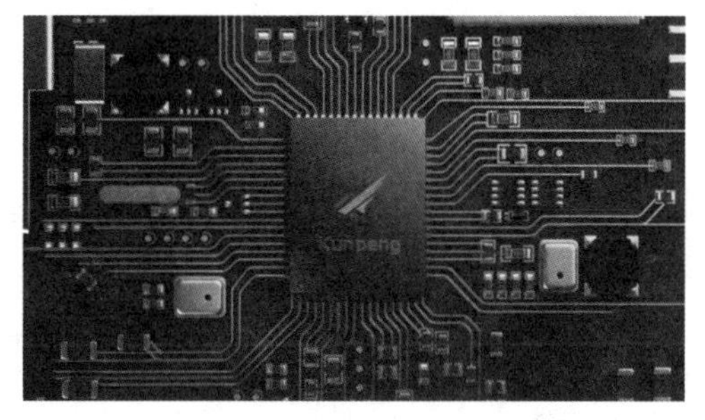

图 1-18　鲲鹏 920

3. 存储器

计算机的存储器用来存储程序和数据的部件，主要分为内部存储器(简称“内存”)和外部存储器(简称"外存")两大类。内存直接与 CPU 相连接,存储的数据以二进制形式来表示;外存是内存的扩充,用来存放暂时没有被调用的程序和数据,存储容量较大。

1)内部存储器

内部存储器又称主存储器(简称"主存"),用于存储计算机正在运行的程序、原始数据、中间和最终结果。内存通常用一个字节(Byte)作为一个存储单元,每个存储单元被赋予一个唯一的编号,这种编号称为地址,利用地址能够精确访问数据存放的存储单元。

字节是用来度量存储器大小的基本单位,一个字母、数字或符号占用一个字节的存储单元,而汉字占用两个字节的存储单元。一个字节由 8 个二进制位(bit)组成,常用的存储单位有字节(B)、千字节(KB)、兆字节(MB)、吉字节(GB)、太字节(TB),其换算关系为

1 B = 8 bit

1 KB = 2^{10} Byte = 1 024 Byte　　1 MB = 2^{10} KB = 1 024 KB = 2^{20} Byte

1 GB = 2^{10} MB = 1 024 MB = 2^{30} Byte　　1 TB = 2^{10} GB = 1 024 GB = 2^{40} Byte

根据数据的读写特性,内存又分为只读存储器和随机存取存储器两部分。

(1)只读存储器。

只读存储器(Read Only Memory,ROM)的数据只能读取而不能写入,但不会因断电而丢失。因此,ROM 通常用于存放固定不变的系统程序和参数,如微型计算机中的基本输入输出系统(Basic Input Output System,BIOS)。ROM 又分为 PROM、EPROM、EEPROM,PROM 中的数据是一次性写入的,EPROM、EEPROM 中的数据可在一定条件下擦除或改写。

(2)随机存取存储器。

随机存取存储器(Random Access Memory,RAM)又称读写存储器,RAM 中存储的数据可随时按地址进行读取和存储,但 RAM 只有在计算机开机通电后才发挥其作用,系统一旦断电,RAM 中存储的数据将全部丢失。因此,在录入和编辑信息过程中应经常存盘,以免因故障或断电而造成信息丢失。

RAM 又可分为静态随机存取存储器(Static RAM,SRAM)和动态随机存取存储器(Dynamic RAM,DRAM)两种。SRAM 是通过一个双稳态有源电路来保持存储器中的信息,只要存储体的电源不断,存放在它里面的信息就不会丢失,并且读写速度比 DRAM 快。DRAM 是以无源元件存放数据,并且靠周期性的刷新来保持数据。在微型计算机中,DRAM 通常指的是微型计算机的内存,其内存容量有 2 GB、4 GB、8 GB 等。微型计算机中的内存条就是采用若干个 DRAM 芯片构成的直插式内存条,可以直接插在主板的内存槽上,如图 1-19 所示。

2)高速缓冲存储器

微型计算机中微处理器的运算速度比内存的读写速度要快 1~2 个数量级,为了充分发挥微处理器的性能,在微处理器上设计了高速缓冲存储器(Cache)。Cache 是指在 CPU 与内存之间设置的一级或二级高速小容量存储器。把内存中那些会被频繁使用的数据存储在 Cache 中,CPU 要访问这些数据时,就会优先到 Cache 中去寻找,从而提高整体的运行速度。

3)外部存储器

外部存储器是指物理上与计算机系统独立,可更换或独立配置的外部存储部件,简称外存或辅存。外存相较于内存的优势在于存储容量大、成本低、可以永久地脱机保存信息,存储在外存的程序或数据通常以文件方式存在。常用的外存有软磁盘、硬磁盘(可移动硬盘)、

光盘和U盘等。

(1)软磁盘。

一个完整的软磁盘存储系统由软磁盘和软盘驱动器组成。软磁盘上记录的信息是通过软盘驱动器进行读写的。

(2)硬磁盘。

硬磁盘简称硬盘，传统硬盘采用了温切斯特技术，其内部由多个表面涂有磁性材料的金属或聚酯塑料堆叠而成，每个盘面又划分为面、磁道、扇区，分布在不同盘面的同一磁道称为一个柱面，如图1-20所示。硬盘的特点是存储容量大、工作速度快，通常存放计算机的操作系统、常用的应用程序以及用户的文档数据信息等。

图1-19　内存条

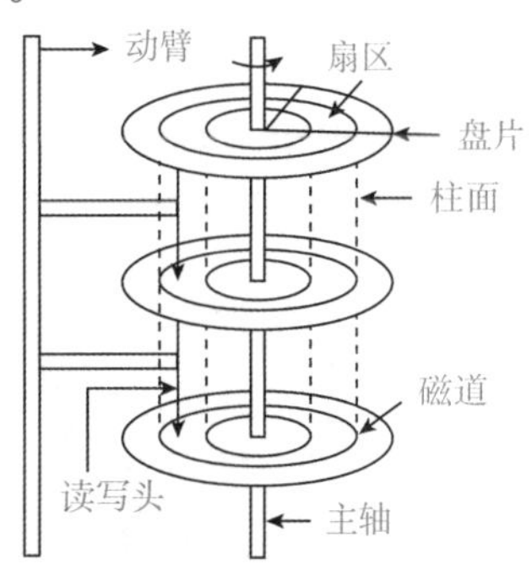

图1-20　硬磁盘结构

移动硬盘以硬盘为存储介质，它以高速、大容量、轻巧便携等优点，赢得许多用户的青睐，而更大的优点还在于其存储数据的安全可靠性。

(3)光盘。

光盘是一种利用激光技术存储信息的装置。光盘按照其读写特性主要分为三类：只读型光盘、一次写入型光盘和可重复录写光盘。

只读型光盘的特点是光盘上的数据由生产厂商用专门设备写入，用户只能读取，不能修改和重新写入。一张只读光盘(Compact Disc Read-Only Memory，CD-ROM)可以存储约650 MB的数据。目前，许多程序都存储在CD-ROM上，当需要存储大量的多媒体视频数据时，可以考虑高密度数字视频光盘(Digital Video Disc，DVD)，一张DVD可以存储约4.7 GB的数据。

一次写入型光盘可由用户写入数据，但只能写一次，写入后不能擦除或修改，具有一次写入、多次读出的特点，适用于大量永久性数据的备份。

可重复录写光盘(Compact Disk-Rewritable，CD-RW)是能够多次重写数据的光盘，可读写光盘在数据记录层上加入了光敏相变材料，通过激光照射转换其相变状态，从而实现数据重写。

(4)U盘。

U盘全称为USB闪存盘(USB Flash Disk)，是一种无须物理驱动器的微型高容量移动存储产品，具有“即插即用”的特点。U盘的优点是体积小，便于携带，存储容量大，价格便宜，性能可靠。

4. 输入/输出设备

输入设备是向计算机输入信息的设备，它是计算机与用户或其他设备之间通信的桥梁，用于输入程序、数据、操作命令、图形、图像以及声音等信息。常用的输入设备有键盘、鼠标、扫描仪、光笔、数字化仪以及语音输入装置等。

输出设备将计算机处理的结果转换为人或其他设备所能接收和识别的信息形式，用于显示或打印程序、运算结果、文字、图形、图像等，也可以播放声音。常用的输出设备有显示器、打印机、绘图仪以及声音播放装置等。

5. 主板和总线

1) 主板

主板又称系统板、母板，它由集成电路板和各种元器件组成，如图 1-21 所示。集成电路板是由几层树脂材料黏合在一起的部件，内部采用铜箔走线，电路板上包括多种总线和硬件接口电路。元器件一般有 BIOS 芯片、I/O 控制芯片、面板控制开关接口、指示灯插接件、扩充插槽、主板及插卡的直流电源供电接插件等。主板是计算机中不可缺少的部件之一，它决定了可用的 CPU 类型、内存条以及外设接口卡的类型和数量。同时，主板上最重要的组件是北桥芯片组和南桥芯片组，这些芯片组为主板提供了一个通用平台以供不同设备连接。

图 1-21　主板

2) 总线

计算机硬件的五大基本部件不是独立工作的，它们由总线和接口电路连接起来。总线是由多条并行电路组成的信息交换通道，按照功能可分为传送数据的数据总线、传送地址信息的地址总线以及传输控制信号的控制总线。

为了产品的互换性，各计算机厂商和国际标准化组织统一把数据总线、地址总线和控制总线组织起来形成产品的技术规范，并称为总线标准。总线标准主要有 ISA、EISA 和 PCI，主要性能参数如表 1-2 所示

表 1-2　总线标准的主要性能参数

总线标准	数据带宽/bit	地址线数/根	数据传输速率/$\text{Mbit}\cdot\text{s}^{-1}$	使用范围
ISA	16	24	16	中低速外设
EISA	32	32	33	中高速外设
PCI	32/64	32/64	133/266	高速外设

1.3.3 计算机软件系统

硬件是整个计算机系统的物质基础，软件则是计算机系统的灵魂。软件系统是为运行、管理和维护计算机而编制的各种程序、数据和文档的总称。按软件的功能来分，软件可分为系统软件和应用软件两大类。

1. 系统软件

系统软件是指控制和协调微型计算机及其外部设备，支持应用软件的开发和运行的软件，主要包括操作系统、数据库管理系统、程序设计语言和系统辅助处理程序等。

1)操作系统

操作系统用来管理和控制计算机系统中所有的软、硬件资源，使其协调、高效地工作，进而提高系统资源的利用率，为用户提供方便友好的用户界面和软件开发与运行环境。操作系统是直接运行在计算机上的最基本的系统软件，是计算机系统的核心软件，任何计算机都必须配置操作系统。

(1)操作系统的主要功能。操作系统的主要功能可以分为以下 5 个。

①处理器管理：当多个程序同时运行时，CPU 需要合理分配时间给各个程序，以免系统发生混乱。操作系统负责为这些程序合理分配调度的时间，并保持最大的处理效率。

②作业管理：作业是指完成单个任务的程序及其所需的数据。作业管理是为了向用户提供一个方便自身运行作业的计算机界面，并且对所有进入系统的作业进行调度和控制，尽可能高效地利用整个系统的资源。

③文件管理：文件管理系统负责整个文件系统的运行，主要向用户提供文件的存储、检索、共享和保护等操作手段，方便用户进行操作。

④存储器管理：当内存中存储多个程序时，为保证各个程序互不冲突，存储器管理系统负责解决多个程序在内存中的分配问题。

⑤设备管理：设备管理主要负责根据用户提出使用设备的请求进行设备分配。

(2)操作系统的主要类型。操作系统可分为以下 4 种。

①批处理操作系统：使用批处理操作系统的计算机时，操作员需将若干个待处理的作业合成一批，由外存传输到内存中，并投入运行。批处理操作系统的最大特点是可以脱机工作。这类操作系统一般用于计算中心等较大型计算机系统中，目的是充分利用 CPU 及各种设备资源。

②分时操作系统：将计算机 CPU 的运行时间划分为多段较短的时间片，依然把每段时间片分配给请求的作业使用，这样每个待处理的作业可以独自占用 CPU 处理时间。同时，根据分时操作系统的特点，一台主机上可连接多个终端，并供多个用户使用。

③实时操作系统：在规定的时间内响应并处理外部输入的信息，其主要特点是响应快、可靠性高。实时操作系统主要应用在工业实时生成、交通工具实时订票等领域。

④网络操作系统：对计算机网络进行配置的一种操作系统，它能够把网络中的各台计算机有机地结合起来，集中统一对网络中的每台计算机进行操作，实现各计算机之间的通信以及网络中各种资源的共享。

(3)常见的操作系统。

目前，主流操作系统主要有 Windows、Linux、Mac OS X 系列等。美国微软公司的 Windows 操作系统发展至今，受到了用户的广泛认可。目前，Windows 操作系统已经拥有多个系列，每个系列有多个不同的版本。常用的 Windows 操作系统有 Windows 7、Windows 10、Windows 11。Linux 操作系统的特点在于拥有良好稳健的性能和丰富的功能，同时操作系统的代码是公开且开源的，有利于用户的二次开发。

随着我国信创产业的发展，国产化操作系统应运而生，我国的操作系统均是基于 Linux 内核进行的二次开发，摆脱了对 Windows 操作系统的依赖。目前，国产化的操作系统主要有麒麟操作系统和统信操作系统。麒麟软件有限公司是由中国电子信息产业集团有限公司旗下的两家操作系统公司，即中标软件和天津麒麟联合成立的，旗下拥有“银河麒麟”和“中标麒麟”两大品牌，现已拥有服务器操作系统、桌面操作系统、嵌入式操作系统、麒麟云等产品。

统信软件在操作系统研发、行业定制、迁移适配、交互设计等方面进行研发，现已形成桌面操作系统、服务器操作系统、智能终端操作系统等产品线，以及集中域管平台、企业级应用商店、彩虹平台迁移软件等应用产品，能够满足不同用户和应用场景对操作系统产品与解决方案的广泛需求，现已应用于政府、大型国央企、行业头部企业及个人用户。

2)数据库管理系统

数据库(Data Base，DB)是为满足不同用户的多种应用需要，按照一定的数据模型在计算机中进行组织、存储和使用的数据集合。数据库管理系统(Data Base Management System，DBMS)是对数据库的建立、使用和维护而配置的软件集合，它提供了统一的管理和操作数据库的手段，包括对数据库的编辑、修改，还可以对数据进行检索、排序、输入、输出等。

目前，常用的数据库管理系统有 Oracle、SQL Server、Access 等。国内拥有数据库的云厂商有阿里云、腾讯云等；设备商有华为、中兴通讯；传统四大数据库厂商有武汉达梦、人大金仓、南大通用、神州信息，以及新兴数据库厂商巨杉大数据、PingCAP、易鲸捷等。

国内传统数据库厂商专注于关系型数据库产品，只有武汉达梦数据库作为基础软件，处于 IT 架构的中间层，向上支撑各种软件的数据应用，向下调动计算、网络、存储等各种基础资源，拥有图数据库产品。而大部分新型数据库公司则聚焦于细分领域产品，拥有独特竞争优势。同时，云厂商和设备商的产品线完整，工具生态方面也较为丰富。

3)程序设计语言

程序设计语言是用来编写计算机可执行程序的语言，是用户和计算机之间进行交流的工具。程序设计语言一般分为机器语言、汇编语言和高级语言 3 类。

(1)机器语言。

机器语言(Machine Language)是能被计算机直接识别并执行的语言，它是由二进制数 0 和 1 组成的代码指令。机器语言编写程序的优点是占用内存小、执行速度快、效率高、无须翻译；缺点是编写好的程序不直观、难读懂、难调试。同时，由于不同类型计算机的硬件结构有所差异，导致机器语言不通用，可移植性差。

(2)汇编语言。

汇编语言(Assembly Language)将英文单词或数字符号赋予了一定的含义，进而代替二进制代码形式的机器语言。例如，用 add 表示“加”，sub 表示“减”。汇编语言的优势在于程序呈现的较为直观，可读性好，但编写程序的效率不高，难度较大，维护较困难。同时，计算机不能直接识别和执行用汇编语言编写的程序，必须将其翻译成机器语言才能在计算机上运行。

(3)高级语言。

高级语言(High Level Programming Language)是一种与自然语言和数学语言较相近的通用编程语言，它在描述一个解题过程或问题的处理过程中十分方便、灵活。由于它独立于机器，因此具有一定的通用性。目前，常用的高级语言有早期的Basic语言，适用于教学、科学计算、数据处理等领域的Python和C语言，还有面向对象的分布式程序设计语言Java等。

4)系统辅助处理程序

系统辅助处理程序是为计算机系统提供服务的工具软件和支撑软件，它向用户提供了软件开发和硬件维护的工具，如开发调试的各种工具软件、计算机网络管理软件、诊断测试软件等。这些软件的主要作用是维护计算机系统的正常运行，方便用户在软件开发和实施过程中的应用。

2. 应用软件

应用软件是为不同应用领域解决某些实际问题而编制的软件。目前，应用软件的种类繁多，既有商品化的通用软件，也有用户自己开发的软件，如各种信息管理软件、办公自动化系统、文字处理软件、辅助设计软件以及辅助教学软件、软件包等。

值得一提的是，随着计算机应用的不断深入和软、硬件技术的不断发展，系统软件和应用软件的界线正在变得模糊。一些具有通用价值的应用软件，也可以纳入系统软件，作为一种资源提供给用户。

1.3.4　计算机的主要性能指标

1. 字长

字长是计算机运算部件一次能同时处理的二进制数据的位数。字长既反映了计算机的运算精度，也体现了计算机处理信息的能力。一般情况下，字长越长，则计算机的运算精度就越高，处理信息的能力就越强。计算机的字长总是取8的整数倍数，常用的计算机字长为8位、16位、32位和64位。目前，使用Intel和AMD微处理器的微型计算机大多支持32位和64位字长，这说明该类型机器可以并行处理32位或64位二进制数的算术运算和逻辑运算。

2. 时钟频率

CPU的时钟频率(CPU Clock Speed)又称主频。主频是指单位时间内CPU能够执行指令的次数，一般以吉赫兹(GHz)为单位。主频在一定程度上决定了计算机运行速度的快慢，主频越高，计算机的运行速度越快。计算机用CPU型号和主频一起来标记微型计算机配置。例如，Intel Core i5-12400 2.50 GHz，其含义是CPU型号是Intel Core i5-12400，主频是2.50 GHz。

3. 运算速度

不同配置的计算机在执行相同的任务时所花费的时间可能不同，这与计算机的运算速度有关。计算机的运算速度一般是指计算机执行加法运算指令的次数，单位常用MIPS表示，这个指标较能直观地反映计算机的运算速度。

4. 内存容量

内存容量是指内存中能够存储信息的总字节数。外存中的信息必须传送到内存才能被

CPU 处理。内存容量越大，存储能力越强，内存访问外设的次数相应就少，计算机的处理能力也就越强。目前，计算机内存以吉字节(GB)为单位，内存容量一般为 4 GB、8 GB 和 16 GB。

5. 存储周期

存储周期是对内存进行一次取数据或存数据访问操作所需的时间。内存的存储周期也是影响整个计算机系统性能的主要指标之一。目前，内存的存储周期以纳秒(ns)为单位，存储周期一般为 60 ns、70 ns、80 ns、120 ns 等。

1.4 数制转换与数据编码

1.4.1 数制的概念

数制也称为计数制度，是指用一组固定的符号和一套统一的规则来表示数值的方法。人们在日常生活中常用十进制来计算数值，即用 0~10 这 10 个数字符号的计数方法，但最基本的数字电子存储元件只有两种状态，如电流的通断和电压的高低。因此，计算机采用二进制数的 0 和 1 这两个符号进行计数和运算。除此之外，在计算机中常用的数制还有八进制和十六进制。

1. 二进制

二进制数由 0、1 共两个数字符号组成，相同的数字符号在不同的数位上表示不同的数值，每个数位遵循“逢二进一”的进位规则，即每个数位计满二就向高位进一。二进制技术实现简单、可靠，运算规则简单，适合逻辑运算。但是当使用二进制数表达一个比较大的数值时，数字冗长，书写麻烦且容易出错，不方便阅读。

2. 八进制

八进制数由 0、1、2、3、4、5、6、7 共 8 个数字符号组成，遵循“逢八进一”的进位规则，即每个数位计满八就向高位进一。

3. 十六进制

十六进制数由 0、1、2、3、4、5、6、7、8、9、A、B、C、D、E 和 F 共 16 个数字符号组成。不同的是，A、B、C、D、E、F 分别表示 10、11、12、13、14、15 这 6 个数字。其遵循“逢十六进一”的进位规则，即每个数位计满十六就向高位进一。

4. 表述数制的方法

表述数制的常用方法如下。

1)字母表示法

字母表示法是在数字的后面用特定的字母表示该数的进制。其中，B 表示二进制；D 表示十进制；O 表示八进制；H 表示十六进制。二进制和十进制在一般情况下可以省略，利用八进制表示数值时，如果在数值尾部遇到的数字是 0，因数字 0 和字母 O 相似，所以为作区分也可以用 Q 表示。具体的数制表示如 16、101001B、61O 或 20Q、10H。

2）数字下标法

数字下标法是用“$()_{数}$”的形式来表示不同进制的数，如$(16)_{10}$、$(10000)_{2}$、$(20)_{8}$、$(10)_{16}$。

1.4.2　数的进制及其转换

1. 不同进制数之间的转换

在计算机内部，数据是以二进制数的形式存储和运算的，用计算机处理十进制数、八进制数、十六进制数时，必须先将其转换成二进制数；在输出结果时，再将其转换成人们习惯的十进制数。不同进制数之间的转化方法如下。

1）R 进制数转换成十进制数

任意 R 进制数按权展开、相加即可得到相应的十进制数。

例如：将二进制数$(10101.11)_2$转换成十进制数。

$$(10101.11)_2=1\times2^4+0\times2^3+1\times2^2+0\times2^1+1\times2^0+1\times2^{-1}+1\times2^{-2}$$
$$=2^4+2^2+2^0+2^{-1}+2^{-2}=(21.75)_{10}$$

2）十进制数转换成 R 进制数

十进制数转换成 R 进制数，须将整数部分和小数部分分别进行转换，最后再把整数部分和小数部分连接在一起。

（1）整数部分。

整数部分采用除 R 取余法来转换，即用十进制数的整数部分除以需要转换数制的基数 R，得到的余数作为相应 R 进制数整数部分的最低位，用上一步取得的商再除以 R，余数作为 R 进制数的次低位，直至商为 0 停止，最后一步的余数作为二进制数的最高位。

例如，十进制整数 23 转换成二进制整数的过程，如图 1-22 所示。

由图 1-22 可知，初次得到的商及各次的商依次为 11、5、2、1、0，余数依次为 1、1、1、0、1，所以结果为$(10111)_2$。

除数	被除数/商	余数	
2	23	1	低位 ↑
2	11	1	
2	5	1	
2	2	0	
2	1	1	高位
	0		

图 1-22　十进制整数 23 转换成二进制整数

（2）小数部分。

小数部分采用乘 R 取整法，即用 R 乘以十进制数的小数部分，取乘积的整数部分作为转换后 R 进制数小数部分的最高位，再用 R 乘以上一步乘积的小数部分，然后取新乘积的整数部分作为转换后 R 进制数小数部分的次高位，重复第二步操作，直到乘积为 0，或者已得到要求的精度数位为止。

例如：将十进制小数 0.625 转换成二进制小数的过程，如图 1-23 所示。

$$(0.625)_{10}=(0.101)_2$$

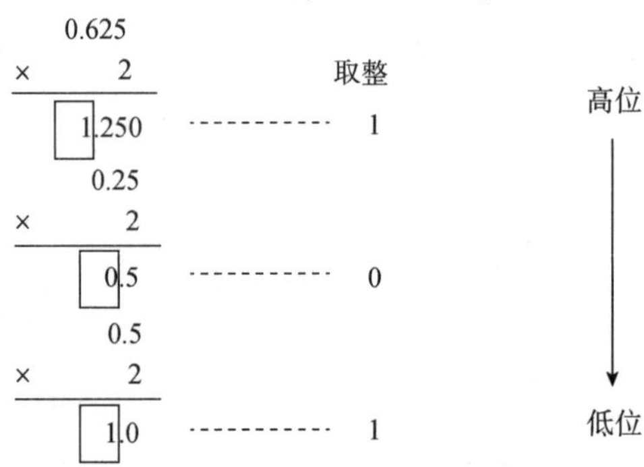

图 1-23　十进制小数 0.625 转换成二进制小数

3) 二进制数与八、十六进制数之间的转换

由于八进制数的每一位正好对应二进制数的 3 位，十六进制数的每一位正好对应二进制数的 4 位。因此，二进制数与八、十六进制数之间的转换具有简便的方式。

(1) 二进制数与八进制数之间的转换。

二进制数转换为八进制数时，二进制数的整数部分从右至左每 3 位一组，小数部分从左至右每 3 位一组，每一组是一位八进制数的小数。若整数和小数部分的最后一组不足 3 位，则用 0 补足 3 位。例如：

$$(11001111.0111)_2=(011\ 001\ 111.011\ 100)_2=(317.34)_8$$

八进制数转为二进制数时，每位八进制数用 3 位二进制数表示，最后去掉整数部分最左端的 0 及小数部分最右端的 0。例如：

$$(617.34)_8=(110\ 001\ 111.011\ 100)_2=(110001111.0111)_2$$

(2) 二进制数与十六进制数之间的转换。

二进制数转换为十六进制数时，二进制数的整数部分从右至左每 4 位一组，小数部分从左至右每 4 位一组，每一组是一位十六进制数的小数。若整数和小数部分的最后一组不足 4 位，则用 0 补足到 4 位。例如：

$$(1010101011.0110)_2=(0010\ 1010\ 1011.0110)_2=(2AB.6)_{16}$$

同理，十六进制数转换为二进制数时，以小数点为界，分别向左或向右每一位十六位进制数用相应的 4 位二进制数取代，然后将其连接在一起，若整数和小数部分的最后一组不足 4 位，则用 0 补足到 4 位。例如：

$$(B6E.8)_{16}=(1011\ 0110\ 1110.1000)_2=(101101101110.1)_2$$

1.4.3　数据编码

1. 数值数据的表示

数值在计算机中一般采用定点数和浮点数两种方法表示。

1) 定点数

定点数是指小数点位置固定不变的数。在计算机中，通常用定点数来表示整数与纯小数，分别称为定点整数与定点小数。定点数的二进制数的最高位用来表示数的符号，称为符号位。定点整数符号位右边的所有二进制位数表示的是一个整数值，小数点的位置默认在二进制数的最低位之后，且小数点不占用二进制位，如图 1-24 所示。在定点小数中，符号位右边的所有二进制位数表示的是一个纯小数，如图 1-25 所示。

图 1-24　定点整数　　　图 1-25　定点小数

2)浮点数

在计算机中所说的浮点数就是指小数点位置不固定的数。一般地，一个既有整数部分又有小数部分的十进制数 D 可以表示成：

$$D=R\times10^{N}$$

其中，R 为一个纯小数(称为尾数)；N 为一个整数(称为阶码)。

例如，一个十进制数 123.456 可以表示成：0.123456×10^{3}；十进制小数 0.00123456 可以表示成 0.123456×10^{-2}。尾数 R 的绝对值大于或等于 0.1 并且小于 1，从而唯一地规定了小数点的位置。

同样，对于既有整数部分又有小数部分的二进制数也可以表示成：

$$D=R\times2^{N}$$

其中，R 为一个二进制定点小数，它由数符和尾数组成；N 为一个二进制定点整数，它由阶符和阶码组成，阶码反映了二进制数 D 的小数点的实际位置。为了使有限的二进制位数能表示出最多的数字位数，定点小数 R 的小数点后的第 1 位(即数符的后面一位)一般为非零数字(即为“1”)。

在计算机中，通常用一串连续的二进制位来存放二进制浮点数，二进制浮点数的一般结构如图 1-26 所示。

例如，设尾数为 8 位，阶码为 6 位，则二进制数 $D=(-1101.010)_B=(-0.110101)_B\times2^{(100)_B}$，浮点数的存放形式如图 1-27 所示。

图 1-26　二进制浮点数表示的一般结构　　　图 1-27　$D=(-1101.010)_B$的存放形式

3)有符号二进制整数的表示

计算机采用二进制数进行运算时，若符号位同时参加数值运算，则易产生错误的结果。因此，有符号的二进制整数可以用原码、反码和补码表示。

原码的编码规则是用 0 和 1 表示符号位，且其数值位保持不变。其中，0 表示正号，1 表示负号。原码的弊端在于存在 0 表示不唯一的问题，即存在正 0 和负 0。同时，符号位不能直接参加运算，因此，计算机运用二进制原码进行运算时，不能直接判定是执行加法运算还是减法运算。由于符号位必须和数值位分开，因此这也增加了硬件的开销和复杂性。通常用$[X]_{原}$表示 X 的原码。例如：X=+33，Y=-33，则$[X]_{原}=0100001$，$[Y]_{原}=1100001$。

反码的编码规则分为两种情况，对于正数来说，即符号位为 0，反码与原码相同；对于负数来说，即符号位为 1，数值位分别按原数值位 X 的绝对值取反。计算机利用二进制数的反码进行运算相较原码简单，因为符号位参加运算，在硬件上只需要设置加法器即可，但符号位的进位需要加到最低位，需要增加判别进位和二次加法的元器件，硬件设置复杂。同时，反码也存在 0 表示不唯一的问题。通常用$[X]_{反}$表示 X 的反码。例如：X=+33，Y=-33，则$[X]_{反}$=0100001，$[Y]_{反}$=1011110。

补码的编码规则也同样分为两种情况，对于正数来说，其与原码相同；对于负数来说，数符位为 1，数值位为原数值位 X 的绝对值取反后最右位再加 1，即取反加 1。计算机利用二进制整数的补码进行运算时，符号位相同且参加运算，只需设置加法器即可。同时，0 表示唯一，简化了硬件的设计难度。通常用$[X]_{补}$表示 X 的补码。例如：X=+33，Y=-33，则$[X]_{补}$=0100001，$[Y]_{补}$=1011111。

2. 字符编码

计算机除用于数据计算外，还要处理大量的非数值数据，其中字符数据占有很重要的成分。字符数据包括西文字符和汉字字符，它们也需要在二进制编码后，才能在计算机中进行处理。

目前，计算机普遍采用 ASCII 码进行二进制数与西文字符的转换。ASCII 码是美国信息交换标准代码(American Standard Code for Information Interchange)，如表 1-3 所示。ASCII 码是采用 7 位二进制数表示一个字符的编码，共可以表示 $2^7=128$ 个不同字符的编码，包括 0 ~ 9 的 10 个阿拉伯数字、52 个大小写英文字母、32 个常用标点符号和 34 个控制符。

表 1-3　ASCII 码表

$b_3b_2b_1b_0$	$b_6b_5b_4$							
	000	001	010	011	100	101	110	111
0000	NUL	DLE	SP	0	@	P	’	p
0001	SOH	DC1	!	1	A	Q	a	q
0010	STX	DC2	“	2	B	R	b	r
0011	ETX	DC3	#	3	C	S	c	s
0100	EOT	DC4	$	4	D	T	d	t
0101	ENQ	NAK	%	5	E	U	e	u
0110	ACK	SYN	&	6	F	V	f	v
0111	BEL	ETB	‘	7	G	W	g	w
1000	BS	CAN	(	8	H	X	h	x
1001	HT	EM	)	9	I	Y	i	y
1010	LF	SUB	*	:	J	Z	g	z
1011	VT	ESC	+	;	K	[	k	{
1100	FF	FS	,	<	L	\	l	|
1110	CR	GS	-	=	M	]	m	}
1110	SO	RS	.	>	N	^	n	~
1111	SI	US	/	?	O	_	o	DEL

表中对大小写英文字母、阿拉伯数字、标点符号及控制符等特殊符号规定了编码，每个字符都对应一个数值，其排列次序为 $b_6\ b_5\ b_4\ b_3\ b_2\ b_1\ b_0$，$b_7$ 为最高位，b_0 为最低位。例如，大写字母“A”的编码是 1000001。

3. 汉字编码

随着信息技术的发展，汉字信息的表示与处理已经趋于成熟。为了使计算机能够处理、显示、打印和交换汉字字符，对汉字也需要进行编码。

1）汉字国标码

1980 年，我国颁布了国家汉字编码（简称国标码）标准——《信息交换用汉字编码字符集》（GB/TV2312—1980）。国标码字符集共收录了 6 763 个常用汉字，按汉语拼音字母的次序排列共有 3 755 个汉字；按偏旁部首排列共有 3 008 个二级汉字。由于一个字节只能表示 256 种编码，因此，一个国标码一般用两个字节来表示一个汉字，每个字节的最高位为 0。

所有国标汉字及符号组成 94×94 的矩阵，在此矩阵中，每一行称为一个“区”，每一列称为一个“位”。这样，组成了 94 个区（区号为 01～94），每个区内有 94 个位（位号为 01～94）的汉字字符集。区位码由区码和位码组成，且两位区码居高位、两位位码居低位。一个汉字或汉字符号都对应唯一的区位码。例如，汉字“玻”的区位码是 1803，即在 18 区的第 3 位。

2）汉字机内码

国标码与 ASCII 码存在可能的冲突。例如：“大”的国标码是 3473H，与西文字符串“4S”的 ASCII 码相同，因此在计算机中直接使用汉字国标码将存在二义性。汉字机内码是在计算机内部进行存储、传输所使用的汉字代码。一个国标码占两个字节，每个字节的最高位仍为 0；将国标码的每个字节的最高位由 0 变为 1，变换后的国标码称为汉字机内码。汉字机内码的每个字节的值都大于 128，而英文字符的机内码是 7 位 ASCII 码，每个西文字符的 ASCII 码值均小于 128。这样，汉字机内码与基本 ASCII 码相区别。

3）汉字字形码

汉字字形码实际上就是用来将汉字显示到屏幕或打印在纸上所需要的图形数据，通常有点阵字形码和矢量字形码两种表示方法。

点阵字形码是这个汉字字形点阵的代码。常用的点阵字形码有 16×16、24×24、32×32 等。一个 16×16 点阵汉字字形占用 32 B，一个 24×24 点阵汉字字形占用 72 B。所有相同点阵的汉字字体、字形构成特定的汉字库。汉字库一般存储在硬盘上，当要显示输出时才调入内存，检索相应的字形并显示到屏幕上。

矢量字形码是通过计算机的运算来描述汉字字形的轮廓特征，当要输出汉字时，由汉字字形描述生成所需大小和形状的汉字点阵。矢量化字形描述与最终文字显示的大小、分辨率无关，因此可产生高质量的汉字输出。

4）汉字输入码

汉字输入码是为了使用户能够使用西方键盘输入汉字而编制的编码。汉字通过输入码到计算机后，采用“输入码转换模块”转换为机内码进行存储和处理。汉字的输入方法有很多，如区位、拼音、五笔字型等，不同的输入法有自己的编码方案。

1.5 多媒体技术

随着电子信息技术的飞速发展，多媒体技术成为新一代电子技术发展和竞争的焦点。多媒体技术将电视的声音和图像功能、印刷业的出版能力、计算机的人机交互能力、Internet的通信技术有机地融于一体，借助日益普及的高速信息网，实现计算机的全球联网和信息资源共享。当前，多媒体技术广泛应用在咨询服务、图书、教育、通信、军事、金融、医疗等诸多领域，并且潜移默化地改变着我们的生活。

1.5.1 多媒体技术的基本知识

1. 多媒体的基本概念

多媒体(Multimedia)是指组合两种或两种以上媒体的一种人机交互式信息交流和传播媒体。多媒体技术则是利用计算机将各种媒体以数字化的方式集成在一起，从而使计算机具有表现、处理、存储多种媒体信息的综合能力。多媒体技术是一种将文字、声音、图像、动画、视频与计算机集成在一起的技术，而不是指多种媒体本身。

2. 多媒体的产生与发展

1984 年，美国苹果公司正在研制麦金塔(Macintosh，Mac)计算机，为了增强图形处理功能，改善人机交互界面，使用了位图(bitmap)、窗口(windows)、图标(icon)等技术。改善后的图形用户界面(Graphical User Interface，GUI)受到人们的普遍欢迎，这标志着多媒体技术的诞生。1985 年，美国 Commodore 公司推出了世界上第一个真正的多媒体计算机系统 Amiga，该系统以其功能完备的视听处理能力、大量丰富的实用工具以及性能优良的硬件，使全世界看到了多媒体技术的未来。

多媒体技术的发展大致经历了 3 个阶段：传统多媒体技术、流媒体技术、智能多媒体技术。在多媒体发展的初级阶段，传统多媒体接收所有待处理的信息后，方可对这些信息进行处理，这样使人们必须花费大量的时间来等待多媒体处理信息过程。

流媒体技术是一种解决传统多媒体弊端的新技术，所谓“流”是一种数据传输的方式，利用这种方式，信息接收端在没有接收到完整的信息前，就能处理那些已收收到的信息。这种边接收、边处理的方式，很好地解决了多媒体信息在网络上的传输问题，使人们不必等待太长时间，就可以接收到多媒体信息。

智能多媒体技术是将人工智能领域中的某些技术与多媒体技术相结合的新技术，这种技术凭借计算机的高速运算能力，综合处理声音、文本、图像等多源信息，在文字与语音的识别和输入、自然语言理解、机器翻译、图形的识别和计算机视觉等领域得到了发展。

3. 多媒体技术的特征

多媒体技术具有以下 5 个特征。

1)集成性

集成性主要包括 3 个方面的含义：一是多种信息形式的集成，即文本、声音、图像、视频信息形式的一体化；二是通过多媒体技术把各种单一的技术和设备集成为一个综合、交互的系统，实现更高级的应用途径，如电视会议系统、视频点播系统以及虚拟现实系统等；三是对多种信息源的数字化集成，如将摄像机或录像机获取的视频图像存储在硬盘中，计算机产生的文本、图形、动画、伴音等，经编辑后向显示器、音响、打印机、硬盘等设备输出，也可以通过 Internet 远程输出。

2)交互性

交互性是指用户可以与计算机进行交互操作，传统信息交流媒体只能单向、被动地传播信息，而多媒体技术则可以实现用户对信息的主动选择和控制。例如，影视节目播放中的快进与倒退、图像处理中的人物变形、剧本中对人物的编辑修改等。

3)实时性

实时性是指视频图像和声音必须保持同步性和连续性。当用户给出操作命令时，相应的多媒体信息都能够得到实时控制，就像面对面实时交流一样。例如，在播放视频时，视频画面不会出现卡顿、马赛克等现象，声音与画面必须保持同步等。

4)非线性

多媒体技术的非线性特征将改变人们传统循序性的读写模式。以往用户的读写方式大都采用章、节、页的线性方式，而多媒体技术将借助超文本链接(Hyper Text Link)的方法，把内容以一种更灵活、更多变的方式呈现给读者。

5)互动性

多媒体技术可以形成人机、人人、机机之间的互相交流的操作环境及身临其境的场景，用户可根据需要进行控制。人机相互交流是多媒体最大的特点。

1.5.2 多媒体计算机系统的组成

1. 多媒体计算机的硬件系统

多媒体计算机的硬件系统主要由计算机传统硬件设备、音频输入/输出和处理设备、视频输入/输出和处理设备、多媒体传输通信设备等组成，最主要的设备部件包括根据多媒体技术标准而研制生产的多媒体信息处理芯片、板卡和外部设备等。

芯片类主要包括音/视频芯片组、视频压缩/还原芯片组、数模转化芯片、网络接口芯片、数字信号处理(Digital Signal process，DSP)芯片、图形图像控制芯片等。板卡类主要包括音频处理卡、视频采集/播放卡、图形显示卡、图形加速卡、光盘接口卡、VGA/TV 转换卡、小型计算机系统接口(Small Computer System Interface，SCSI)、光纤分布式数据接口(Fiber Distributed Data Interface，FDDI)等。外部设备主要包括扫描仪、数码照相机、激光打印机、液晶显示器、光盘驱动器、触摸屏、鼠标/传感器、麦克风/扬声器、传真机等、显示终端机、光盘制作机、传感器、可视电话机。

2. 多媒体计算机的软件系统

多媒体计算机的软件系统按其功能划分可为 3 类：驱动程序、操作系统、多媒体数据编辑创作软件。

1)驱动程序

操作系统需要通过驱动程序来识别多媒体 I/O 设备。因此，用户须安装相应的驱动程序，才能安全、稳定地使用上述设备的所有功能。

驱动程序的安装方式：可执行驱动程序安装方式、手动安装驱动方式、其他方式。

可执行的驱动程序主要包括两种：一种是独立的驱动程序文件，用户双击它就会自动安装相应的硬件驱动；另一种则是现成目录或压缩文件夹，有 setup. exe 或 install. exe 可执行文件，双击这类可执行文件，程序也会自动将驱动装入计算机。由于部分可执行文件有一个可执行文件，所以可采用 INF 格式手动安装驱动。除了以上两种驱动程序的安装方式，还有一些设备，如调制解调器和打印机需采用特殊的驱动程序安装方式。

2）操作系统

多媒体的操作系统作为整个多媒体计算机系统的核心，主要负责多媒体任务的调度，保证音频、视频同步控制以及信息处理的实时性，提供多媒体信息的各种基本操作和管理，具有对设备的相对独立性和可扩展性等任务。目前，主要应用 Windows 操作环境和 Mac OS 操作环境对多媒体进行扩充。

3）多媒体数据编辑创作软件

多媒体数据编辑创作软件包括播放工具、媒体创作软件和用户应用软件等。播放工具实现多媒体信息直接在计算机上播放或在消费类电子产品中播放的功能，如 Video for Windows、暴风影音、风行、腾讯视频、迅雷看看等。媒体创作软件用于建立媒体模型，从而产生媒体数据，如 2D Animation、3D Studio Max、Wave Edit、Wave Studio 等。用户应用软件是根据多媒体系统终端用户要求而定制的应用软件，如特定的专业信息管理系统、调制管理应用系统、多媒体监控系统、多媒体 CAI 软件、多媒体彩印系统等。除上述面向终端用户而定制的应用软件外，还有一类是面向某一个领域的用户而定制的应用软件系统，如多媒体会议系统、点播电视服务等。

1.5.3 多媒体关键技术

1. 多媒体数据的压缩技术

在多媒体计算机系统中，为了呈现令人满意的图像、视频画面质量和听觉效果，往往会产生数据量巨大的图片/影像/声音视频，计算机系统几乎无法对这些数据进行传输和处理。而多媒体数据的压缩技术有效解决了数据的大容量存储和实时传输的问题。压缩处理一般由两个过程组成：一是编码过程，即将原始数据经过编码进行压缩；二是解码过程，即将编码后的数据还原为可以使用的数据。

数据压缩可分为无损压缩和有损压缩两大类。无损压缩利用数据的统计冗余进行压缩，解压缩后可完全恢复原始数据，而不引起任何数据失真。无损压缩广泛用于文本数据、程序和特殊应用的图像数据的压缩。常用的无损压缩方法有行程长度（Run Length Encoding，RLE）编码、哈夫曼（Huffman）编码、LZW（算术）编码等。

有损压缩以牺牲信息为代价，换取较高的压缩比。例如、人类视觉和听觉器官对频带中的某些成分不大敏感，可以采用有损压缩方法进行数据压缩。有损压缩在还原图像时，与原始图像存在一定的误差，但视觉效果一般可以接受，压缩比可以从几倍到上百倍。常用的有损压缩方法有脉冲编码调制（Pulse Code Modulation，PCM）、预测编码、变换编码、插值、外推、分形压缩、小波变换等。

2. 多媒体数据的存储技术

多媒体数据存储是将经过加工后的信息，按照一定的格式和顺序存储在特定的载体中的一种信息活动，其目的是便于信息管理者和信息用户快速、准确地识别、定位和检索信息。多媒体数据的存储技术是指跨越时间保存信息的技术，主要包括磁存储技术、缩微存储技术和光盘存储技术等。

磁能存储声音、图像和热机械振动等一切可以转换成电信号的信息，因此，磁存储技术被广泛地应用于科技信息工作与信息服务之中。磁存储技术的特点是存储频带宽，可以存储 2 MHz 以上的信号，信息能长久保存在磁带中，可以在需要的时候重放，还能同时进行多路信息的存储。

缩微摄影技术简称微缩存储技术，是现代高技术产业之一。缩微存储是用缩微摄影机采用感光摄影原理，将文件资料缩小拍摄在胶片上，经加工处理后作为信息载体保存起来，供以后复制、发行、检索和阅读之用。

光盘利用激光束在光记录介质上写入与读出信息的高密度数据，它既可以存储视、音频信息，又可以存储图像信息，还可以用计算机存储与检索。

3. 虚拟现实技术

虚拟现实(Virtual Reality，VR)是以沉浸性、交互性和构想性为基本特征的计算机高级人机界面。该技术综合利用了计算机图形学、仿真技术、多媒体技术、人工智能技术等多种技术，来模拟人的视觉、听觉、触觉等感觉器官功能，使人能够沉浸在计算机生成的虚拟情境中，并能够通过语言、手势等自然的方式与之进行实时交互，创建了一种适人化的多维信息空间。用户不仅能够通过虚拟现实系统感受到在客观物理世界中所经历的“身临其境”的逼真性，而且能够突破空间、时间以及其他客观限制感受到真实世界中无法亲身经历的体验。

目前，常见的拥有虚拟现实技术的产品包括光阀眼镜、三维投影仪和头盔显示器等。头盔显示器如图 1-28 所示。

其中，高档的头盔显示器既能提供高分辨率、大视场角的虚拟场景，并带有立体声耳机，使人身临其境。其他外设主要用于实现与虚拟现实的交互功能，包括数据手套、三维鼠标、运动跟踪器、力反馈装置、语音识别与合成系统等。虚拟现实技术的应用前景十分广阔，目前已在工业、建筑设计、教育培训、文化娱乐等方面得到了广泛的应用。虚拟现实技术在教学中的应用如图 1-29 所示。

图 1-28 头盔显示器

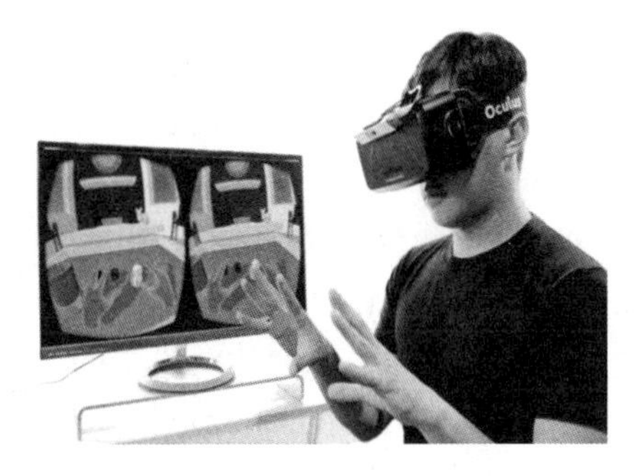

图 1-29 虚拟现实技术的应用场景

1.5.4 声音和图像文件格式

1. 常见的音频文件格式

常见的音频文件格式主要包括 WAV 格式、MP3 格式和 WMA 格式。

1) WAV 格式

WAV 文件是微软公司和 IBM 公司共同开发的 PC 标准音频格式，具有很高的音质。未经压缩的 WAV 文件的存储容量非常大，一分钟 CD 音质的音乐大约占用 10 MB 的存储空间。

2) MP3 格式

MP3 是一种符合 MPEG-1 音频压缩的文件。MP3 的压缩比为 1∶10~1∶12。MP3 是一种有损压缩，由于大多数人听不到 16 kHz 以上的声音，因此 MP3 编码器便剥离了频率较高的所有音频。一首 50 MB 的 WAV 格式歌曲用 MP3 压缩后，只需 4 MB 左右的存储空间，而音质与 CD 相差不多。MP3 音频是 Internet 的主流音频格式。

3) WMA 格式

WMA 是微软公司开发的一种音频文件格式。在低比特率(如 48 kbit/s)时，相同音质的 WMA 文件比 MP3 小了许多。

2. 常见的视频文件格式

常见的视频文件格式包括点阵图像文件格式和矢量图形文件格式两类。

1) 点阵图像文件格式

图像文件有很多通用的标准存储格式，如 BMP、TIF、JPEG、GIF、PNG 等，这些图像文件格式标准是开放和免费的，并可以相互转换。

(1) BMP 格式。

BMP 是 Bitmap(位图)的简写，它是 Windows 操作系统中最常用的图像文件格式，包括压缩和非压缩两类。BMP 文件结构简单，形成的图像文件较大，最大优点是能被大多数软件接受。

(2) TIF 格式。

TIF(Tagged Image File Format，标记图像文件格式)是一种工业标准图像格式，TIF 图像文件格式的存放灵活多变，它的优点是独立于操作系统和文件系统，可以在 Windows、Linux、UNIX、Mac OS 等操作系统中使用，也可以用在某些印刷专用设备中。TIF 图像文件格式分成压缩和非压缩两大类，它支持所有图像类型。TIF 文件存储的图像质量非常高，但占用的存储空间也非常大，信息较多，这有利于图像的还原。

(3) JPEG 格式。

1991 年，联合图像专家组提出了“多灰度静止图像的数字压缩编码”，简称 JPEG 标准，这是一个适用于彩色、单色和多灰度静止数字图像的压缩标准。JPEG 将图像不易被人眼察觉的图像颜色删除，从而达到较大的压缩比(2∶1~40∶1)，但是对图像质量影响不大，因此可以用最少的磁盘空间得到较好的图像质量。由于它优异的性能，应用非常广泛，所以 JPEG 文件格式也是 Internet 上的主流图像格式。

(4) GIF 格式。

GIF 是一种压缩图像存储格式，采用无损压缩方法，压缩比较高，文件很小。GIF 图像文件格式还允许在一个文件中存储多个图像，可实现动画功能。目前，GIF 图像文件格式成为 Internet 上使用最频繁的文件格式，很多动画都是 GIF 格式的文件，但 GIF 文件的最大缺点是最多只能处理 256 种色彩，因此不能用于存储真彩色的大图像文件。

(5)PNG 格式。

PNG(Portable Network Graphics，便携式网络图形)文件采用无损压缩方法，它的压缩比高于 GIF 文件，支持图像透明。PNG 是一种点阵图像文件，网页中有很多图片都是这种格式。PNG 文件的色彩深度可以是灰度图像的 16 位，彩色图像的 48 位，是一种常见的网络图形格式。

2)矢量图形文件格式

矢量图形文件格式包括 WMF、SVG 以及其他格式。

(1)WMF 格式。

WMF 格式是 Windows 操作系统中的图元文件格式，它具有文件短小、图案造型化的特点，整个图形由多个独立的部分拼接而成，但 WMF 格式的图形往往较粗糙，只能在 Microsoft Office 中调用编辑。

(2)SVG 格式。

SVG 是由万维网联盟(World Wide Web Consortium，W3C)组织研究和开发的矢量图形标准。SVG 作为开放的矢量图形标准，得到了人们的广泛关注。SVG 格式的图像可以自由缩放、文字独立于图形，且支持透明效果、动态效果和滤镜效果，还有强大的交互性等。目前已经有少数公司推出了支持 SVG 创作、编辑和浏览的工具或软件。

(3)其他格式。

DWG 格式：计算机辅助设计软件 AutoCAD 的专用格式。

FLA 格式：Flash 动画设计软件的专用格式。

VSD 格式：微软公司网络结构图设计软件 Visio 的专用格式。

1.6 计算机病毒及其防治

当前，计算机安全的最大威胁是计算机病毒。计算机病毒与医学上的“病毒”不同，计算机病毒是编制者为了达到某种特定的目的，编制的一种具有破坏计算机信息系统、毁坏数据、影响计算机使用的计算机程序代码。它能潜伏在计算机的存储介质或程序里，当条件满足时即被激活，把自身复制到其他程序体内，影响和破坏程序的正常执行和数据的正确性。计算机一旦感染病毒，病毒就可能迅速扩散，这种现象和生物病毒侵入生物体，并在生物体内传染一样。

1.6.1 计算机病毒的特点

1. 传染性

传染性是计算机病毒最基本的特征，是判断一段程序代码是否为计算机病毒的重要依据。病毒可以附着在程序上，通过磁盘、光盘、计算机网络等载体，将自身的复制品或变种传染到其他未感染病毒的程序上，被传染的计算机又成为病毒的生存环境及新传染源。

2. 破坏性

任何计算机病毒感染了系统后，都会对系统产生不同程度的影响。一旦满足病毒发作条件，就在计算机上表现出不同的症状，轻则占用系统资源，影响计算机的运行速度，降低计算机的工作效率，使用户不能正常使用计算机；重则破坏用户的计算机数据，甚至破坏计算机硬件，给用户带来巨大的损失。

3. 隐蔽性

计算机病毒具有很强的隐蔽性，它通常附着在正常的程序之中或隐藏在磁盘的隐蔽地方，有的病毒在感染了系统之后，系统仍能正常工作，用户不会感到有任何异常，在这种情况下，普通用户是无法发现病毒的。由于计算机病毒不易被发现，所以其隐蔽性往往会使用户对病毒失去应有的警惕。

4. 寄生性

一般的计算机病毒都不是独立存在的，而是一种特殊的寄生程序。它不是通常意义下的完整的计算机程序，而是寄生在其他可执行的程序中，当执行这个程序的时候，病毒就起破坏作用。

5. 潜伏性

计算机病毒的发作是由触发条件来决定的，在不满足触发条件时，病毒可以长时间潜伏在计算机中，系统没有异常症状。计算机病毒的潜伏性越好，它在系统中存在的时间就越长，传染的范围就越广，其危害性也就越大。

1.6.2 计算机病毒的分类

计算机病毒有多种分类方法，按感染方式分，计算机病毒可以分为引导型病毒、文件型病毒、网络型病毒、复合型病毒。

1. 引导型病毒

引导型病毒作为操作系统的一个模块，主要通过 U 盘、光盘及各种移动存储介质在操作系统中传播，并能感染到硬盘中的“主引导记录”。例如，当它作为操作系统的引导程序时，计算机启动就会先运行病毒程序，然后才启动操作系统程序。

2. 文件型病毒

文件型病毒寄生在文件上，当文件被打开时，首先运行病毒程序，然后才运行用户指定的文件程序。文件型病毒又称外壳型病毒，其病毒包围在宿主程序的外围，并不对其宿主程序进行修改。当运行该宿主程序时，病毒程序就会进入内存。文件型病毒主要感染扩展名为 com、exe、drv、bin、ovl、sys 等的可执行文件。

3. 网络型病毒

网络型病毒是指通过计算机网络感染可执行文件的计算机病毒。目前，部分网络型病毒几乎可以对所有的 Microsoft Office 文件进行感染，如 Word、Excel、E-mail 等。

4. 复合型病毒

复合型病毒综合引导型病毒和文件型病毒的特性，这类病毒既可以感染磁盘的引导区，也可以感染可执行文件，兼有上述两类病毒的特点。

1.6.3　计算机病毒的传播途径

1. 磁盘

早期的计算机病毒大都是通过磁盘等存储设备来传播的，包括软盘、U 盘、硬盘、移动硬盘、磁带机、光盘等。在这些存储设备中，U 盘是使用非常广泛的移动设备，是病毒传染的主要途径。

2. 下载

随着网络技术的迅猛发展，人们每天都会从网络上下载一些有用的资料信息。同时，网络也是病毒滋生的温床，当人们从网络上下载各种资料软件时，无疑也会给病毒提供良好的入侵通道。

3. 电子邮件

电子邮件(E-mail)成为人们日常工作必备的工具，也是病毒传播的最佳渠道。另外，部分病毒还可以通过特殊的途径进行感染，如固化在硬件中的病毒、通过网络媒介传染等。

1.6.4　计算机病毒的防治

病毒对计算机系统构成极大的威胁，防止计算机病毒入侵的有效方法之一是预防病毒。为防止病毒的入侵和传播，应从以下 4 个方面加以注意。

(1)安装有效的杀毒软件并根据实际需求进行安全设置。同时，定期升级杀毒软件并经常全盘查毒、杀毒。常见的杀毒软件有：金山毒霸、瑞星杀毒软件、诺顿防毒软件、360 安全卫士等。无论使用哪种杀毒软件，都要定期从指定的网站下载和更新杀毒软件，以便能够查杀新型计算机病毒。

(2)定期对重要数据进行备份，如主引导记录、操作系统引导记录、分区表、重要数据文件等。不要随意打开陌生人发送过来的页面链接和来历不明的电子邮件及附件，谨防其中隐藏的木马病毒。

(3)安装硬盘保护卡。通过硬件方法实现计算机病毒防护与消除。

(4)光盘、U 盘及移动硬盘等移动存储设备在使用前应检测是否存在感染病毒的文件。

第 2 章　操作系统

2.1　麒麟操作系统

2.1.1　麒麟操作系统概述

1. 麒麟操作系统的发展历程

麒麟操作系统是麒麟软件有限公司旗下的国产操作系统(如图 2-1 所示)，以安全可信的操作系统技术为核心，旗下拥有“中标麒麟”和“银河麒麟”两大产品品牌，既面向通用领域打造安全创新操作系统和相应解决方案，又面向国防专用领域打造高安全、高可靠操作系统和解决方案，现已形成了服务器操作系统、桌面操作系统、嵌入式操作系统、麒麟云等产品，能够同时支持飞腾、龙芯、申威、兆芯、海光、鲲鹏等国产 CPU。

图 2-1　国产操作系统

提起国产操作系统，必须要提到中国电子信息产业集团有限公司(China Electronics Corporation，CEC)，后文简称中国电子。1982 年，中国电子下属第六研究所开发了汉字磁盘操作系统(Chinese Characters Disk Operation System，CCDOS)；1989 年，中国电子下属中国计算机服务总公司与中国软件公司合并开发的国产操作系统，名称为 COSIX，其中“C”代表中文(Chinese)，OS 是指开放系统或操作系统(Open System，Operating System)，IX 是指基于 UNIX 类的操作系统。也就是说，COSIX 是一种与 UNIX 兼容的中文开放式操作系统。项目的前期启动，为 COSIX 项目列入国家“八五”科技攻关计划打下了很好的基础。1990 年，中国计算机技术服务公司、中国软件与技术服务股份有限公司合并成立中国计算机软件与技术服务总公司(简称中软总公司)，隶属电子工业部。2010 年，为了推进“核高基”(核心电子器件、高端通用芯片及基础软件产品的简称)计划，中标软件与国防科技大学达成战略合作，将各自旗下品牌“中标普华”与“银河麒麟”合并为“中标麒麟”，希望将“中标麒麟”打造成为“国产操作系统第一品牌”，共同推进国产基础软件在国防以及国民经济各领域中的应用。天津麒麟信息技术有限公司成立于 2014 年，是中国电子和天津市政府在安全可控信息系统领域进行战略合作的重大部署。2019 年 12 月，中美贸易战以后，中国电子旗下的两家操作系统公司，即“中标软件”和“天津麒麟”，已经强强整合，打造中国操作系统新旗舰——麒麟软件有限公司(简称麒麟软件)。麒麟软件由于有国防科技大学的背景，所以一直是军工、航天、国防行业的首选。国产操作系统在电力、银行、民航等行业领域的应用越来越广泛。

2. 麒麟操作系统的安装

打开麒麟操作系统的官方网站(https：//www. kylinos. cn/)，选择“桌面操作系统”；在“桌面操作系统版本”下面的选项中选择“More”；单击“申请试用”按钮出现一个申请表格，需要收取、填写验证码；用户输入验证码后选择对应的 CPU 平台进行下载，然后就会看到下载链接了，直接下载到本地(ISO 镜像文件)即可。

注意：本小节讲述的所有内容都是基于麒麟操作系统的 v10 版本，在以后的内容中简称为 v10。

2.1.2 麒麟操作系统的基本操作

1. 麒麟操作系统的启动和关闭

1)系统的启动

当确保计算机硬件的连接准确无误时，按下主机的电源键，即可启动麒麟操作系统。

2)系统的关闭

(1)单击“开始”按钮，找到电源按钮(如图 2-2 所示)，单击进入系统关闭页面。

(2)在系统关闭页面，总共有 7 个按钮，分别是切换用户、休眠、睡眠、锁屏、注销、重启和关机，单击“关机”按钮即可关闭系统。

3)系统的重启

单击“开始”按钮，找到电源按钮，单击进入系统关闭页面，单击“重启”按钮即可重启系统。

4)系统的休眠

单击“开始”，找到电源按钮，单击进入系统关闭页面，单击休眠按钮即可进入休眠模式。

图 2-2 电源按钮

2. 桌面

进入麒麟操作系统后出现如图 2-3 所示的界面，称为桌面。桌面包括桌面背景、桌面图标和任务栏等。

图 2-3　麒麟操作系统桌面

1) 桌面背景

麒麟操作系统的桌面背景的设置方法非常简单，用户可以通过桌面右键菜单或使用系统设置功能进行设置。在自定义桌面背景时，用户可以选择系统自带的默认背景，也可以通过下载图片作为桌面背景。无论使用哪种方式更改桌面背景，都可以轻松地实现个性化的桌面设置。麒麟操作系统的桌面背景可以通过以下 3 种方式设置。

(1) 系统自带的默认桌面背景设置。麒麟操作系统在安装完成后，系统自带了一些默认的桌面背景。用户可以通过系统设置中的“桌面”→“个性化”→“背景”设置成自己喜欢的桌面背景，如图 2-4 所示。

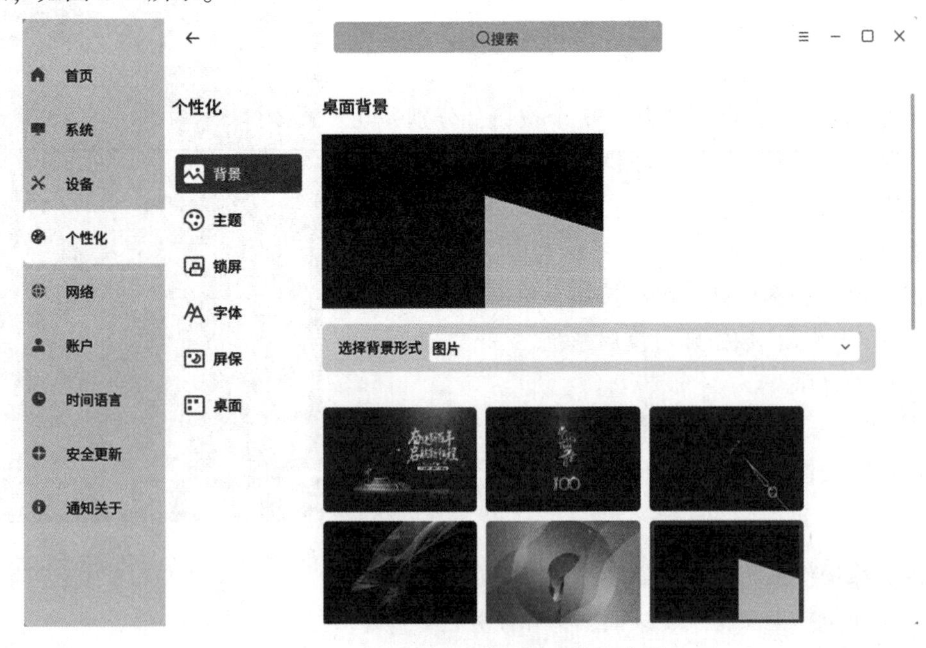

图 2-4　设置系统自带的默认桌面背景

（2）自定义更改桌面背景。在麒麟操作系统中，用户可以通过桌面背景设置功能，自定义更改桌面背景，具体步骤如下。

①在桌面空白处右击，在弹出的快捷菜单中选择“设置背景”命令。

②在弹出的“设置背景”窗口中，用户可以选择“颜色”“图片”等多种方式作为桌面背景。

③若选择的背景形式是图片，则可单击“浏览本地壁纸”按钮，在本地计算机中选择自己喜欢的桌面背景图片，然后单击“选择”按钮。

④返回桌面，就可以看到更改后的桌面背景了。

（3）图片壁纸设置。除了系统自带的默认桌面背景，用户也可以通过下载图片作为桌面背景。在浏览器中下载自己喜欢的图片，然后右击下载的图片，在弹出的快捷菜单中选择“设为壁纸”命令即可。

桌面图标的个性化设置

2）桌面图标

麒麟操作系统的桌面上默认有“计算机”“回收站”“kylin”3 个图标。桌面上的图标分别代表某个程序，双击其中的一个图标可以运行相应的程序。例如，双击“计算机”图标可打开“计算机”窗口。桌面应用程序或文件夹的图标也可以进行相关属性的设置，方法为：选中所需要进行个性化设置的桌面应用程序或文件夹图标，然后右击，在弹出的快捷菜单中选择“属性”命令，则会进入图标的属性设置界面（如图 2-5 所示），可以在“基本”选项卡下对文件夹设置为“只读”或“隐藏”属性。

图 2-5　图标的属性设置界面

3）任务栏

任务栏是指桌面底部的长条区域，用来显示正在运行的程序、当前时间等。任务栏主要由“开始”按钮、显示任务视图、文件管理器、WPS 文字、任务栏、状态菜单和“显示桌面”按钮组成。

（1）“开始”按钮用于弹出“开始”菜单，可以根据名称搜索某个应用程序或文件。

（2）显示任务视图用于同时浏览多个已打开的窗口。

（3）文件管理器可以管理和浏览系统中的文件。

（4）WPS 文字是以编辑、打印为主体的，具有丰富的全屏编辑功能的软件。

（5）任务栏是用来显示正在运行的程序或已打开的文档，可进行关闭窗口等操作。

（6）状态菜单包括输入法、输出音量控制等的设置。

（7）单击“显示桌面”按钮可以将桌面上的所有窗口最小化，返回到桌面；再次单击将还原窗口。

3. “开始”菜单

单击桌面左下角的“开始”按钮，打开“开始”菜单。

图 2-6 中的“开始”菜单左侧区域显示的是系统中安装的所有软件；右侧区域上方的 3

个按钮提供3种分类方式：所有软件、字母排序、功能分类。

所有软件：根据使用频率显示出系统中的所有软件，并可以将软件固定至前端，不受使用频率的影响，当将软件固定至前端后其右侧会出现固定按钮图标，如图2-7所示。

字母排序：根据中文首字母分类显示系统中的所有软件，并可以按字母导航。

功能分类：根据“功能分类”显示系统中的所有软件，包括移动软件、网络、社交、影音、开发、图像、游戏、办公、教育、系统和其他等类别。

图2-6 “开始”菜单

图2-7 “开始”菜单中的固定按钮图标

单击“计算机”按钮即可进入用户的个人文件夹。

“设置”中默认提供了常用的配置项，可进行系统设置和硬件配置等相关操作。

用户还可以在“开始”菜单上方的搜索框中输入想要查找的文件或应用程序的关键字，进行快速搜索。

4. 窗口管理

窗口是指采用窗口形式显示计算机操作的用户界面，是桌面上与某个应用程序相对应的矩形区域，用户可以与产生该窗口的应用程序进行交互，这种界面是一种可视化界面。当用户运行一个应用程序时，该应用程序会创建并显示一个窗口；当用户对窗口中的某个对象进行操作时，程序就会做出相应的反应。

1）打开窗口

窗口的打开方式有以下3种。

（1）双击应用程序的图标。

（2）在“开始”菜单中单击想要打开的应用程序图标。

（3）在想要打开的应用程序图标上右击，然后在弹出的快捷菜单中选择“打开”命令。

2）窗口的最小化、最大化和关闭

窗口右上角3个按钮分别是“最小化”“最大化”“关闭”按钮，单击其中的一个按钮可以进行相应的操作。

当将窗口最大化后，窗口右上角 3 个按钮就变成“最小化”“向下还原”“关闭”按钮，这时可以通过“向下还原”按钮将窗口还原到最初状态，如图 2-8 所示。还原窗口有以下两种方法。

图 2-8 “向下还原”按钮

(1) 单击窗口的“向下还原”按钮。

(2) 双击标题栏，也可将窗口最大化。

其中，关闭窗口有以下两种方法。

(1) 单击窗口的“关闭”按钮。

(2) 在任务栏上右击需要关闭的程序图标，在弹出的快捷菜单中选择“关闭”命令。

3) 滚动条

当窗口中显示的内容超出窗口界面的大小时，就会产生滚动条，滚动条包含垂直滚动条和水平滚动条两种。

若窗口中垂直方向显示的内容超出窗口界面的大小，则出现垂直滚动条；若窗口中水平方向显示的内容超出窗口界面的大小，则出现水平滚动条。

注意：垂直滚动条和水平滚动条可以同时出现。

单击滚动条，按住鼠标左键不放，拖动滚动条可以查看窗口中的内容；或者单击滚动条上下、左右的空白区域，也可查看窗口中的内容。

4) 切换当前窗口

若同时打开了多个窗口，那么这些窗口会重叠在一起，当用户想在各个窗口之间进行切换操作时，方式有以下 3 种。

(1) 当用户想要从当前窗口切换到其他窗口时，可使用鼠标在需要切换的窗口中的任意位置进行单击操作，该窗口即可出现在所有窗口的最前端。

(2) 在任务栏上单击想要操作的窗口图标，则该窗口会出现在所有窗口的最前端。若同类型的窗口标签被合并在同一个图标下，则可以单击该图标，当弹出该图标下隐藏的所有窗口缩略图时，单击要切换的窗口，则该窗口将置于所有窗口的最前端。

(3) 使用快捷键〈Alt+Tab〉进行窗口的切换。按住〈Alt〉键不放，每按一次〈Tab〉键，就会切换一次窗口，直至切换到需要打开的窗口后，松开〈Alt〉和〈Tab〉键，则需要的窗口就出现在所有窗口的最前端。

5) 移动窗口

用户可以根据需求将想要移动的窗口移到合适的地方。将光标放在需要移动的窗口的标题栏处，按住鼠标左键不放，将其拖拽到目标位置后松开鼠标，即可完成窗口的移动。

注意：最大化窗口时不能够对窗口进行移动。

5. 鼠标和键盘

麒麟操作系统是支持用户对系统所连接的外部硬件设备如鼠标和键盘进行相应的个性化设置的。

1) 鼠标的设置

选择“开始”→“设置”→“设备”→“鼠标”命令，即可进入鼠标的设置界面，如图 2-9、图 2-10 所示。用户可以依据自己鼠标的使用习惯，对其进行相关硬件参数的修改设置。

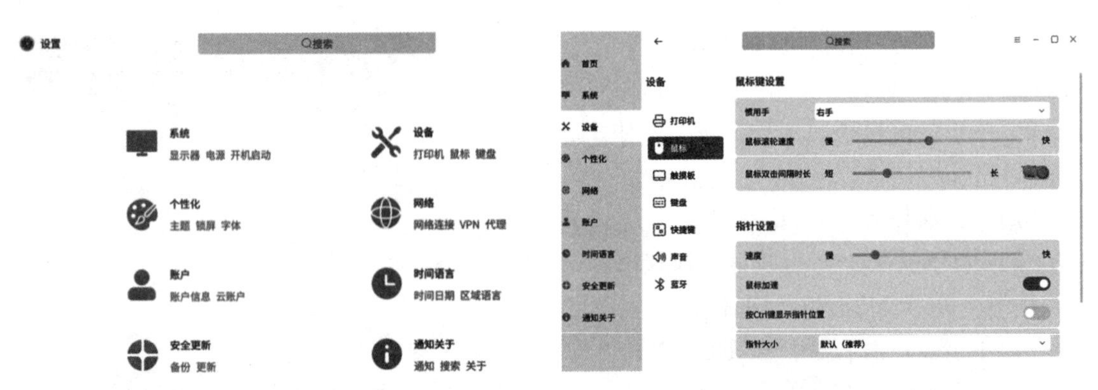

图 2-9 “设置”窗口　　图 2-10 鼠标的设置界面

2) 键盘的设置

选择“开始”→“设置”→“设备”→“键盘”命令，即可进入键盘的设置界面，该界面中共有“通用设置”“输入法设置”两个选项区域。在 v10 版本中，键盘的通用设置界面如图 2-11 所示。

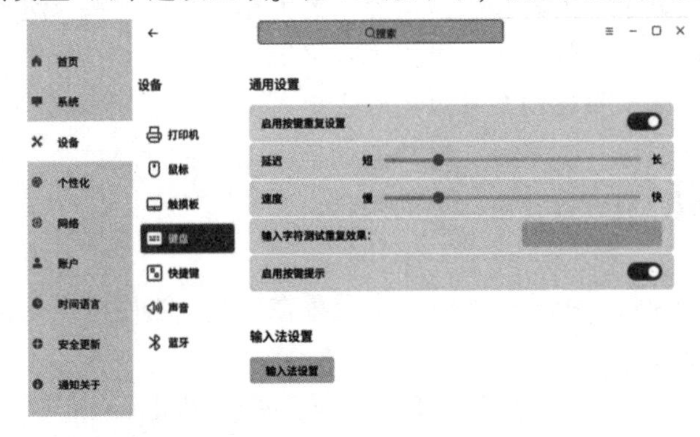

图 2-11 键盘的通用设置界面

3) 屏幕键盘的设置

单击“开始”按钮，在其上方的搜索框中输入“屏幕键盘”，如图 2-12 所示，单击“屏幕键盘”应用程序，进入屏幕键盘界面，如图 2-13 所示。

图 2-12 输入“屏幕键盘”　　图 2-13 屏幕键盘界面

注意： 屏幕键盘多数是没有外接键盘或外接键盘无法使用时使用。

2.1.3 文件和文件夹管理

麒麟操作系统是以文件和文件夹的形式存储计算机中所有的信息和数据。在计算机中，文件包含的信息范围很广，可以是文本、图片或应用程序等。下面主要介绍麒麟操作系统中文件和文件夹的管理方法。

1. 文件和文件夹

1)文件名的组成

在计算机中，为了区分不同的文件，必须给每个文件命名。麒麟操作系统规定文件名由文件主名和扩展名组成，文件主名和扩展名之间用分隔符“.”隔开。

文件的名称格式：文件主名[.扩展名]。文件主名是必须存在的，而扩展名是可选的。文件主名是由用户命名的，是文件的描述和标记，用户可以在符合命名规则的情况下任意更改文件主名。扩展名大多是由文件类型来决定的，是在文件生成的时候由系统自动生成的，也可以由用户自己添加和改变。

2)文件的命名规则

文件的命名需要遵循一定的命名规则，否则文件名无效。文件的命名规则如下。

(1)文件名的长度最大可以由255个字符组成，通常是由数字、字母、“_”(下划线)、“.”(点号)和“-”(减号)组成。

(2)文件名不能包含“/”，因为“/”在操作系统中表示根文件夹在路径中的分属符号。

(3)在同一个文件夹中，不能存在相同的文件名，但不同文件夹中可以存在相同的文件名。

3)路径

某个文件在计算机中存储的位置称为路径。

按查找文件的起点不同，路径可以分为两种：绝对路径和相对路径。从根文件夹开始的路径称为绝对路径；从当前所在文件夹开始的路径称为相对路径，相对路径是随着用户所操作的文件夹的变化而变化的。

4)文件类型

麒麟操作系统支持的文件类型有：普通文件、目录文件、设备文件及符号链接文件。

5)文件管理器

麒麟操作系统中的文件管理器可以方便地浏览和管理系统中的文件，可以分类查看系统中的文件和文件夹，支持文件和文件夹的常用操作。

(1)启动文件管理器的方式有以下3种。

①双击桌面上的图标。

②选择“开始”→“所有程序”→“文件管理器”命令。

③单击任务栏上的“文件管理器”按钮。

(2)文件管理器窗口的组成。文件管理器窗口如图2-14所示。文件管理器窗口一般由以下几部分组成：工具栏和地址栏、文件夹标签预览区、侧边栏、窗口区、状态栏等，各组成部件的用途如表2-1所示。

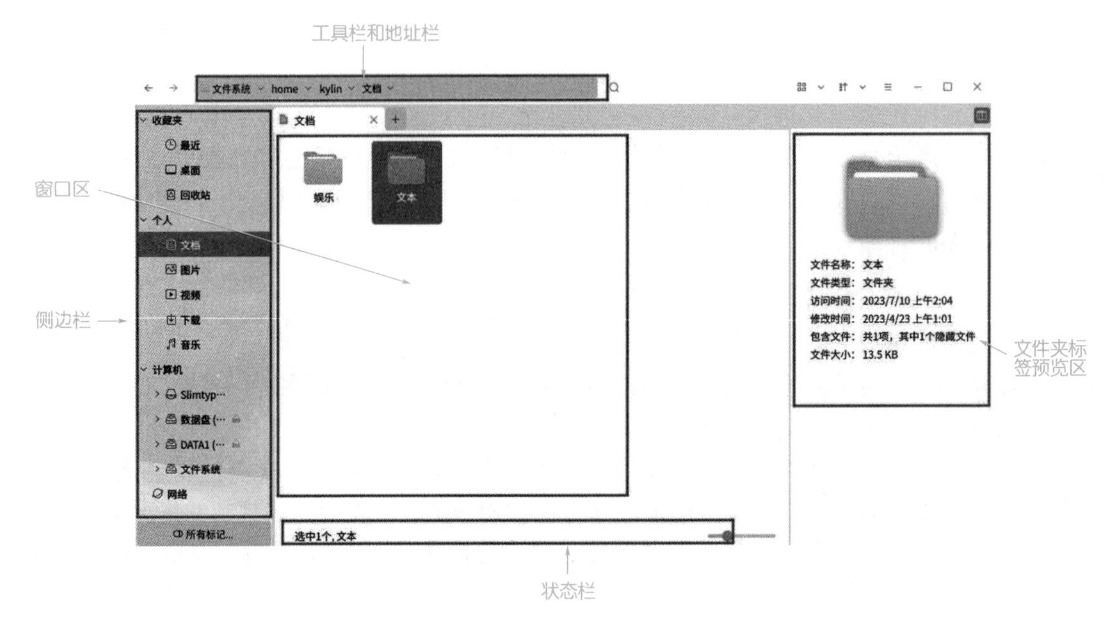

图 2-14　文件管理器窗口

表 2-1　文件夹管理器窗口各组成部件的用途

窗口部件	用途
工具栏和地址栏	位于文件管理器窗口的最上方，包含当前窗口或窗口内容的一些常用的工具和当前地址
文件夹标签预览区	位于工具栏和地址栏的下方，用户可以通过该部分查看已打开的文件夹
侧边栏	列出了所有文件的目录层次结构，提供对系统中不同类型文件夹目录的浏览
窗口区	显示当前文件夹下的子文件和文件
状态栏	位于文件管理器窗口的最底端，显示该窗口的状态

2. 文件和文件夹的显示与查看

显示与查看文件和文件夹的方法有很多种，用户可以根据自己的使用习惯进行操作。

1) 显示和查看文件和文件夹

打开文件管理器窗口后，文件和文件夹就显示在窗口中。在 v10 版本中，查看文件有以下 3 种方法。

(1) 双击浏览。这种方法最简单，对要打开的文件进行双击操作即可查看文件。

(2) 使用系统的快捷菜单。在要打开的文件上右击，在弹出的快捷菜单中选择“打开方式”选项中相应的应用程序。

(3) 使用对应的应用程序打开文件。要打开某文件时，可以先打开相应的应用程序，然后在应用程序中打开文件。

文件夹的查看方式与文件的查看方法类似，有以下两种方法。

(1) 双击要打开的文件夹，可以查看与显示其内容。

(2) 在要打开的文件夹上右击，在弹出的快捷菜单中有“打开”“在新窗口打开”“在新标签页打开”3 个命令，用户可以根据自己的需要进行选择。

2）更改文件和文件夹的查看方式

查看文件和文件夹的视图模式共有两种，分别是图标视图和列表视图。在图标视图模式下，文件管理器窗口中的文件将以“大图标+文件名”的形式显示。系统默认以图标视图的模式显示所有的文件和文件夹。在列表视图模式下，文件管理器窗口中的文件将以“小图标+文件名+文件信息”的形式显示。

用户在查看文件和文件夹时，可以根据自己的需要设置显示方式。在 v10 版本中，设置文件和文件夹的显示方式有以下两种。

（1）在文件管理器窗口的空白区域右击，在弹出的快捷菜单中选择“视图类型”命令，可以选择“列表视图”或“图标视图”两种模式来查看文件和文件夹，如图 2-15 所示。

图 2-15 右击选择“视图类型”命令

选择“列表视图”模式查看文件和文件夹如图 2-16 所示。

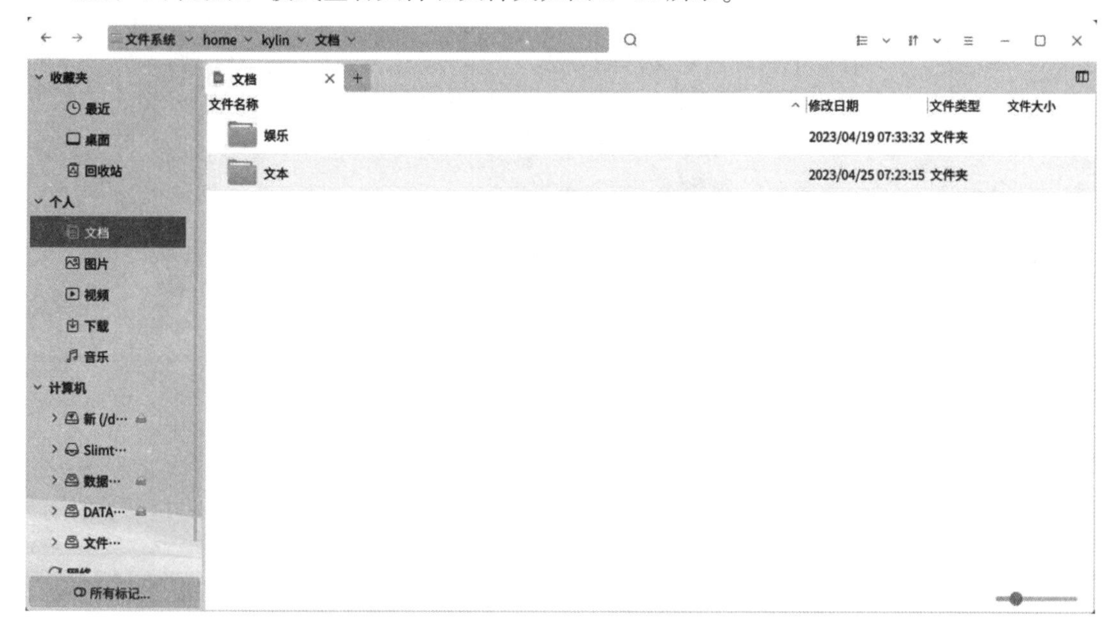

图 2-16 选择“列表视图”模式查看文件和文件夹

（2）在工具栏和地址栏右侧的查看方式图标中进行切换。

文件和文件夹有 4 个属性：文件名称、修改日期、文件类型和文件大小。用户可以根据自己的需求修改文件和文件夹的属性。若要修改文件夹的属性，则可以将光标移动到待修改属性的文件夹的图标上方，右击，在弹出的快捷菜单中选择“属性”命令，然后在弹出的“属性”对话框中修改文件夹对应的属性值。

3）更改文件和文件夹的排序方式

查看文件和文件夹时，用户可以使用不同的方式对其进行排序。文件和文件夹的排序方式取决于当前使用的文件夹的视图模式，用户可以单击文件管理器窗口的工具栏和地址栏中的排序类型图标⇅，弹出排序类型菜单，然后选择"文件名称""修改日期""文件类型""文件大小"等排序方式来对其进行排序。在 v10 版本中，排序类型菜单如图 2-17 所示。

图 2-17　排序类型菜单

3. 文件和文件夹的基本操作

为了便于管理文件和文件夹，用户不仅需要熟悉如何查看文件和文件夹，还需要掌握文件和文件夹的基本操作，如文件和文件夹的创建、选中、重命名、复制、移动等。

1）新建文件和文件夹

在操作计算机的过程中，经常需要创建新的文件和文件夹。

（1）新建文件。

在 v10 版本中，有以下两种新建文件的方法。

①在文件管理器窗口的空白区域右击，在弹出的快捷菜单中选择"新建"命令，然后在弹出的子菜单中选择想要创建的应用程序即可，如图 2-18 所示。

图 2-18　通过快捷菜单新建文件

②打开应用程序，然后在应用程序中新建文件。

（2）新建文件夹。

新建文件夹的方法与新建文件类似。在文件管理器窗口的空白区域右击，在弹出的快捷菜单中选择"新建"命令，在弹出的子菜单中选择"文件夹"命令即可。新建的文件夹如图

2-19 所示，系统默认将其命名为“新建文件夹”。

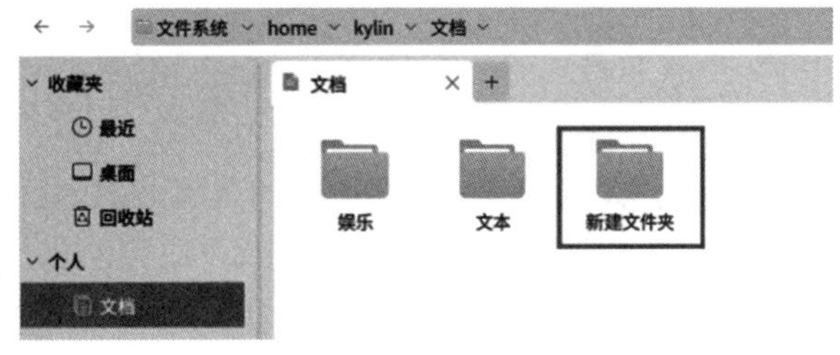

图 2-19　新建的文件夹

2) 选中文件和文件夹

当操作文件和文件夹时，首先需要选中文件和文件夹。选中文件和文件夹的操作方法包括选中单个文件或文件夹、选中全部文件和文件夹、选中连续的文件和文件夹、选中不连续的文件和文件夹、选中相邻的文件和文件夹。在 v10 版本中，选中文件和文件夹的具体操作如下。

(1) 选中单个文件或文件夹。

直接在文件或文件夹上单击即可选中单个文件或文件夹。

(2) 选中全部文件和文件夹。

选中全部文件和文件夹的方法有以下两种。

①使用快捷键方法选中全部文件和文件夹。在文件管理器窗口中按下〈Ctrl+A〉组合键，即可选中窗口中的全部文件和文件夹。

②在文件管理器窗口空白区域右击，在弹出的快捷菜单中选择“全选”命令，即可选中窗口中的全部文件和文件夹。

(3) 选中连续的文件和文件夹。

单击要选择的第一个文件或文件夹，然后按住〈Shift〉键不放，再单击要选择的连续文件和文件夹的最后一个文件或文件夹，则两者之间的文件和文件夹全部同时被选中。

(4) 选中不连续的文件和文件夹。

单击要选择的第一个文件或文件夹，然后按住〈Ctrl〉键，单击要选择的第二个文件或文件夹，按照同样的方法，依次单击选择所需的文件或文件夹，即可同时选中所有不连续的文件和文件夹。

(5) 选中相邻的文件和文件夹。

单击要选择的文件或文件夹最左侧的空白处，然后移动鼠标框选要选择的文件和文件夹，如图 2-20 所示。松开鼠标后，相邻的文件和文件夹即被选中，如图 2-21 所示。

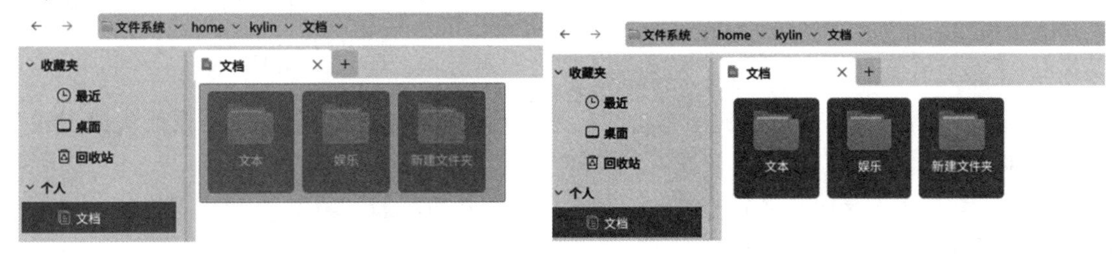

图 2-20　移动鼠标框选要选择的文件和文件夹

图 2-21　选中相邻的文件和文件夹

3) 重命名文件和文件夹

当新建一个文件或文件夹时，系统会自动为新建的文件或文件夹命名，但此命名方式用户不容易区分其内容，所以经常要为文件和文件夹进行重命名。在 v10 版本中，重命名文件或文件夹共有 4 种方法，下面以重命名文件为例(文件夹与之相同)进行介绍。

(1) 右击要进行重命名的文件图标，然后在弹出的快捷菜单中选择“重命名”命令，当文件名成为可编辑状态时，删除原来的文件名，输入文件的新名称后，按〈Enter〉键或单击空白处，即可完成文件的重命名。

(2)选中要进行重命名的文件后，再次单击文件名称，此时文件名成为可编辑状态，然后进行重命名操作。

注意： 两次单击需要一定的时间间隔，否则当两次单击间隔太短时系统会自动认为是双击操作。

(3)当新建文件时，文件名默认是可编辑状态，在新建文件时也可同时完成重命名的操作。

(4)使用快捷键进行重命名操作。选中需要进行重命名操作的文件，按〈F2〉键即可进行重命名操作。

注意： 在重命名文件时不要修改其扩展名。

4)创建文件和文件夹的快捷方式

在使用计算机的过程中，创建快捷方式可以给用户操作带来极大的便利。可以使用快捷方式进行启动的有文件、文件夹和应用程序等。在 v10 版本中，创建文件的快捷方式的方法有以下两种。

(1)在要创建快捷方式的文件上右击，在弹出的快捷菜单中选择“发送快捷方式到...”命令，如图 2-22 所示，在弹出的如图 2-23 所示的窗口中选择创建链接的目录，即可在目标目录下创建快捷方式。

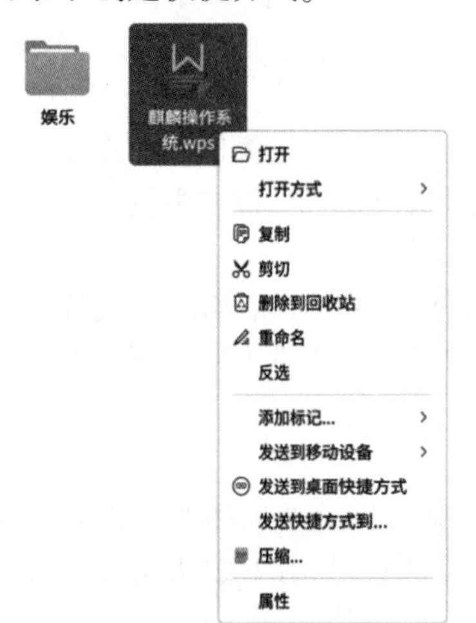

图 2-22　选择“发送快捷方式到”命令

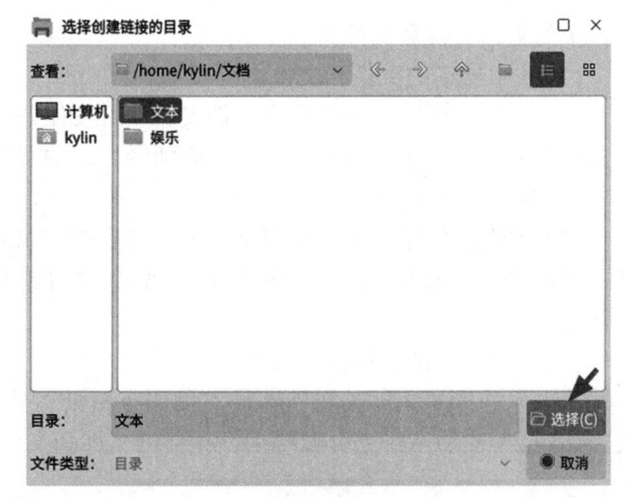

图 2-23　选择创建链接的目录

(2)在要创建快捷方式的文件上右击，在弹出的快捷菜单中选择“发送到桌面快捷方式”命令，即可在桌面为其创建一个快捷方式。

注意： 创建文件夹的快捷方式的方法与创建文件的相同。

5)复制和移动文件和文件夹

(1)复制文件和文件夹是指将文件或文件夹从原位置复制到目标位置，原位置的文件或文件夹仍然存在，适合文件或文件夹进行备份的情况。

在 v10 版本中，复制文件和文件夹的方法有以下 3 种。

①右击要复制的文件或文件夹，在弹出的快捷菜单中选择“复制”命令，然后在目标位置右击，在弹出的快捷菜单中选择“粘贴”命令，即可完成文件或文件夹的复制。

②选中要复制的文件或文件夹，按〈Ctrl+C〉组合键，即可复制选中的文件或文件夹，然后在目标位置处按〈Ctrl+V〉组合键，就可以将其粘贴到目标位置。

③选中要复制的文件或文件夹，在按住〈Ctrl〉键的同时，拖动文件或文件夹，当将其拖动到目标位置后，松开鼠标，即可对选中的文件或文件夹进行复制。

(2)移动文件和文件夹是指将文件或文件夹从原位置移动到目标位置，也就是说要改变文件和文件夹的存放位置。移动后，原位置的文件或文件夹不再存在。

在 v10 版本中，移动文件和文件夹的方法有以下 3 种。

①右击要移动的文件或文件夹，在弹出的快捷菜单中选择“剪切”命令，然后在目标位置右击，在弹出的快捷菜单中选择“粘贴”命令，即可完成文件或文件夹的移动。

②选中要移动的文件或文件夹，按〈Ctrl+X〉组合键，即可剪切选中的文件或文件夹，然后在目标位置处按〈Ctrl+V〉组合键，就可以将其粘贴到目标位置。

③选中要移动的文件或文件夹，拖动文件或文件夹，当将其拖动到目标位置后，松开鼠标，即可对选中的文件或文件夹进行移动。

6)删除和恢复文件及文件夹

当不再需要某个文件或文件夹时，可将其删除，以释放其占用的存储空间。文件和文件夹可以删除到回收站，也可以被永久删除。

在 v10 版本中，删除文件和文件夹到回收站有以下 3 种方法。

(1)选中要删除的文件或文件夹，右击，在弹出的快捷菜单中选择“删除到回收站”命令即可。

(2)选中要删除的文件或文件夹，按〈Delete〉键即可。

(3)选中要删除的文件或文件夹，按住鼠标左键不放，把文件或文件夹拖动到桌面上的回收站中即可。

在 v10 版本中，永久删除文件和文件夹有以下 3 种方法。

(1)若文件或文件夹已经删除到回收站中，当要永久删除该文件或文件夹时，则双击桌面上的回收站图标，在回收站中找到并选中该文件或文件夹，然后右击，在弹出的快捷菜单中选择“删除”命令，在弹出的对话框中单击“是”按钮即可。

(2)若要将回收站中的所有文件和文件夹永久删除，则在桌面选中回收站图标后，右击，在弹出的快捷菜单中选择“清空回收站”命令，在弹出的对话框中单击“是”按钮即可。

(3)选中要永久删除的文件和文件夹，使用〈Shift+Delete〉组合键，则文件和文件夹直接被永久删除，不会被删除到回收站中。

注意： 若误删某个文件或文件夹，在回收站中可以恢复；但是永久删除的文件和文件夹是不能恢复的。

双击回收站图标，在弹出的“回收站”窗口中选中误删的文件或文件夹后，右击，在弹出的快捷菜单中选择“还原”命令，即可在原来位置上恢复误删的文件或文件夹。

7)查找文件和文件夹

随着用户在使用计算机过程中文件和文件夹数量的不断增加，用户很可能会忘记某个文件或文件夹的存储位置，这时就要对其进行查找。当要查找某个文件或文件夹时，可以使用计算机的查找功能。

打开文件管理器窗口，单击图标，在搜索框中输入要查找的文件或文件夹的关键字，此时窗口中将显示包含该关键字的文件和文件夹，这时可以方便地查找需要的文件或文件夹。

4. 文件和文件夹的安全

1)备份和还原文件和文件夹

为了预防因系统故障或人为操作失误产生的数据丢失，麒麟操作系统提供麒麟备份还原工具，对文件和文件夹进行备份与还原。

选择“开始”→“所有软件”→“麒麟备份还原工具”命令，进入如图 2-24 所示的界面。

(1)数据备份。

“数据备份”主界面中包含“新建数据备份”和“数据增量备份”两个功能，如图 2-25 所示。

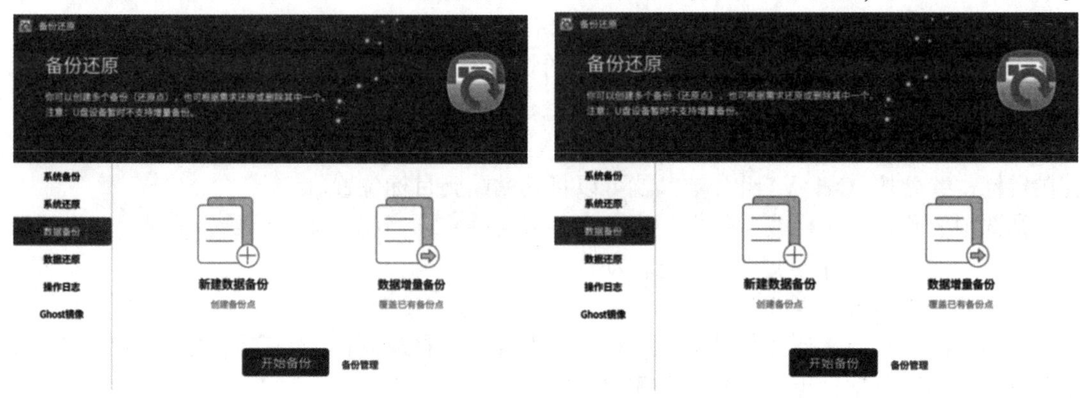

图 2-24　麒麟备份还原工具界面　　　　图 2-25　“数据备份”主界面

选择“新建数据备份”选项，单击“开始备份”按钮，在弹出的对话框中，将要备份的文件或文件夹的名称输入对话框右侧的文本框中，单击“确定”按钮进行备份，按照系统提示逐步完成备份即可。

注意：“新建数据备份”功能的备份范围不包含备份还原分区和数据分区。

“数据增量备份”能够实现在已有的一个备份基础上继续备份的功能。选择“数据增量备份”选项，单击“开始备份”按钮，在弹出的对话框中会显示数据备份信息列表，列表中包含当前所有备份的名称、时间和状态。选中一个备份，单击“确定”按钮，将要备份的文件或文件夹的名称输入对话框右侧对应的文本框中，单击“确定”按钮即可。

(2)备份管理。

单击图 2-25 中的“备份管理”按钮，弹出如图 2-26 所示的对话框，在对话框中可以查看当前所有备份的信息和状态，选中一个备份，单击“删除”按钮可以将无效备份进行删除。

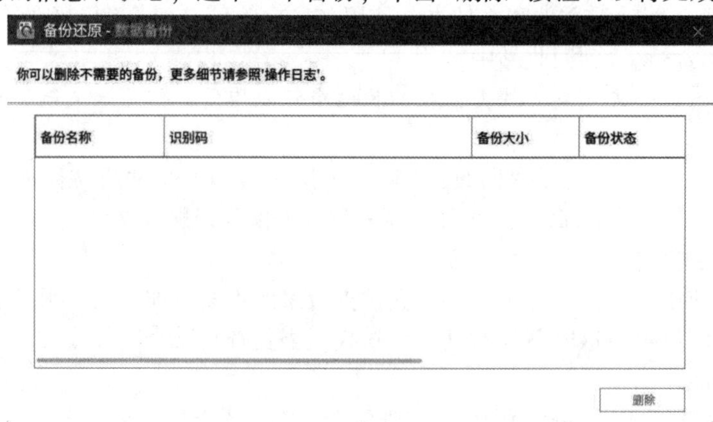

图 2-26　“数据备份”对话框

(3)数据还原。

单击图 2-25 中的“数据还原”选项，进入“数据还原”主界面，如图 2-27 所示。单击“一键还原”按钮，在弹出的对话框中选择想要还原的备份，单击“确定”按钮开始还原，还原完成后系统会自动重启。

2) 隐藏和显示文件和文件夹

(1) 隐藏文件和文件夹。

对于一些机密的文件和文件夹，也可以将其隐藏以保护文件和文件夹的安全，隐藏方法为在文件或文件夹名称前加一个分隔符“.”。例如，要将“file：///home/kylin/文档”位置下的“文本”文件夹进行隐藏，只需将其名称改为“. 文本”即可，如图 2-28 所示，弹出如图 2-29 所示的对话框，单击“确定”按钮即可，隐藏效果如图 2-30 所示。

图 2-27　“数据还原”主界面

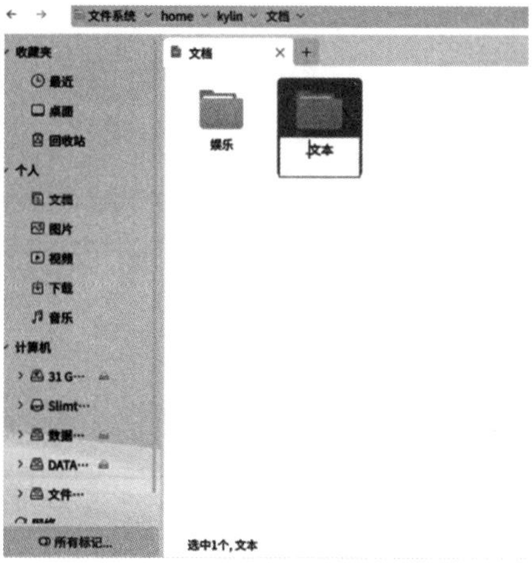

图 2-28　文件夹名前加分隔符“.”

图 2-29　隐藏文件

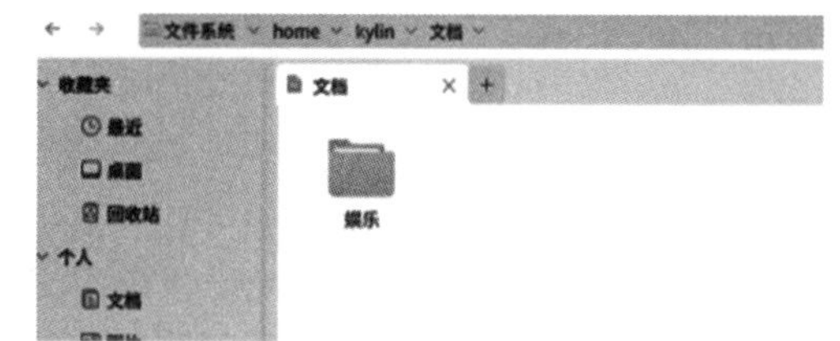

图 2-30　文件被隐藏

(2) 显示文件和文件夹。

如果想要使被隐藏的文件或文件夹重新显示在窗口中，则单击窗口右上角的“选项”图标 ≡ (如图 2-31 所示)，在弹出的列表中选择“显示隐藏文件”选项即可，如图 2-32 所示。

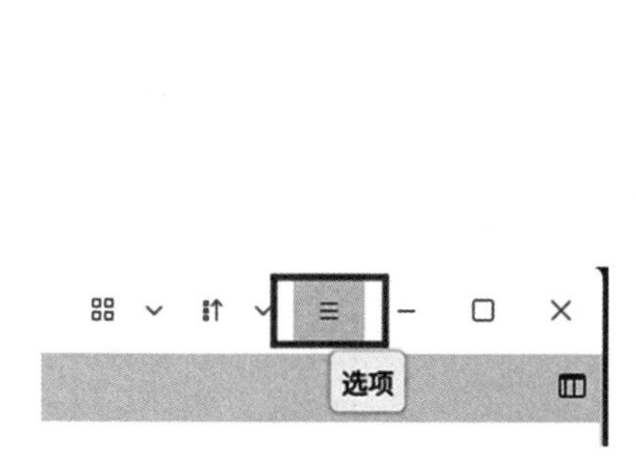

图 2-31　单击“选项”图标

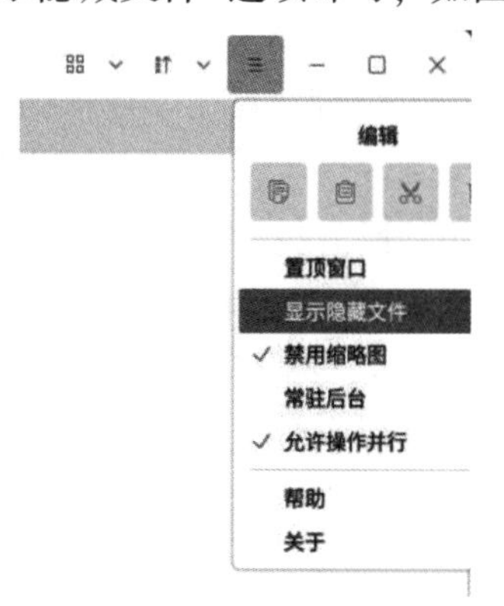

图 2-32　显示隐藏文件

2.1.4 用户账户设置

“用户账户”界面能够显示当前用户状态，并可以提供用户账户的添加、删除、修改等功能。在 v10 版本中，“用户账户”界面如图 2-33 所示，当前用户为 kylin。

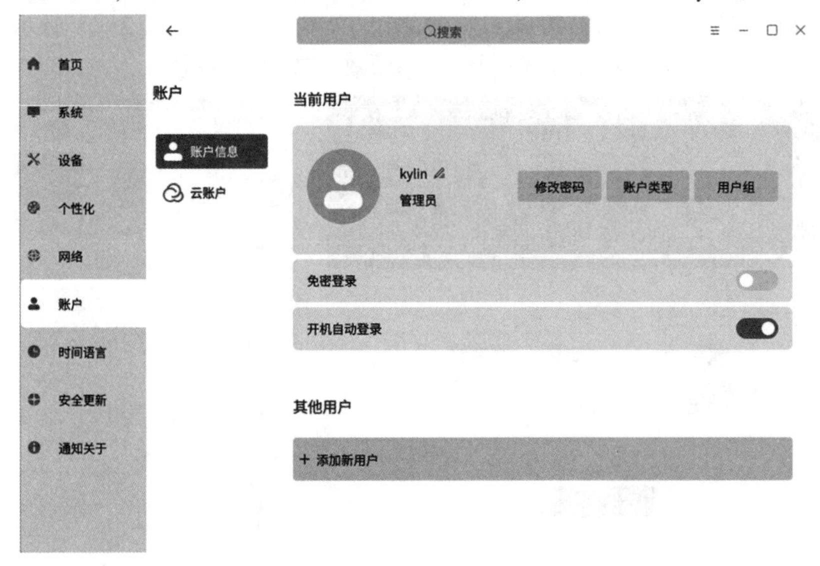

图 2-33 “用户账户”界面

1. 添加用户账户

单击“开始”菜单中的用户头像，进入“用户账户”界面，然后单击“添加新用户”按钮，即可添加用户账户。“用户账户”界面中有“免密登录”“开机自动登录”两个选项。

在 v10 版本中，“添加新用户”界面如图 2-34 所示。将用户名、密码、确认密码输入对应的文本框中，并选择用户类型(标准用户或管理员用户)。

信息输入完成后，单击“确定”按钮完成信息确认，进入“授权”界面，在“密码”文本框中输入当前用户的密码，单击“授权”按钮完成操作。

用户账户添加成功后，即可在“用户账户”界面中查看添加的用户账户。

注意：若用户名是“admin”，则无论在“添加新用户”界面选择的是“标准用户”还是“管理员用户”单选按钮，所添加的用户均为“管理员用户”账户。

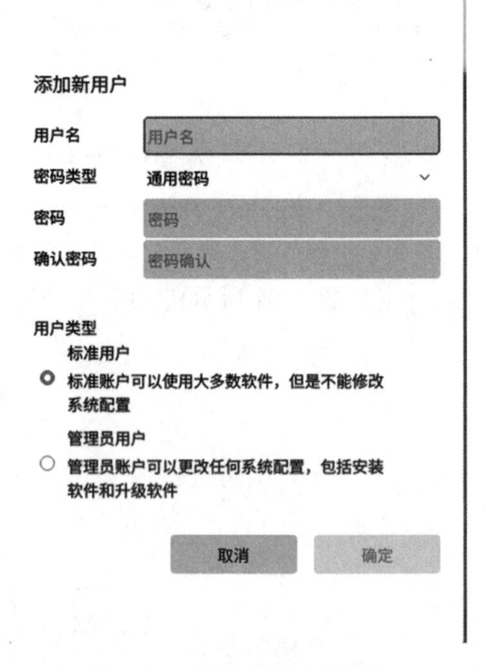

图 2-34 “添加新用户”界面

2. 删除用户账户

在“用户账户”界面中，选择想要删除的用户账户，单击“删除”按钮即可。

3. 修改用户账户

在“用户账户”界面中，选择想要修改的用户账户，单击“修改密码”按钮，即可进入“修改密码”界面。输入当前密码、新密码，并再次确认新密码，然后单击“确定”按钮。

在弹出的“授权”界面中选择管理员并输入相应的密码，即可完成修改密码授权。

在“用户账户”界面中，用户还可以更改用户账户的头像、更改或增加用户组、更改用户类型及设置用户密码的有效期等。

2.1.5 小程序的使用

1. 文本编辑器

选择“开始”→“文本编辑器”命令，弹出文本编辑器窗口，如图2-35所示。其共有6个菜单，分别为“文件”“编辑”“视图”“搜索”“工具”“文档”。打开文本编辑器后，可以进行“新建”“打开”“保存”“另存为”“打印预览”及“打印”等操作。

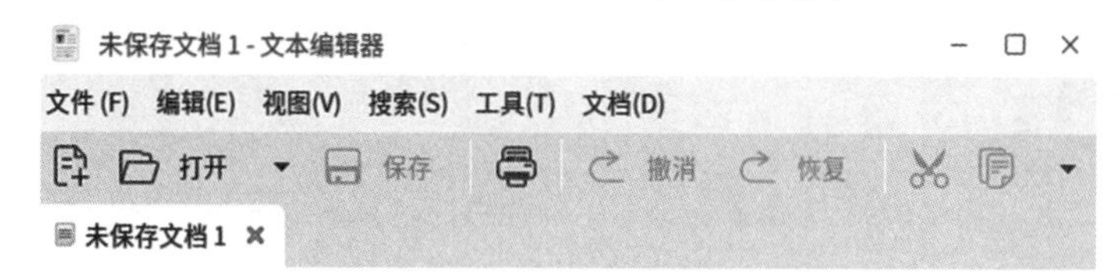

图2-35 文本编辑器窗口

2. 画图

选择“开始”→“Kolour画图”命令，弹出“Kolour画图”窗口，如图2-36所示。

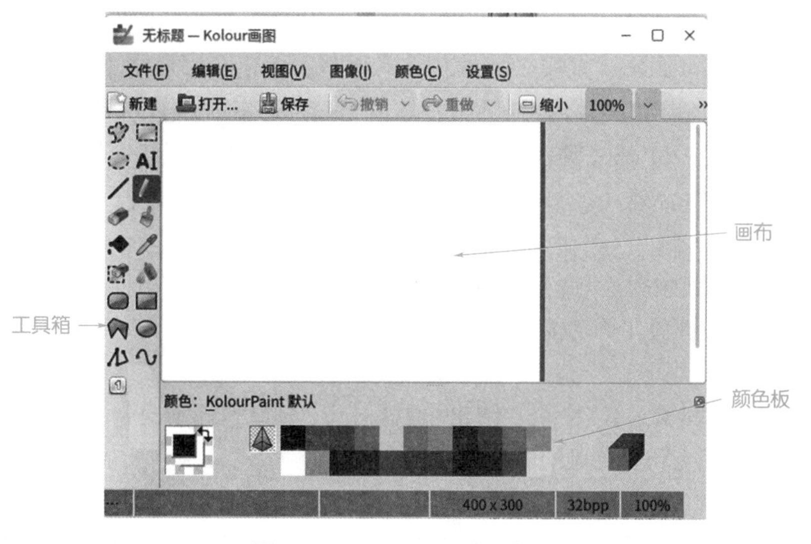

图2-36 “Kolour画图”窗口

“Kolour画图”窗口左侧是工具箱；中间是面布；底部是颜色板。画布默认大小为400×300像素。将光标移到画布的右下角并进行拖拉，即可调整画布的大小。

3. 计算器

使用 v10 版本中的“计算器”小程序可以很快捷方便地计算一些需要手持计算器来完成的计算。

选择“开始”→“麒麟计算器” 命令，弹出 “麒麟计算器”窗口。在“计算器”菜单中可以选择“科学”或“汇率”命令，进行计算器的界面切换。

4. 其他小程序

1) 图像查看器

选择“开始”→“图像查看器” 命令，弹出“图像查看器”窗口，图像查看器是一种用来查看图像的小程序，它能够打开多种格式的图片，支持全屏显示方式、幻灯片显示方式等。

2) 归档管理器

创建新归档文件的方法有两种：一种是直接创建；另一种是使用归档管理器创建。选择“开始”→“归档管理器”命令，弹出“归档管理器”窗口，如图 2-37 所示。

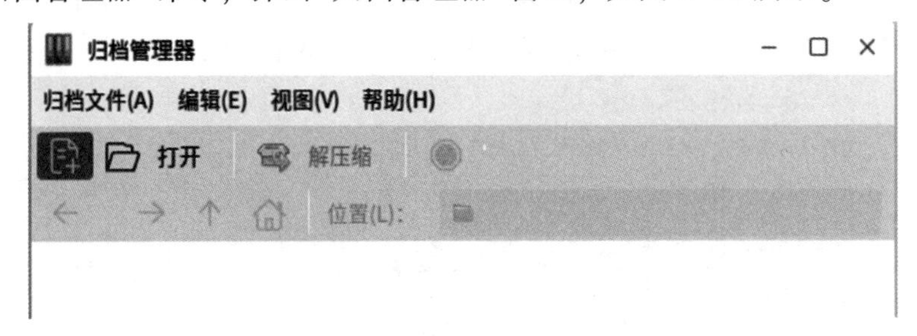

图 2-37 “归档管理器”窗口

3) 麒麟截图

选择“开始”→“麒麟截图”命令，弹出“麒麟截图”窗口。麒麟截图可以用于进行简单的编辑和截图操作，截取的区域可以是当前窗口的任意部分。完成区域框选后，在弹出的工具栏中有矩形画图、圆环画图、直线、箭头、铅笔画图、标记、添加文本、区域模糊等功能。单击“保存”按钮后，弹出“另存为”对话框，单击“保存”按钮完成此次截图。

全屏截图快捷键：〈PrtSc〉键；窗口截图组合键：〈Ctrl+PrtSc〉组合键；某区域的截图组合键：〈Shift+PrtSc〉组合键。

4) 麒麟扫描

选择“开始”→“麒麟扫描”命令，弹出“麒麟扫描”窗口。麒麟扫描具有普通扫描、文字识别、智能纠偏和一键美化等功能。

5) 麒麟录音

选择“开始”→“麒麟录音”命令，弹出“麒麟录音”窗口。麒麟录音是一种操作极其简单的录音工具，支持系统和麦克风同时录制，支持多音频格式录制，如 MP3、WAV 等，支持播放、剪裁等功能。

当录音完成后，生成的音频文件会自动显示在文件列表中，可以播放和删除。

2.2 Windows 10 操作系统

2.2.1 Windows 10 概述

1. Windows 10 简介

Windows 10 是由微软公司研发的跨平台操作系统，整合了个人计算机版、桌面版和手机版等操作系统，用户可以通过统一的微软账户实现各种平台的轻松切换，节省了因适配不同操作系统对同款应用程序进行的重复开发成本。

1）Windows 10 的版本

（1）家庭版：包含了 Windows 10 的主要功能，面向用户为个人计算机（Personal Computer，PC）、平板电脑和 PC、平板电脑二合一的用户。

（2）专业版：在家庭版的基础上增添了数据保护和设备管理功能，支持远程和移动办公、更新部署的控制。

（3）企业版：在专业版的基础上提升了安全性和可靠性，提供批量许可服务、长期服务分支和自动更新服务。

（4）教育版：以企业版为基础，面向学生和教育工作者。

（5）移动版：面向如智能手机和小尺寸平板电脑等配置触控屏的小尺寸移动设备，集成了与家庭版相同的通用应用和优化了触控操作的 Office。

（6）企业版：以移动版为基础，面向企业用户，增设批量许可服务和企业管理更新。

（7）物联网版：面向小型低价设备，主要针对物联网设备。

2）主要新增功能

（1）“开始”菜单进化。Windows 10 结合了 Windows 8“开始”菜单的特点，单击左下角的“开始”按钮后，将会在左侧菜单中看到常用项目、文件资源管理器、设置、电源和应用列表，菜单右侧会出现应用磁贴和图标。

（2）Microsoft Edge 浏览器。Windows 10 用 Microsoft Edge 浏览器取代了以往各个版本操作系统默认安装的 IE（Internet Explorer）浏览器，新增了语音助手和全新阅读模式，提供了触控屏涂鸦功能，提升了用户的使用体验感。

（3）虚拟桌面与任务视图。和以往只允许有一个桌面的操作系统不同的是，Windows 10 允许用户创建多个虚拟桌面，每个桌面相互分隔，打开的应用只会出现在对应的桌面任务栏中，且多个桌面间可以进行快速切换，在视觉、使用和管理体验上得到了优化提升。

（4）生物识别。Windows 10 新增了一系列生物识别技术，包含指纹扫描、面部扫描和红魔扫描。

（5）贴靠辅助。Windows 10 为用户提供了强大的分屏功能，除了将窗口拖拽到左、右两侧时能够完成占比 1/2 的分屏操作，还能在将窗口拖拽到左上、左下、右上、右下 4 个角落时完成占比 1/4 的分屏操作。在完成一个窗口的分屏操作时，其余空间会显示其他开启应用的缩略图，方便用户完成其余空间的快速填充。

本小节会对 Windows 10 专业版的基本操作、资源管理、控制面板与环境设置、任务管理和附件等方面进行介绍，如无特殊注明，此后提到的 Windows 指代的都是 Windows 10 专业版操作系统。

2. Windows 10 的硬件要求、安装和激活

1）硬件要求

（1）CPU：主频至少为 1 GHz。

（2）内存容量：至少为 1 GB（基于 32 位 CPU）或 2 GB（基于 64 位 CPU）。

（3）硬盘容量：至少为 16 GB 可用空间（基于 32 位 CPU）或 20 GB 可用空间（基于 64 位 CPU）。

（4）显示支持：带有 WDDM 1.0 或更高版本的驱动程序的 DirectX 9.0 图形设备。

除了上述要求外，如需提供更多的功能，则需要系统达到其他一些要求。例如：制作 CD/DVD，需要光驱；执行打印，需要 Windows 支持的打印机；对声音进行处理，需要声卡、耳机、麦克风等输入/输出设备；连接网络，需要网卡或无线网卡等设备。

2）Windows 10 的安装

安装 Windows 10 操作系统前先确定计算机可安装的操作系统是 32 位还是 64 位，准备好 Windows 10 系统光盘，安装步骤大致如下：

（1）设置计算机为从光盘启动；

（2）将安装盘插入光驱；

（3）启动计算机，自动读取光盘；

（4）按照“Windows 安装程序”窗口的提示，完成每个“下一步”操作；

（5）单击“接受”按钮，接受许可条款；

（6）重新启动计算机，完成区域设置、键盘布局、创建账户和密码以及设置系统时间等操作，进入 Windows 10 桌面。

3）Windows 10 的激活

受版权要求，安装使用 Windows 10 前需要激活产品，用户须在 30 天内完成激活。可通过激活向导向微软公司提供安装的产品密钥，微软公司验证通过后 Windows 会自动完成激活。

3. Windows 10 的启动与关闭

1）Windows 10 的启动

启动系统即启动计算机，首先确认外部设备电源都已打开，然后打开主机电源的开关；选择用户账户并输入账户密码；系统启动成功，进入 Windows 10 桌面，如图 2-38 所示。

2）退出 Windows 10 并关闭计算机

退出系统并关闭计算机，先将当前已打开的应用程序进行保存和关闭，以免造成数据丢失；单击左下角的“开始”按钮；单击“电源”按钮；单击“关机”按钮。

如果在关机时还有未保存的文件，系统会弹出一个列表界面，如图 2-39 所示，列表中的文件为未保存文件。如果用户想要对文件进行保存，则可以单击“取消”按钮，暂不关机；如果用户仍想要关机，则可以单击“仍要关机”按钮，直接关闭计算机。

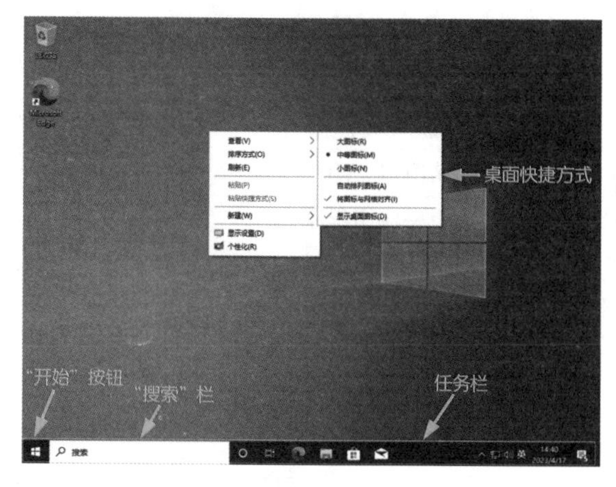

图 2-38　Windows 10 桌面

图 2-39　关机前未关闭的文件名和程序名列表界面

2.2.2　Windows 10 的基本操作

1. 鼠标和键盘

Windows 10 中图形界面的所有操作基本上都可以通过鼠标和键盘来完成。

1) 鼠标

鼠标有左键和右键两个按键，3D 以上的鼠标在左、右键中间还有一个滑轮，可以实现滑动条的滚动。鼠标的操作包含指向、单击、右击、双击、三击和拖动。指向是指移动鼠标，让指针处于一个具体目标位置上；单击是指选中一个具体项；右击的主要功能为打开快捷菜单；双击是指连续单击两次，用于打开选中的对象或运行应用程序；三击在 Word 段落中，用于选中整个段落；拖动是指按住鼠标左键不放，同时移动鼠标指针到新的位置后释放鼠标，用于实现移动或复制目标对象的功能。

2) 键盘

键盘是最基础的输入工具，一些文字和数据通常都是由键盘输入的。

除输入字符外，键盘还可以完成一些基本的窗口和菜单操作，常用组合键功能如表 2-2 所示。

表 2-2　常用组合键功能

组合键名	实现功能
〈Ctrl+C〉	复制
〈Ctrl+V〉	粘贴
〈Ctrl+X〉	剪切
〈Ctrl+Z〉	撤消
〈Ctrl+A〉	全选
〈Ctrl+S〉	保存
〈Ctrl+Shift〉	输入法切换
〈Ctrl+Space〉	中英文输入切换
〈Alt+Tab〉	切换窗口

续表

组合键名	实现功能
〈Alt+Space〉	打开控制菜单
〈Alt+F4〉	将当前窗口关闭
〈Alt+Esc〉	切换为上一应用程序
〈Win+R〉	打开“运行”对话框
〈Win+E〉	打开资源管理器
〈Win+D〉	显示桌面
〈Win+L〉	锁定计算机屏幕
〈Win/Ctrl+Esc〉	打开“开始”菜单
〈Win+I〉	打开系统设置

2. 桌面、任务栏与“开始”菜单

1）桌面

桌面是指系统终端虚拟化呈现的一个交互界面，用于接收和处理用户向系统发出的各种操作命令。刚完成安装的系统，桌面仅有“回收站”图标和“Microsoft Edge”快捷方式。若想添加其他系统文件夹图标，则可以将应用程序、文件或文件夹拖拽到桌面上，以便快速对其访问。

桌面支持用户进行个性化设置。在桌面空白处右击，弹出如图 2-40 所示的桌面快捷菜单，选择“个性化”命令，弹出“设置”窗口。用户可以通过该窗口对桌面进行背景、颜色、锁屏界面、主题等的设置。

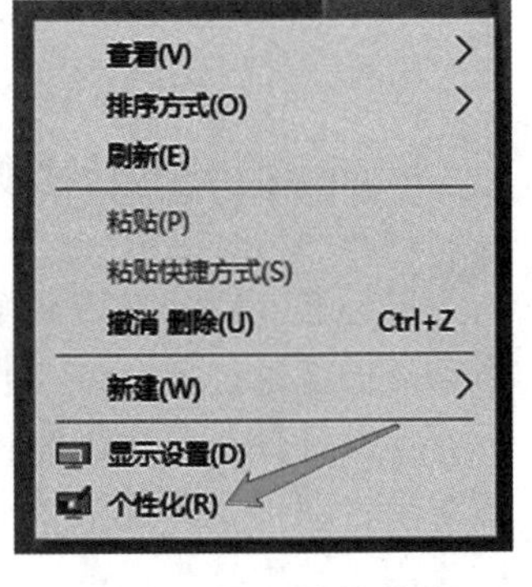

图 2-40　桌面快捷菜单

（1）设置背景。在桌面空白处右击，在弹出的桌面快捷菜单中选择“个性化”命令，在弹出的“设置”窗口中单击“背景”选项，在右侧的“背景”下拉列表中选择背景样式，如图 2-41 所示。

（2）设置颜色。在桌面空白处右击，在弹出的桌面快捷菜单中选择“个性化”命令，在弹出的“设置”窗口中单击“颜色”选项，用户可以在右侧的颜色面板中选择一种颜色，如图 2-42 所示。

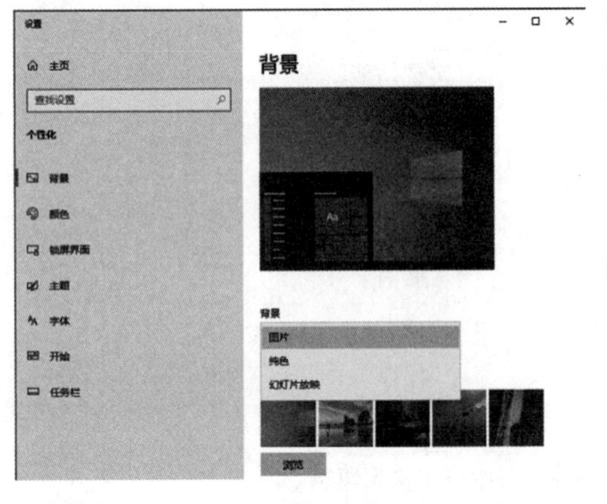

图 2-41　设置背景

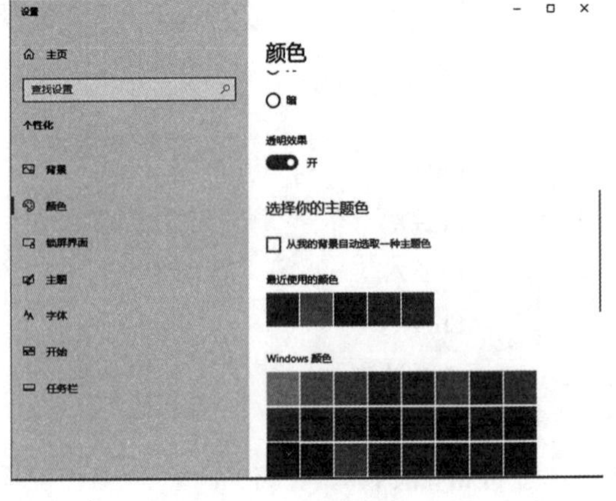

图 2-42　设置颜色

(3) 设置锁屏界面。在桌面空白处右击，在弹出的桌面快捷菜单中选择“个性化”命令，在弹出的“设置”窗口中单击“锁屏界面”选项，在“背景”下拉列表中选择锁屏背景，如图 2-43 所示。

(4) 设置主题。在桌面空白处右击，在弹出的桌面快捷菜单中选择“个性化”命令，在弹出的“设置”窗口中单击“主题”选项，可以在右侧选择一个已有的主题，也可以单击“在 Microsoft Store 中获取更多主题”按钮去商店挑选合适的主题，如图 2-44 所示。完成选择后预览区域会显示桌面效果，预览区域下方可以对“背景”“颜色”“声音”“鼠标光标”进行设置。

图 2-43　设置锁屏界面

图 2-44　设置主题

用户使用 Windows 10 操作系统一段时间后，桌面可能会有多个图标，为了使桌面更整洁，可以对桌面图标进行按序排列。在桌面空白处右击，在弹出的桌面快捷菜单选择“排序方式”命令，用户可按照需要选择一种排序方式，如图 2-45 所示。

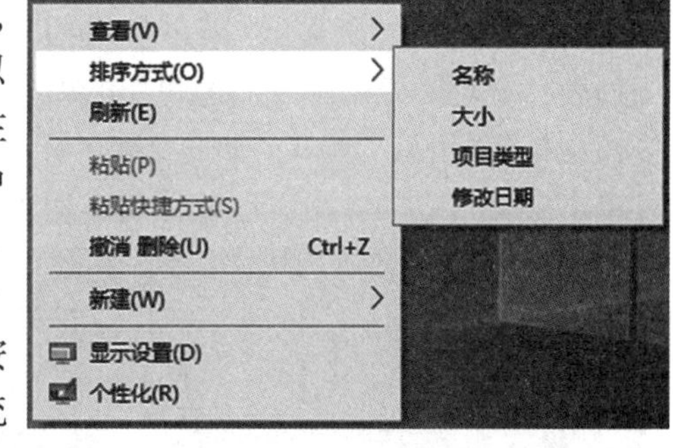

图 2-45　选择“排序方式”命令

2) 任务栏

任务栏默认位于桌面的底端，包含“开始”按钮、“搜索”栏、快速启动区、活动任务区和系统区 5 个部分。单击“开始”按钮，弹出“开始”菜单；“搜索”栏可以对系统内容进行快速检索；单击快速启动区内的图标可以快速启动相应的程序，将要访问的程序的快捷方式拖曳到该区域可以实现图标的添加，如果想要删除该区域内的图标，则可以右击该图标，从弹出的快捷菜单中选择“从任务栏取消固定此程序”命令；一些在开机状态下常驻的项目会在系统区内显示，如图 2-46 所示。

图 2-46　任务栏的组成

相关设置：在任务栏空白处右击，在弹出的快捷菜单中通过“工具栏” 命令选择是否显示地址、链接、桌面工具栏，并支持新建工具栏，如图 2-47 所示。

在“任务栏”快捷菜单中选择“任务栏设置”命令，可在弹出的窗口中对任务栏的相关属性进行设置，如图 2-48 所示。

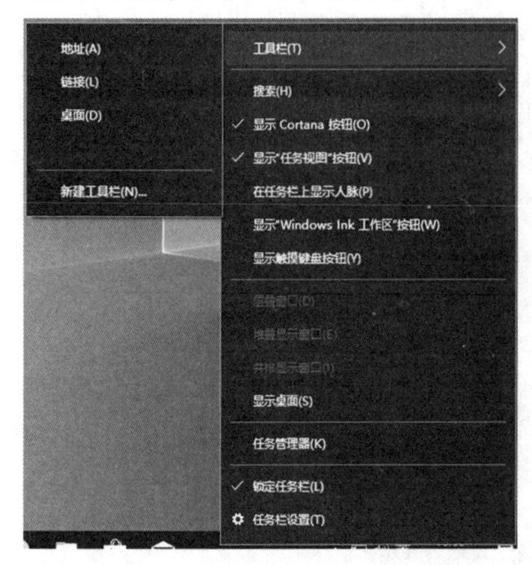

图 2-47　“任务栏”快捷菜单

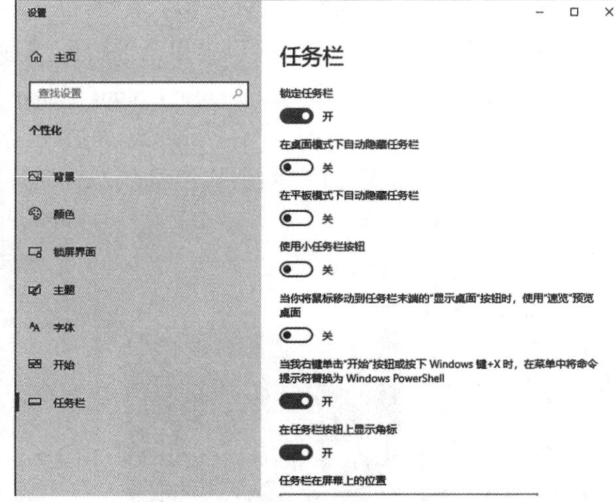

图 2-48　任务栏设置窗口

3)“开始”菜单

Windows 10“开始”菜单结合了 Windows 7 和 Windows 8“开始”菜单的特点，单击任务栏左侧的“开始”按钮，弹出“开始”菜单，也可以按键盘上的〈Win〉键，再单击一次“开始”按钮、〈Win〉键或单击“开始”菜单以外的区域可以关闭“开始”菜单。“开始”菜单如图 2-49 所示。

“开始”菜单左侧显示“用户”“文档”“照片”“设置”和“电源”5 个图标按钮，中间显示应用列表，右侧为磁贴区域。通过“电源”按钮可以实现关机、睡眠和重启操作；单击“设置”按钮会打开“设置”窗口，如图 2-50 所示；应用列表按照字母 A～Z 进行排序，用户可以通过单击启动对应的应用程序或项目；用户可以自定义磁贴区域，通过该区域快速找到信息。

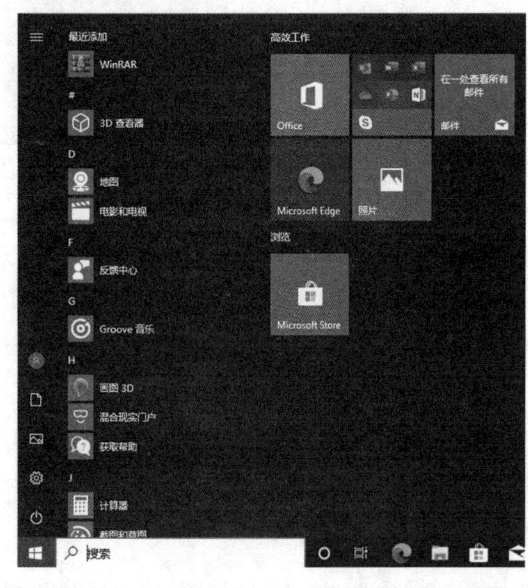

图 2-49　“开始”菜单

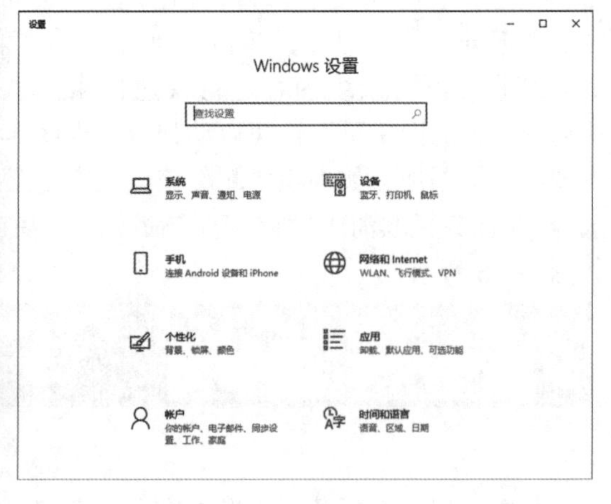

图 2-50　“设置”窗口

3. 窗口、对话框和菜单

1)窗口

(1)窗口的组成。

窗口是在打开程序、文件或文件夹时，在屏幕上显示的一块矩形区域。窗口分为应用程序窗口、文档窗口和对话框窗口3种。在Windows中，大部分窗口由标题栏、控制菜单图标、工具栏、菜单栏、状态栏、滚动条、应用程序工作区几个部分组成，如图2-51所示。

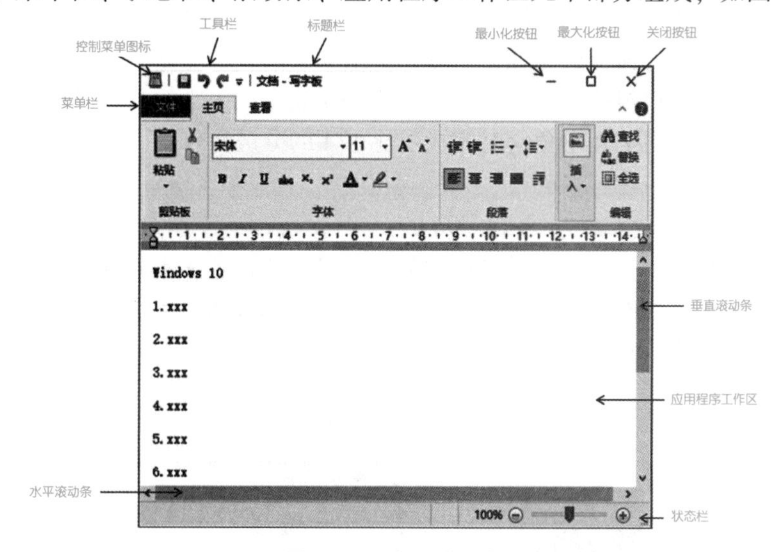

图2-51 窗口的组成

①标题栏：位于窗口顶部，显示的窗口标题一般为当前打开的应用程序或文档的名称。

②控制菜单图标：控制菜单图标位于标题栏左边，单击控制菜单图标可打开控制菜单，控制菜单包含还原、移动、调整大小、最大化、最小化和关闭操作，双击控制菜单图标也可以关闭对应窗口。

③工具栏：将一些常用命令图像按钮化。

④菜单栏：位于标题栏下方，显示窗口的主要菜单项，单击菜单项，会打开对应的子菜单，子菜单中含有各个命令选项。

⑤状态栏：位于窗口底部，显示窗口中所选对象的有关提示信息。

⑥滚动条：分为垂直滚动条和水平滚动条，用于滚动窗口内容查看当前视图外的信息。

⑦应用程序工作区：用于显示窗口的内容。

(2)窗口的基本操作。

窗口的基本操作包括打开、关闭、移动、缩放窗口等。

①打开窗口：双击文件、文件夹或应用图标，即可打开对应的窗口；或者用鼠标指针指向想要打开的图标，右击，在弹出的快捷菜单中选择“打开”命令。

②关闭窗口：单击标题栏右上角的“关闭”按钮；双击控制菜单图标；选择控制菜单中的“关闭”；在菜单栏中选择“文件”→“关闭”命令；按〈Alt+F4〉组合键。

③移动窗口：用鼠标指针指向标题栏，按住鼠标左键，通过鼠标拖动窗口到目标位置再松开；选择控制菜单中的“移动”命令，通过方向键移动窗口，按〈Enter〉键确定位置。

④缩放窗口：拖动窗口的任意边框或角调整窗口大小；也可以选择控制菜单中的“大

小”命令，通过方向键移动窗口边框，按〈Enter〉键确定边框位置。

⑤最大化：单击标题栏中的“最大化”按钮或选择控制菜单中的“最大化”命令。

⑥最小化：单击标题栏中的“最小化”按钮或选择控制菜单中的“最小化”命令。

⑦还原：单击标题栏中的“还原”按钮或选择控制菜单中的“还原”命令。

⑧切换窗口：单击任务栏中的按钮；按〈Alt+Tab〉组合键；单击非活动窗口的任何位置。

⑨层叠或平铺窗口：在任务栏空白处右击，在弹出的快捷菜单中选择“层叠窗口”命令可以使桌面上打开的所有窗口按照层叠方式排列；选择“堆叠显示窗口”“或并排显示窗口”命令可以使桌面上打开的窗口横向或纵向分布于桌面空间。

⑩智能分屏：将窗口拖拽到左、右两侧时能够完成占比 1/2 的分屏操作，在将窗口拖拽到左上、左下、右上、右下 4 个角落时完成占比 1/4 的分屏操作。

2)对话框

(1)对话框的组成

对话框是为了与用户交换信息时出现的临时窗口，通常包含不同的选项卡，选项卡可由不同的功能部分组成，功能部分又可能包含文本框、单选按钮、复选框、下拉列表框、微调按钮、命令按钮等元素，如图 2-52 所示。

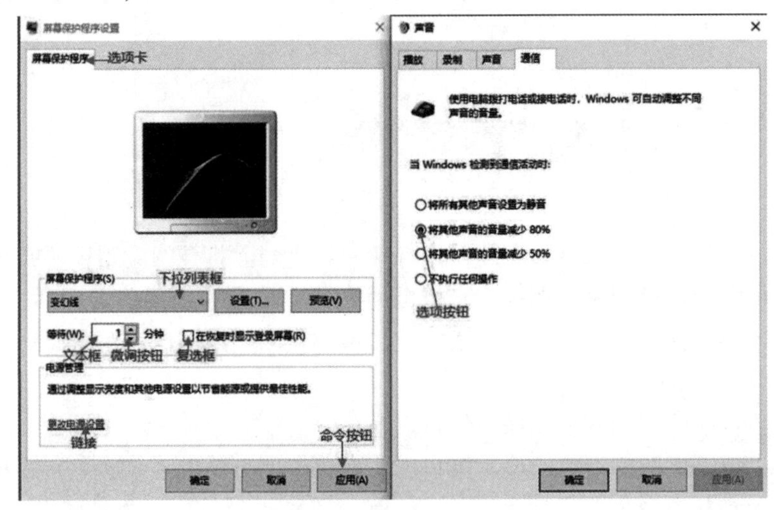

图 2-52　对话框的组成

(2)对话框的相关操作。

对话框的相关操作有以下 6 个。

①将光标定位在文本框的一定位置上，用户可对文本框中的内容进行修改。

②单击下拉列表框右侧的下拉箭头，可以打开下拉列表，在下拉列表中选择相关选项。

③可以通过单击圆形单选按钮或单选按钮后的文字选中某选项。

④单击选择框的方框将其选中，再单击取消选中。

⑤单击命令按钮将会执行按钮对应的命令。

⑥单击“取消”按钮、窗口的“关闭”按钮或按〈Esc〉键关闭对话框。

3)菜单

(1)菜单的分类。

Windows 中常用的菜单有“开始”菜单、控制菜单、应用程序菜单、快捷菜单等。“开始”菜单和控制菜单在前面已经介绍过了，此处不再赘述；应用程序菜单是每个应用程序窗口特有的菜单；快捷菜单是右击某个项目或区域时弹出的菜单列表，例如在任务栏右击，将显示“任务栏”快捷菜单(参见图2-46)；下拉菜单是隐藏在菜单栏里的，当某一个选项后有向下的三角箭头时，单击该箭头可以调出下一级菜单。

(2)菜单的基本操作。

菜单的基本操作有以下几个。

①菜单的相关表示：灰色代表该选项命令当前不可用；有向下的三角箭头时表示有下一级菜单；选项名称后带下划线字母表示可以通过“Alt+带下划线字母”执行对应的命令。

②选择菜单项：单击要选择的菜单项；按〈Alt〉键激活菜单栏，移动光标选择菜单命令，按〈Enter〉键确定执行。

③取消下拉菜单：按〈Alt〉键或单击菜单以外的区域均可。

2.2.3　资源管理

1. 文件和文件夹

(1)文件：被赋予名称并存储在磁盘上的信息的集合，通过文件名和图标进行标识，每种文件对应同一种图标，每个文件都有一个对应的图标，当删除图标时即完成了文件的删除。

(2)命名规则：可以使用汉字、空格和分隔符对文件进行命令，但不能使用“\ ”“\ ”“/”“*”“<”“>”“|”等符号，文件或文件夹名称不区分大小写且最多由255个字符组成。

(3)文件类型：使用扩展名表示文件类型，常用文件扩展名如表2-3所示。

表2-3　常用文件扩展名

扩展名	文件类型	扩展名	文件类型
doc/docx	Word文档	sys	系统文件
xls/xlsx	Excel工作表	jpg	图片文件
ppt/pptx	PowerPoint幻灯片	bmp	位图文件
zip/RAR	压缩格式文件	wma	音频文件
txt	文本文件	avi	视频文件
iso	镜像文件	tmp	临时文件
html	网页	exe	可执行文件

(4)文件夹：文件夹以树形结构进行存储和管理，其最高层为根文件夹，每个逻辑磁盘驱动器仅有一个根文件夹，文件夹内可以包含文件和子文件夹，子文件夹同样也可以包含文件和子文件夹。

2. Windows资源管理器

通过Windows资源管理器可以直接或间接地对磁盘、文件、文件夹等资源进行管理，利用文件资源管理器，用户可以实现新建文件夹、移动或复制文件夹、删除和恢复文件夹、重命令文件夹等文件管理操作。

1）打开文件资源管理器

打开文件资源管理器的方法有以下 3 种。

（1）通过〈Win+E〉组合键快速打开。

（2）打开“开始”菜单，选择“文件资源管理器”命令。

（3）右击“开始”菜单，在弹出的快捷菜单中选择“文件资源管理器”命令。

“文件资源管理器”窗口如图 2-53 所示。

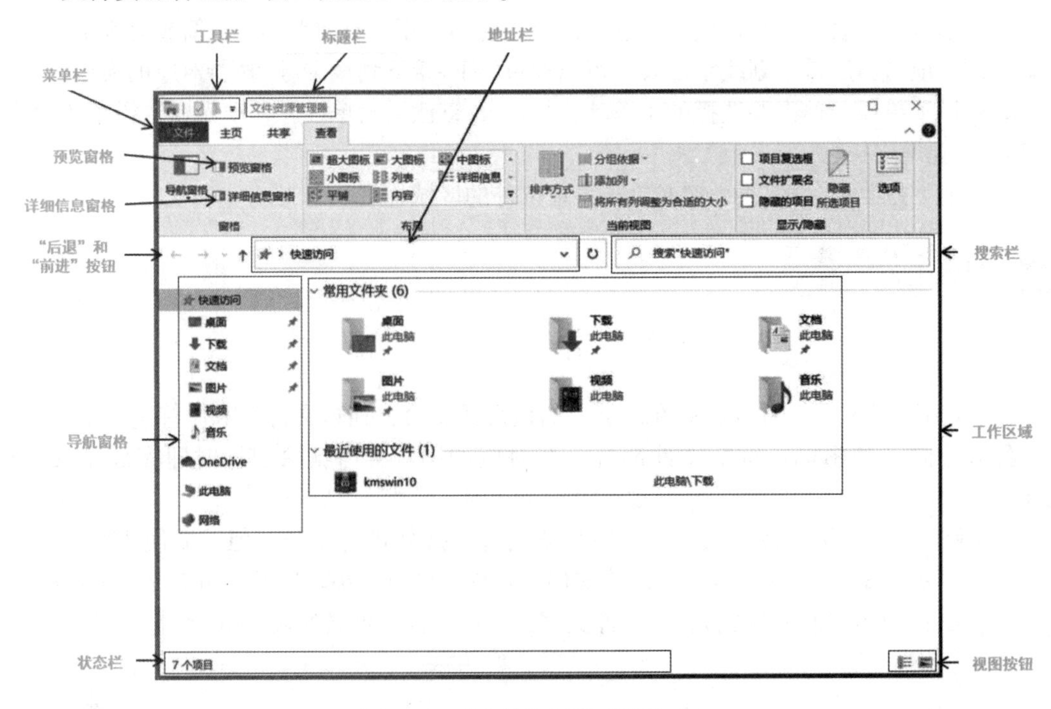

图 2-53 “文件资源管理器”窗口

2）“文件资源管理器”窗口的组成

“文件资源管理器”窗口相比于一般窗口更具有 Windows 的特点，其一般由以下几个部件组成：工具栏、标题栏、菜单栏、状态栏、“后退”和“前进”按钮、导航窗格、搜索框、地址栏、预览窗格、详细信息窗格等，各个组成部件的用途如表 2-4 所示。

表 2-4 “文件资源管理器”窗口各组成部件的用途

窗口部件	用途
工具栏	可以执行一些常见任务，如对文件和文件夹的外观进行更改、将文件刻录到光盘中
标题栏	位于窗口顶部，现实的窗口标题为“文件资源管理器”
菜单栏	位于标题栏下方，显示窗口的主要菜单项，单击菜单项，会打开对应的子菜单，子菜单中含有各个命令选项
详细信息窗格	会在右侧窗格显示被选中的对象的详细信息
导航窗格	使用导航窗格可以访问库、文件夹、保存的搜索结果
预览窗格	使用预览窗格可以查看大多数文件的内容

续表

窗口部件	用途
“后退”和“前进”按钮	单击“后退”按钮可以返回至迁移操作位置，“前进”是相对于“后退”的操作
地址栏	显示当前文件或文件夹的完整路径，使用地址栏可以导航至不同的文件夹或库，或者返回上一文件夹或库
搜索框	在搜索框中输入关键字，可查找满足条件的文件并进行高亮显示
状态栏	显示当前选中的文件或文件夹的相关信息

“文件资源管理器”窗口由左、右两个区域组成；左边区域以树形结构显示计算机中的所有文件夹，将其称为文件夹树形结构框或文件夹框；右边区域显示当前的文件夹内容，将其称为文件夹内容框。两个区域中间由分隔条隔开，可以通过拖动分隔条的方式调整两个区域的大小。

3. 文件与文件夹的基本操作

在 Windows 10 操作系统下，用户同样需要掌握文件和文件夹的基本操作，例如文件夹的展开，文件或文件夹的选中、创建、打开、移动和复制等。

库

1）展开文件夹

如果“文件资源管理器”窗口的导航窗格中的文件夹左侧有>图标，则表示该文件夹下还有子文件夹未在树形结构中显示，单击>图标或双击该文件夹可展开文件夹使子文件夹在树形结构中显示出来，此时>图标变为∨图标，文件夹变成当前文件夹，文件夹内容框中会列出当前文件夹的内容；再次双击文件夹或单击∨图标，会将子文件夹折叠起来。

2）选中文件或文件夹

选中文件或文件夹是对其进行后续各种操作的前提，选中文件或文件夹的操作方法如下。

（1）选中单个文件或文件夹：单击想要选中的文件或文件夹。

（2）选中多个文件或文件夹：在空白处按住鼠标左键，然后移动鼠标进行框选，选中后释放鼠标。

（3）选中连续的文件或文件夹：单击要选择的第一个文件或文件夹，按住〈Shift〉键，再去单击要选择的连续文件和文件夹的最后一个文件或文件夹。

（4）选中不连续的文件或文件夹：按住〈Ctrl〉键，选后依次单击想要选择的文件或文件夹。

（5）选中全部文件或文件夹：按〈Ctrl+A〉组合键，或者选择“主页”→“全部选择”命令。

（6）取消部分选中的文件或文件夹：按住〈Ctrl〉键，单击想要取消选中的文件或文件夹。

（7）全部取消选中的文件或文件夹：单击文件内容框任意空白位置，或者选择“主页”→“全部取消”命令。

3）新建文件或文件夹

新建文件或文件夹有以下几种方法。

（1）在桌面新建文件或文件夹。

在桌面空白处右击，在弹出的快捷菜单中选择 “新建”命令，可以在子菜单中选择想要新建的文件夹或其他文件类型，如图 2-54 所示，若新建文件夹，则桌面上会生成一个名为“新建文件夹”的文件夹。

(2)利用文件资源管理器在文件夹中新建文件或文件夹。

在左侧的导航窗格中选中文件夹，在右侧空白处右击，在弹出的快捷菜单中选择“新建”命令，选中想要新建的文件或文件夹。

(3)在应用程序内新建文件或文件夹。

一般启动应用程序会进入创建新文件的过程，或者可以通过选择“文件”→“新建”命令创建新文件。

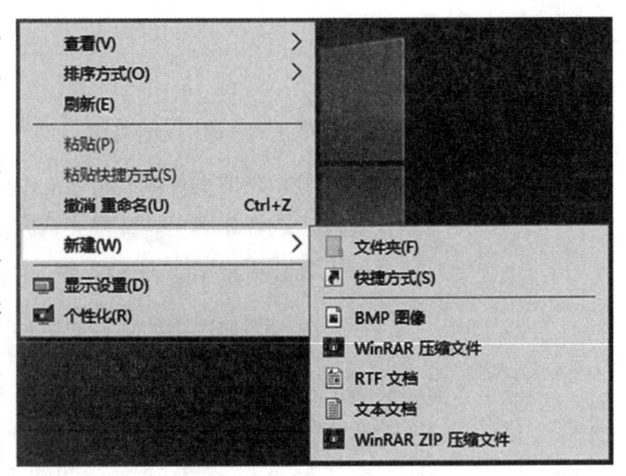

图 2-54　在桌面新建文件或文件夹

4)打开文件或文件夹

打开文件或文件夹有以下 4 种方法。

(1)双击文件或文件夹的图标。

(2)选中文件或文件夹后，右击，在弹出的快捷菜单中选择“打开”命令。

(3)选中文件或文件夹后，按〈Enter〉键。

(4)在“文件资源管理器”窗口中选中文件或文件夹后，选择“文件”→“打开”命令。

5)移动和复制文件或文件夹

复制是指将文件或文件夹进行复制的行为，不影响原位置的文件或文件夹；移动是将文件或文件夹放置到其他位置，不保留原位置的文件或文件夹。移动和复制文件或文件夹的方法如下。

(1)选中文件或文件夹后，右击，在弹出的快捷菜单中选择“复制”或“剪切”命令，打开目标位置，在空白处右击，在弹出的快捷菜单中选择“粘贴”命令。“复制”“剪切”“粘贴”命令也可以直接用〈Ctrl+C〉〈Ctrl+V〉〈Ctrl+X〉组合键实现。

(2)选中文件或文件夹后，在“文件资源管理器”窗口中选择“主页”→“复制”或“主页”→“剪切”命令，打开目标位置，选择“主页”→“粘贴”命令。

(3)如果复制和移动操作在同一个驱动器内进行，那么通过鼠标拖动源文件到目标位置默认是移动操作，当按住〈Ctrl〉键进行拖动时是复制操作。

(4)如果复制和移动操作在不同驱动器内进行，那么通过鼠标拖动源文件到目标位置默认是复制操作，当按住〈Shift〉键进行拖动时是移动操作。

6)删除文件或文件夹

删除文件或文件夹可以通过以下 4 种方法实现。

(1)选中想要删除的文件或文件夹后按〈Delete〉键。

(2)选中要删除的文件或文件夹，右击，在弹出的快捷菜单中选择“删除”命令。

(3)选中要删除的文件或文件夹后，在“文件资源管理器”窗口中选择“主页”→“删除”命令。

(4)将要删除的文件或文件夹直接拖进“回收站”中。

执行删除操作后文件或文件夹并没有真正被删除，而是被丢弃到了“回收站”中，在“回收站”中再次执行删除操作才能将其永久删除。按〈Shift+Delete〉组合键可以将要删除的文件或文件夹不放入“回收站”直接进行永久删除。

7)恢复被删除的文件或文件夹

删除的文件或文件夹如果是常规删除，则可以恢复。双击“回收站”图标将其打开，打开的“回收站”窗口如图 2-55 所示。选择想要恢复的文件或文件夹，单击“还原选定的项目”按钮即可，或者选中想要恢复的文件或文件夹后右击，在弹出的快捷菜单中选择“还原”命令。如果想要将“回收站”中的所有对象都恢复，则可以直接单击“还原所有项目”按钮。若想要将“回收站”中的所有项目都删除，则可以单击“清空回收站”按钮，或者右击“回收站”图标后在弹出的快捷菜单中选择“清空回收站”命令，如图 2-56 所示。

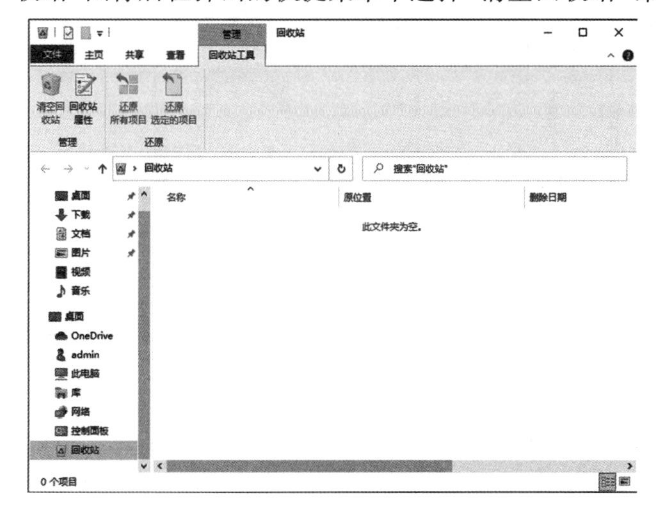

图 2-55 “回收站”窗口

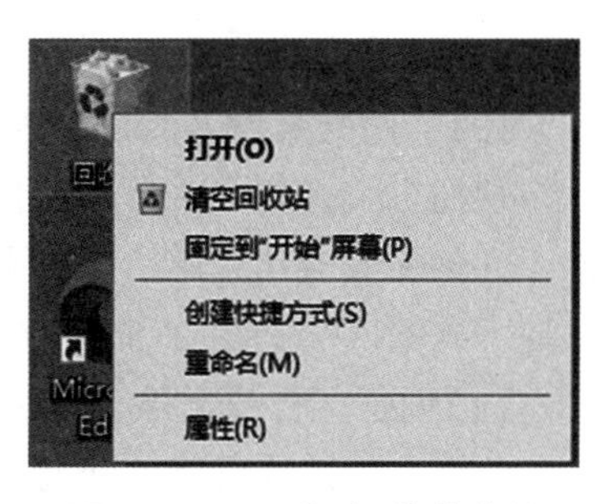

图 2-56 “回收站”快捷菜单

8)重命名文件或文件夹

重命名文件或文件夹的方法如下。

(1)选中要修改名称的文件或文件夹，单击文件名或文件夹名，在原名上修改或删除并重新输入，按〈Enter〉键确定。

(2)选中要修改名称的文件或文件夹，右击，在弹出的快捷菜单中选择“重命名”命令。

(3)选中要修改名称的文件或文件夹，按〈F2〉键或组合键〈Fn+F2〉。

9)设置文件或文件夹的属性

常见的文件属性有系统属性、只读属性、隐藏属性、存档属性 4 种类型。

(1)系统属性：系统文件具有系统属性，是操作系统的一部分，通常是隐藏的，无法被查看和删除。

(2)只读属性：对于只读属性的文件，只能被读取，不能对其进行修改。

(3)隐藏属性：表示该文件无法被看见，可以通过修改参数使其显示。

(4)存档属性：用于文件的备份，提供给备份程序使用。

设置文件或文件夹的属性：选中要设置属性的文件或文件夹，右击，在弹出的快捷菜单中选择“属性”命令，弹出如图 2-57 或图 2-58 所示的对话框，选择要设置的文件或文件夹属性，设置完成后单击“确定”按钮完成设置。

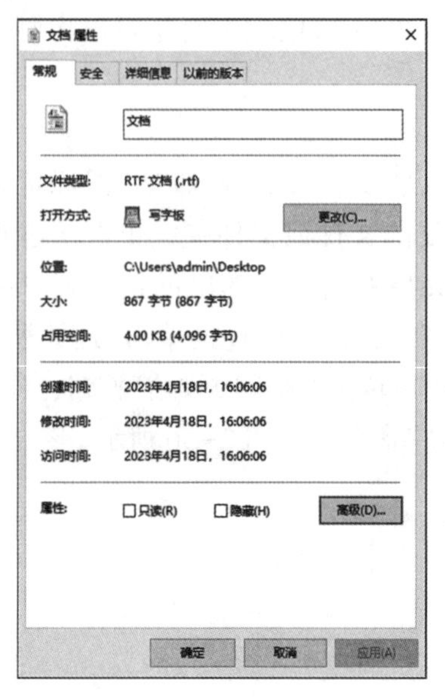

图 2-57　文件属性对话框

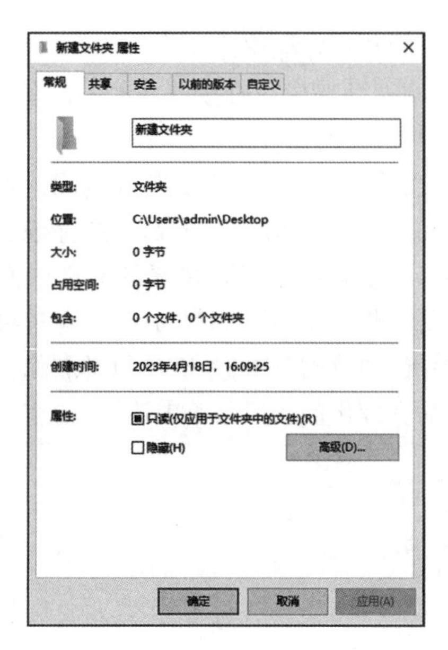

图 2-58　文件夹属性对话框

10）文件或文件夹的快捷方式

快捷方式是指向文件、文件夹或应用程序的指针，能够通过双击快捷方式快速打开文件、文件夹或应用程序。删除文件的快捷方式并不会对源文件造成实际影响。原始文件和其快捷方式的区分如图 2-59 所示。

（1）创建文件或文件夹的快捷方式。

创建文件或文件夹的快捷方式的方法如下。

①选定对象后，右击，在弹出的快捷菜单中选择“创建快捷方式”命令。

②选定对象后，右击，在弹出的快捷菜单中选择“发送”→“桌面快捷方式”命令。

③按住〈Alt〉键，将文件图标拖动到目标位置。

④在桌面空白处右击，在弹出的快捷菜单中选择“新建”→“快捷方式”命令，弹出“创建快捷方式”对话框，如图 2-60 所示；单击“浏览”按钮选择相应的文件或文件夹，单击“下一步”按钮；输入文件或文件夹快捷方式的名称，单击“完成”按钮。

图 2-59　原始文件与文件的快捷方式

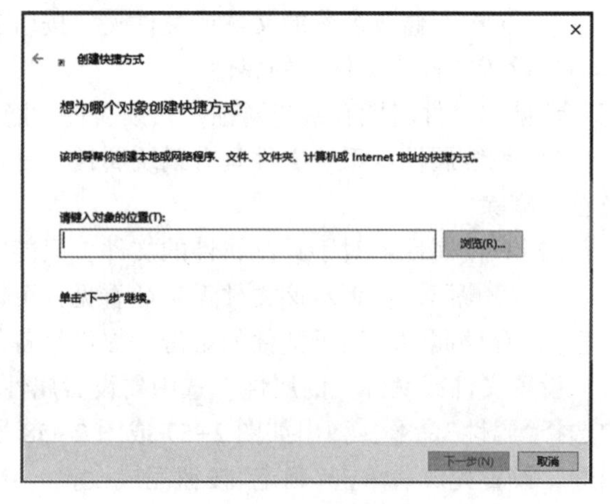

图 2-60　“创建快捷方式”对话框

(2) 更改文件或文件夹快捷方式的图标。

鼠标指针指向图标，右击，在弹出的快捷菜单中选择“属性”命令，在弹出的对话框中打开“快捷方式”选项卡，单击“更改图标”按钮，选择合适的图标后单击“确定”完成设置，如图 2-61 所示。

图 2-61　更改文件或文件夹快捷方式的图标

11) 文件或文件夹的搜索

用户利用搜索功能可以高效搜索文件或文件夹，搜索文件或文件夹的具体操作步骤如下。

(1) 打开“资源管理器”窗口，在导航窗格中找到要搜索的文件或文件夹位置。

(2) 在搜索框中输入查找的关键字进行搜索。关键字可使用文件名通配符“ * ”和“?”，“ * ”代表任意一串字符，“?”代表任意单个字符。

对搜索结果可以通过“搜索”选项卡下的“优化”选项组进行条件筛选。若要搜索文件内容，则在“搜索”选项卡下的“选项”选项组中，打开“高级选项”下拉菜单，选择“文件内容”命令。

12) 更改文件或文件夹的查看方式和排序方式

查看文件或文件夹时，为了提高浏览效率可以更改文件的查看方式和排列方式。

(1) 更改文件或文件夹的查看方式。

更改文件或文件夹的查看方式有以下几种方法。

①如图 2-62 所示，用户可以单击“查看”菜单，在“布局”选项组中选择合适的查看方式。

②在“文件资源管理器”窗口右侧空白处右击，在弹出的快捷菜单中选择“查看”命令，即可打开子菜单，可以在其中选择一种合适的查看方式，如图 2-63 所示。

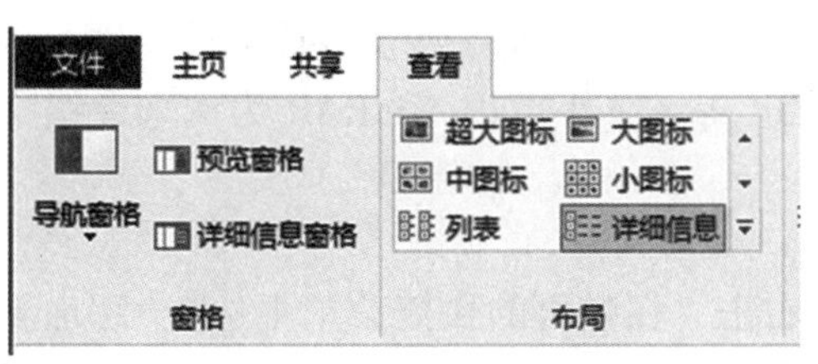

图 2-62　“查看”选项卡

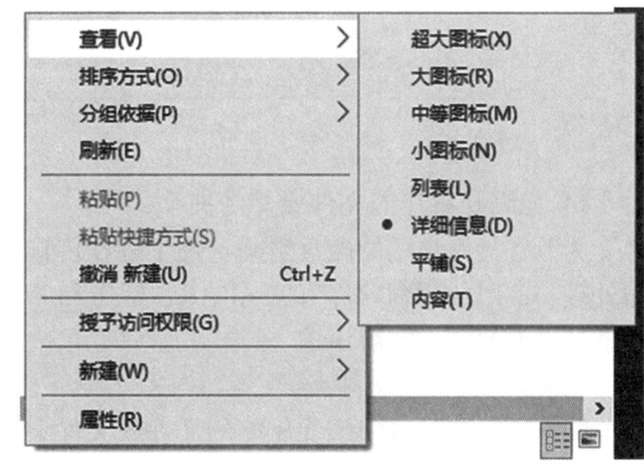

图 2-63　“查看”的子菜单

(2)更改文件或文件夹的排列方式。

更改文件或文件夹的排列方式有以下几种方法。

①单击“查看”菜单，单击“排序方式”下的下拉箭头，从展开的下拉列表中选择合适的排序方式。

②在右侧空白处右击，在弹出的快捷菜单中选择“排序方式”命令，即可打开子菜单，可以在其中选择一种合适的排序方式，如图 2-64 所示。

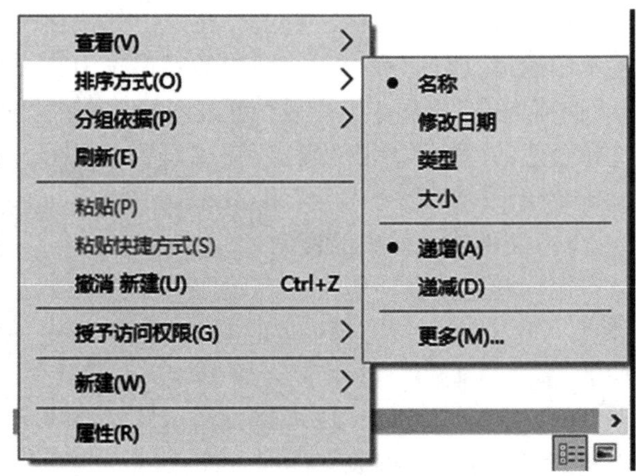

图 2-64 “排序方式”的子菜单

13)共享文件夹

选中要共享的文件夹，右击，在弹出的快捷菜单中选择“属性”命令，打开“属性”对话框，单击“共享”选项卡下的“共享”按钮，如图 2-65 所示。在弹出的对话框中单击☑图标展开下拉列表，选择想要共享的用户，单击“添加”按钮，如图 2-66 所示，添加后可以调整用户的权限级别，设置完成后，单击“共享”按钮。

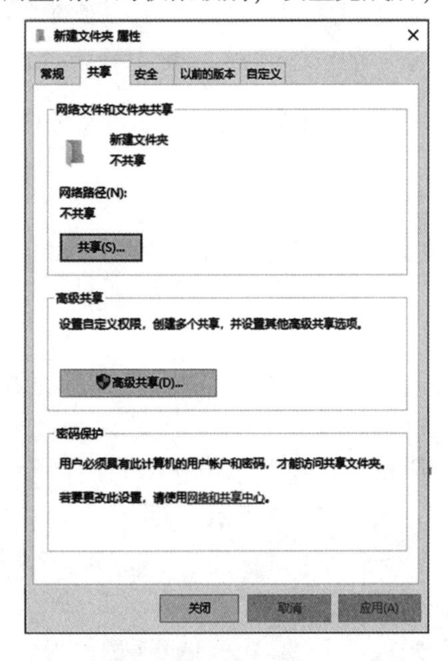

图 2-65 “属性”对话框

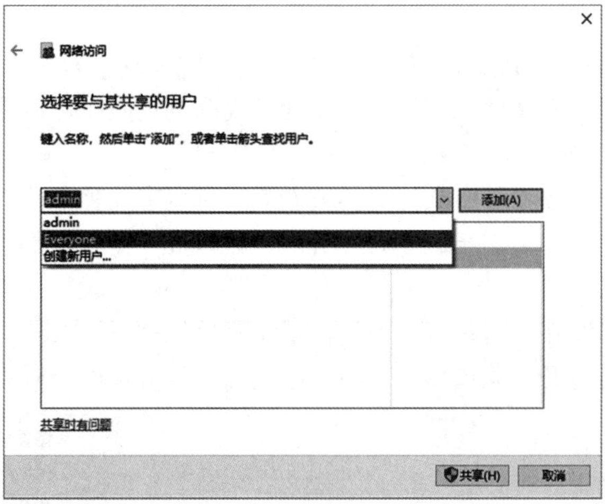

图 2-66 设置共享用户

14)压缩与解压缩文件或文件夹

为节省文件占用的磁盘空间、便于远程传输，通常需要用户将一些文件或文件夹进行压缩处理。常用的压缩软件有 WinRAR、好压和 WinZIP 等。本小节以 WinRAR 为例来介绍文件或文件夹的压缩和解压缩。

(1)压缩文件或文件夹。

制作压缩包：选中想要压缩的文件或文件夹，右击，在弹出的快捷菜单中选择“添加到 *. rar”(* 位置为被选中的压缩对象名称)命令，如图 2-67 所示，完成后会在当前位置生成扩展名为“rar”的压缩包。

在已有的压缩包中添加文件：双击打开压缩包，单击“添加”按钮，在弹出的对话框中可以选择想要添加的文件，单击“确定”按钮完成添加，如图 2-68 所示。

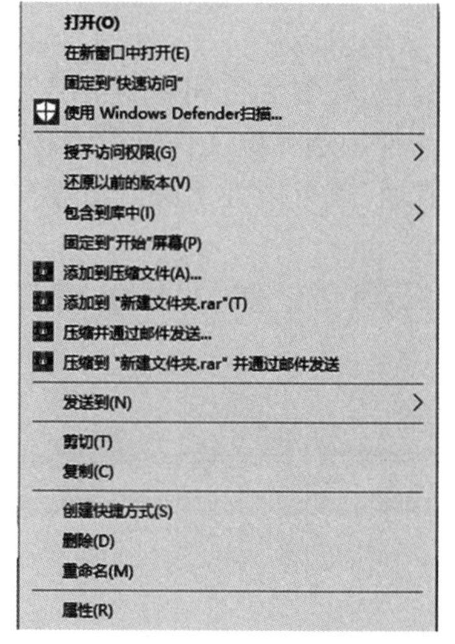

图 2-67　制作压缩包

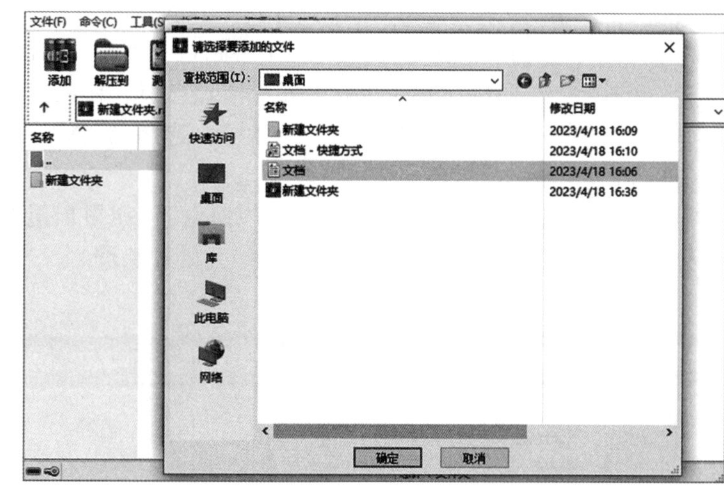

图 2-68　在已有的压缩包中添加文件

设置解压缩密码：选中想要压缩的文件或文件夹，右击，在弹出的快捷菜单中选择“添加到压缩文件”命令，弹出如图 2-69 所示的对话框，单击“设置密码”按钮可以进行密码设置。

(2) 解压缩文件或文件夹。

用户从网络上下载的一些资料和工具通常都是压缩文件，下载后需要先进行解压才能进行后续操作。

鼠标指针指向要解压的文件，右击，在弹出的快捷菜单中选择“解压到当前文件夹”命令，会将整个压缩包解压到当前位置；如果选择“解压文件”命令，则会弹出“解压路径和选项”对话框，可以设置解压的目标路径，如图 2-70 所示；如果只是想要解压部分内容，则可以双击打开压缩包后，选中要解压的文件或文件夹，单击“解压到”按钮，选择目标路径后单击“确定”按钮解压。

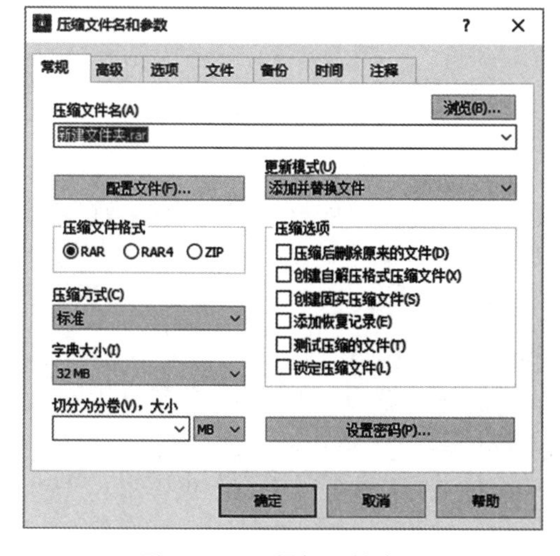

图 2-69　设置解压缩密码

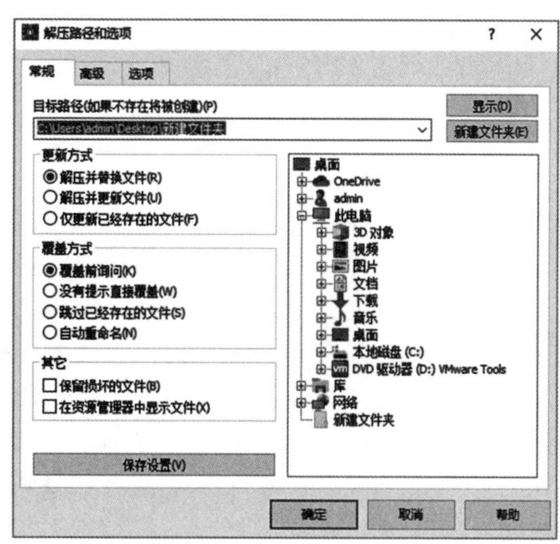

图 2-70　解压缩文件或文件夹

4. 磁盘管理

打开“此电脑”(或“文件资源管理器”)窗口，在窗口中选择想要操作的盘符，右击，在弹出的快捷菜单中选择“属性”命令，打开磁盘属性对话框，对话框中包含 7 个选项卡，如图 2-71 所示，通过“常规”选项卡可以了解磁盘的类型、文件系统、容量和空间使用情况等信息，单击“磁盘清理”按钮可以打开磁盘清理窗口，在窗口内选择勾选相应文件进行清理。在“文件资源管理器”窗口中选择对应的盘符，选择“管理”→“清理”也可以弹出磁盘清理窗口，如图 2-72 所示。

单击图 2-71 中的“工具”选项卡下的“检查”按钮可以进行磁盘扫描，单击“优化”按钮或选择图 2-72 中的“优化”命令可以进行磁盘碎片整理。

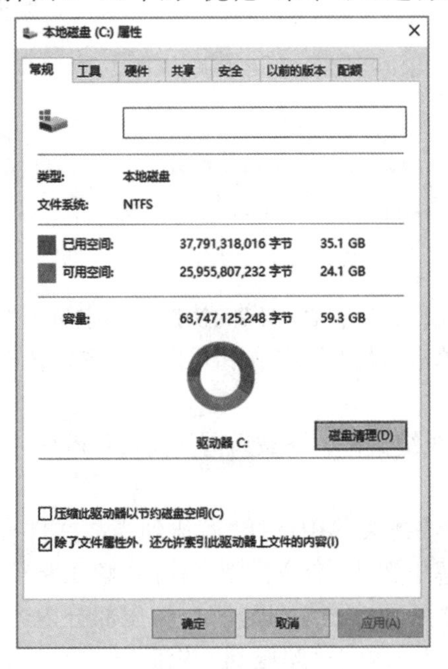

图 2-71　磁盘属性对话框

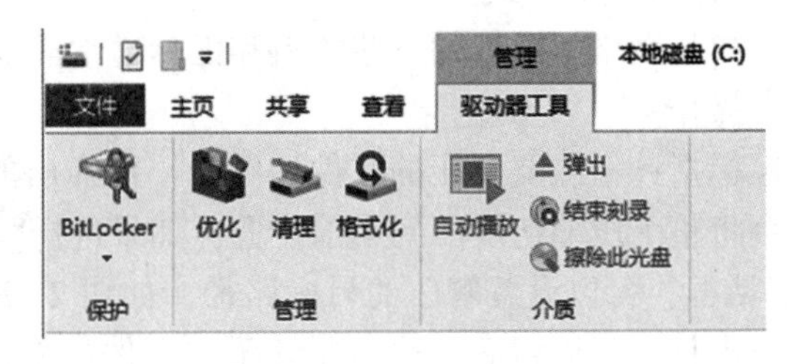

图 2-72　磁盘管理菜单栏

2.2.4　控制面板与环境设置

1. 控制面板简介

Windows 10 控制面板包含了大部分的软、硬件配置程序并能够完成绝大多数的参数设置、系统设置与控制。打开控制面板的方法有以下几种。

(1)打开“开始”菜单，选择“Windows 系统”→“控制面板”。

(2)在搜索栏中输入“控制面板”，选中搜索结果中的“控制面板”。

(3)右击“开始”菜单图标，在弹出的快捷菜单中选择“搜索”命令，在搜索框中输入“控制面板”，选中搜索结果中的“控制面板”，单击右侧的“打开”按钮。

(4)按〈Win+R〉组合键打开“运行”对话框，在“打开”文本框中输入“control”，单击“确定”按钮或按〈Enter〉键。

(5)在“开始”菜单中单击“设置”按钮或按〈Win+I〉组合键打开“设置”窗口，在搜索框中输入“控制面板”，单击搜索框下方的筛选结果或按〈Enter〉键进行搜索，选中搜索结果中的

“控制面板”。

打开控制面板时一般默认查看方式为“类别”，可以单击“查看方式”后的下拉箭头，在展开的下拉列表中选择“小图标”查看全部设置选项。

2. 用户账户

Windows 10 操作系统账户为具有某些系统权限的用户 ID 号，用户的账户名不能重复。不同的账户对应的系统权限不同，管理员账户具有整个系统的最高权限，一台计算机上至少有一个管理员账户。

打开“控制面板”窗口，单击“用户账户”按钮，打开如图 2-73 所示的窗口，在窗口中可以创建账户、更改账户名称和类型、管理账户密码。

通过图 2-73 中的“管理其他用户”可以创建新用户，也可以选择已有账户后，对其进行删除操作或对账户名称、密码、类型进行修改。

3. 常见硬件设备的添加与属性设置

1）添加常见硬件设备

一般情况下，当把新硬件设备连接到计算机时，系统会自动安装驱动程序；如果不能自动完成驱动程序的安装，则需要用户手动安装，若设备配有安装光盘或用户在网上能够下载安装程序，则可以手动进行安装，如果提供了非自动安装的驱动程序，则可以打开“控制面板”中的“设备管理器”窗口，如图 2-74 所示，单击“操作”菜单栏，选择“添加过时硬件”命令，在弹出的对话框中单击“下一步”按钮，然后勾选“安装我手动从列表选择的硬件(高级)”复选框，按照向导选择硬件的类型和驱动程序相关信息，完成安装。

图 2-73 “用户帐户”窗口

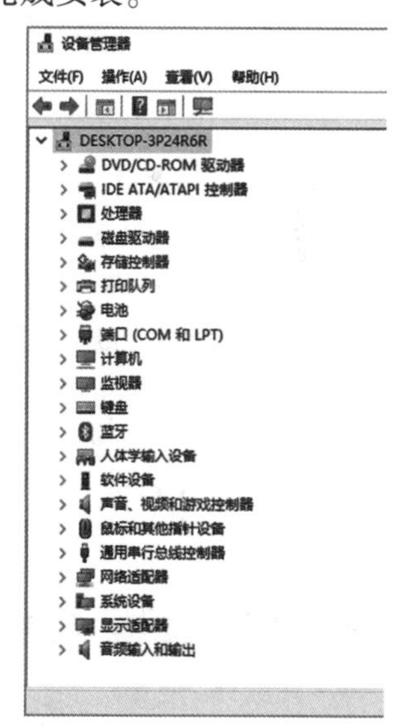

图 2-74 “设备管理器”窗口

2）设置鼠标属性

单击“控制面板”面板中的“鼠标”按钮，在弹出的对话框中包含“鼠标键”“指针”“指针选项”“滚轮”“硬件”5 个选项卡，如图 2-75 所示。

鼠标键：可以切换主要按钮和次要按钮，设置双击的速度和启动单机锁定。

指针：可以选择不同的鼠标指针方案。

指针选项：支持调节鼠标指针在屏幕上的移动速度和选择“是否显示指针的轨迹”的功能。

滚轮：设置滑轮每次垂直滚动时所滚动的行数，设置滑轮每次水平滚动时一次滚动显示的字数。

硬件：显示设备的硬件信息和设备属性。

3) 设置键盘属性

单击“控制面板”窗口中的“键盘”按钮，可以在弹出的对话框中设置按键的反应速度和文本光标的闪烁频率，如图 2-76 所示。

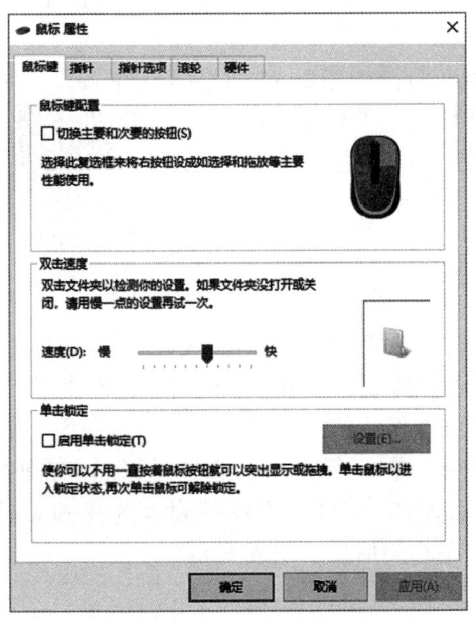

图 2-75　设置鼠标属性

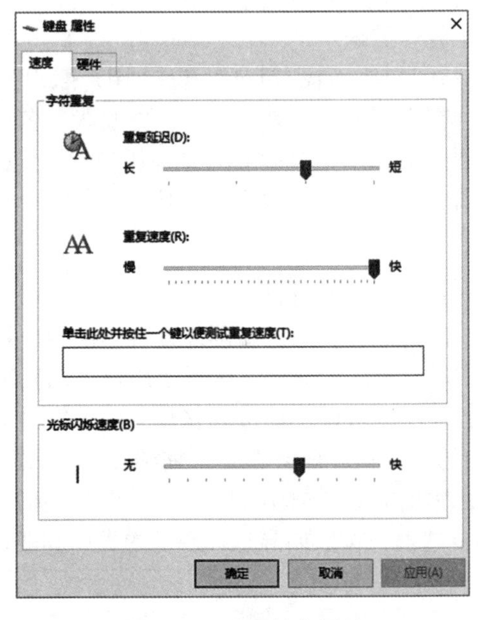

图 2-76　设置键盘属性

4) 打印机的管理

单击“控制面板”窗口中的“设备和打印机”按钮，在弹出的如图 2-77 所示的窗口中，可以通过单击“添加设备”和“添加打印机” 按钮将新的设备或新的打印机添加到计算机中，选中“打印机”区域下的某个设备，右击，在弹出的快捷菜单中可以选择执行“查看现在正在打印什么”“设置为默认打印机”“打印首选项”“打印机属性”等任务，如图 2-78 所示。

图 2-77　“设备和打印机”窗口

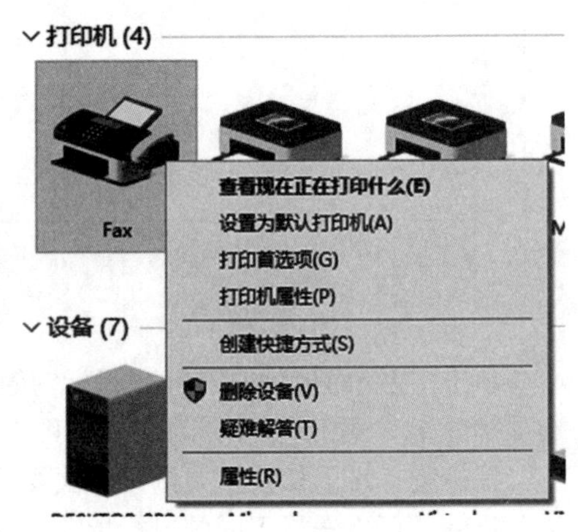

图 2-78　“打印机”快捷菜单

4. 更改或卸载程序

(1)在“开始”菜单中找到目标程序，右击，在弹出的快捷菜单中选择“卸载”命令。

(2)打开“控制面板”窗口，选择“程序”→“程序和功能”，找到目标程序，右击，在弹出的快捷菜单中选择“卸载/更改”命令，按照向导完成操作，如图 2-79 所示

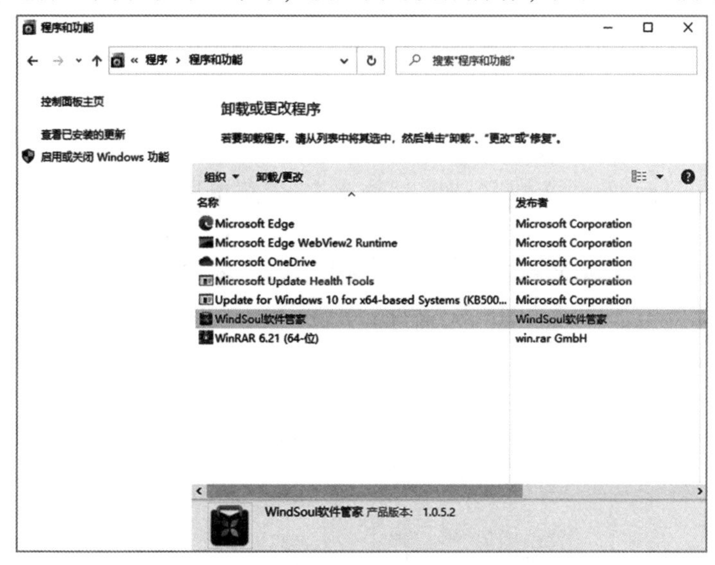

图 2-79 “程序和功能”窗口

5. 更改系统的日期和时间

当用户有更改时间的需要或计算机显示时间有误差时，可以打开“控制面板”中的“日期和时间”对话框，完成对日期、时间、时区的修改；也可以通过鼠标指针指向任务栏右侧的时间图标并右击，在弹出的快捷菜单中选择“调整日期/时间”命令，在打开的对话框中对日期、时间进行修改。

6. 输入法

用户可以对输入法进行添加、切换与删除操作。

1)添加输入法

非系统自带的输入法，在网络上下载其安装包后，双击运行安装程序，按照向导完成安装即可；系统内自带的输入法，通过〈Win+I〉组合键或在“开始”菜单中选择“设置”→“时间和语言”→“语言”，单击右侧“中文(中华人民共和国)”下方的“选项”按钮，如图 2-80 所示，单击“键盘”下的“添加键盘”按钮，选择想要添加的输入法即可。

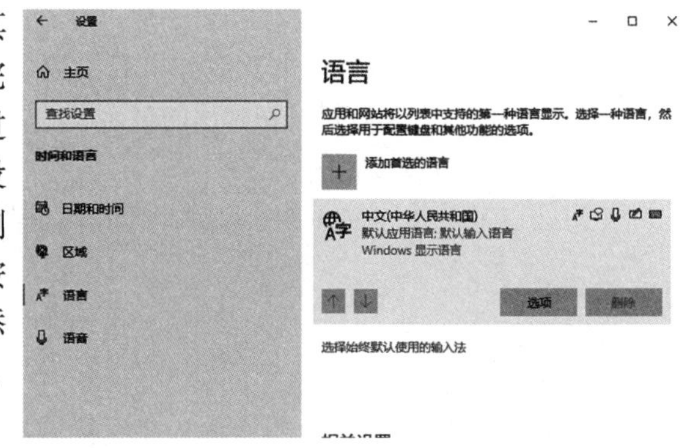

图 2-80 添加输入法

2)切换与删除输入法

切换输入法：可以通过〈Ctrl+Shift〉组合键进行不同输入法间的切换。

删除输入法：通过〈Win+I〉组合键或在“开始”菜单中选择“设置”→“时间和语言”→“语

言”，单击右侧“中文(中华人民共和国)”下方的“选项”按钮，选择“键盘”下想要删除的输入法，单击“删除”按钮。

2.2.5 任务管理器

1. 任务管理简介

1)任务管理器的作用

任务管理器提供了当前计算机性能相关的信息，并显示了当前计算机运行的程序和进程的详细信息，用户界面拥有“文件”“选项”“查看”3 个菜单项，菜单项下方还有“进程”“性能”“应用历史记录”“启动”“用户”“详细信息”“服务”7 个选项卡。“进程”选项卡显示当前运行的应用名称、后台进程名称和 Windows 进程名称，同时会显示进程和应用程序 CPU、内存、磁盘和网络等资源占用的情况，如图 2-81 所示；“性能”选项卡中可以看到详细的数据和图形，如图 2-82 所示。

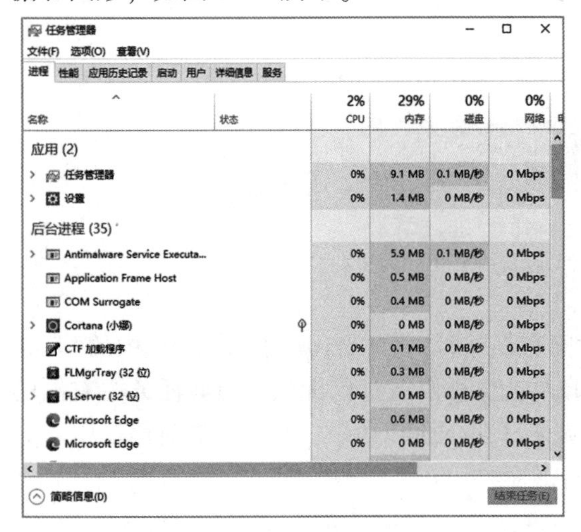

图 2-81 “进程”选项卡

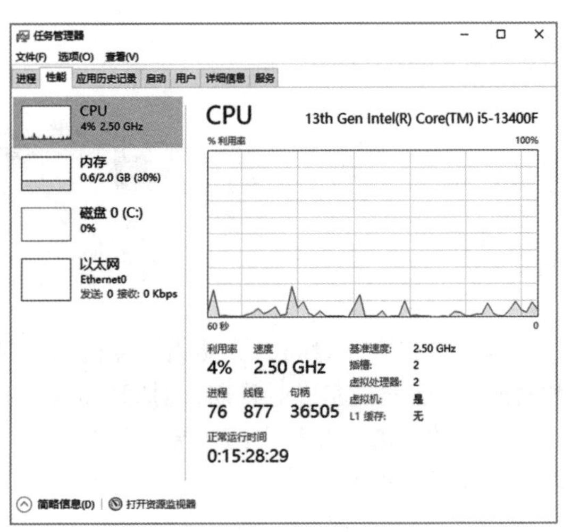

图 2-82 “性能”选项卡

2)任务管理器的打开

打开任务管理器的方法有以下 3 种。

(1)在任务栏空白处右击，在弹出的快捷菜单中选择“任务管理器”命令即可。

(2)按〈Win+R〉组合键，在弹出的对话框的“打开”文本框中输入“taskmgr”或“taskmgr. exe”，单击“确定”按钮或按〈Enter〉键。

(3)按〈Ctrl+Alt+Delete〉组合键，在弹出的界面中的选择“任务管理器”。

2. 应用程序的有关操作

1)应用程序的启动

启动应用程序的方法如下。

(1)双击“开始”菜单中的应用程序图标或桌面上的应用程序快捷方式。

(2)按〈Win+R〉组合键打开“运行”对话框，在“打开”文本框中输入想要打开的应用程序名称，单击“确定”按钮或按〈Enter〉键。

(3)在搜索栏中输入想要打开的应用程序名称，在给出的查找结果选择对应的应用程序。

(4)在“任务管理器”窗口的“启动”选项卡中选择一个选项，右击，在弹出的快捷菜单中选择“打开文件所在的位置”命令，双击应用程序。

2)应用程序之间的切换

按〈Alt+Tab〉组合键或在“任务管理器”窗口的“应用历史记录”选项卡中选择要切换的应用程序，右击，在弹出的快捷菜单中选择“切换到”命令。

3)关闭应用程序和结束任务

正常关闭一个应用程序可以采用以下5个方法。

(1)按〈Alt+F4〉组合键。

(2)单击窗口的“关闭”按钮。

(3)选择“文件”→“退出”命令。

(4)双击控制菜单图标。

(5)单击控制菜单图标，选择“关闭”命令。

结束任务一般是指结束非正常状态的运行程序，可以在“任务管理器”窗口的“进程”选项卡中选择需要被结束的运行程序，单击“结束任务”按钮。

2.2.6 附件

系统和附件中自带了许多工具和应用。例如：进行文字处理的“记事本”和“写字板”，进行图片编辑的“画图”，进行运算的“计算器”，进行音视频处理的“录音机”和“媒体播放器”。

1. 记事本

记事本可以对格式为.txt的文本文件进行文档编辑，仅支持纯文本，无法保存文字的字体、颜色、字号等属性，常被用来编写网页和程序。

选择“开始”→“Windows 附件”→“记事本”，打开窗口。

2. 写字板

相较于记事本，写字板的功能更强大，它能够处理.txt、.docx和.odt格式的文件，可以进行复杂格式的文本处理并支持图形和表格的操作。

选择“开始”→“Windows 附件”→“写字板”，打开如图2-83所示的窗口，写字板的主要功能展示于窗口上方。

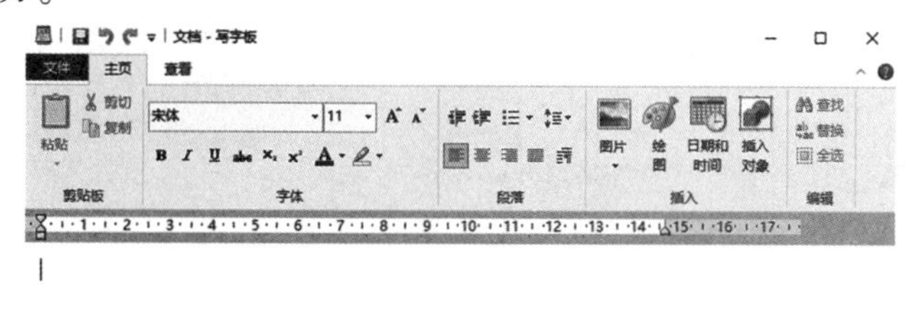

图2-83 “写字板”窗口

3. 画图

选择“开始”→“Windows 附件”→“画图”，打开“画图”窗口。

窗口最上方是快速访问工具栏，默认为“保存”“撤消”和“重做”3 个工具，也可以单击右侧的图标自行修改，如图 2-84 所示。快速访问工具栏下方有“文件”“主页”“查看”3 个菜单项。“文件”菜单可以实现新建、打开、保存、另存为、打印、查看属性等操作。“主页”菜单包含许多画图工具并能够实现对图像的一些基本操作，可以对图像进行剪切、复制、粘贴、裁剪、旋转、重新调整大小，还拥有辅助选择框；为用户提供多种笔刷和图形形状，支持线条粗细和颜色的调整。“查看”菜单包含“缩放”“显示或隐藏”“显示”3 个部分。

4. 计算器

打开“开始”菜单，在字母“J”下找到“计算器”，单击打开“计算器”窗口，该计算器默认为标准计算器，支持日常加、减、乘、除等简单计算，如果想要进行一些较为复杂的运算，则可以单击左侧的图标，选择科学计算器，还可以通过该图标选择货币、容量、长度转换器，同时计算器还具有进制转换、绘图、日期计算功能。

5. 录音机

打开“开始”菜单，在字母“L”下找到“录音机”，单击打开“录音机”窗口。

单击图标开始录制音频，录制过程中单击图标暂停录制，单击图标添加标记。单击图标完成录制，录制完成后窗口会显示当前的文件列表，单击音频文件弹出如图 2-85 所示的窗口，可以通过窗口下方的工具对音频进行共享、裁剪、删除和重命名操作，录制的文件格式为 . wav。

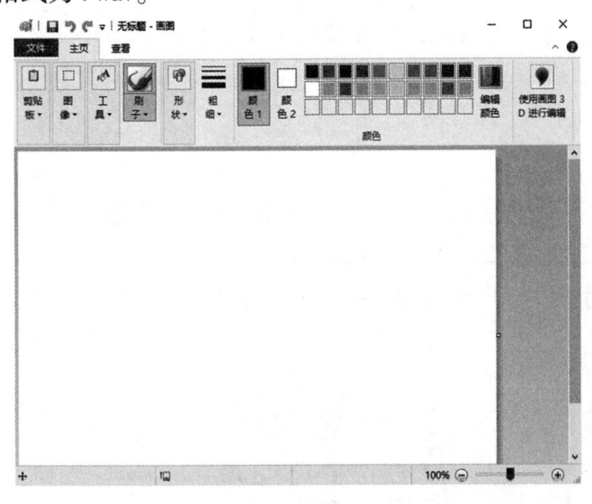

图 2-84 “画图”窗口

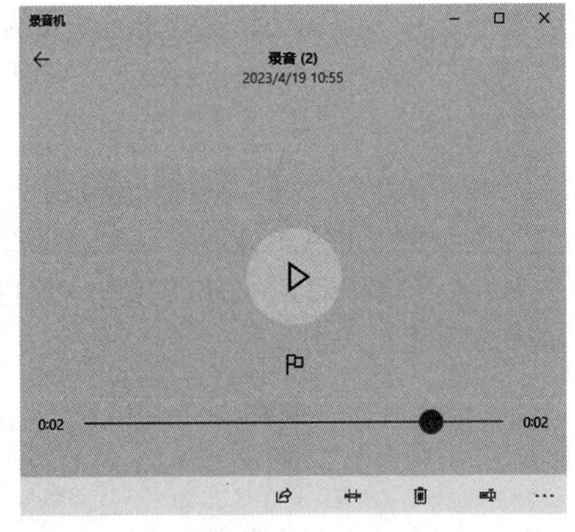

图 2-85 “录音机”窗口

6. 媒体播放器

选择“开始”→“Windows 附件”→“Windows Media Player”，打开“媒体播放器”窗口。

媒体播放器支持目前大多数的主流多媒体文件格式，可以通过媒体播放器播放 CD、DVD 等数字媒体文件，同时支持刻录 CD 音乐、同步文件。

第 3 章 WPS 文字处理软件

3.1 WPS Office 和 WPS 文字概述

3.1.1 WPS Office 首页

WPS Office 是由北京金山办公软件股份有限公司自主研发的一款办公软件套装，是一款兼容、开放、高效、安全并极具中文本土化优势的办公软件，可以实现办公软件最常用的文字、表格、演示、PDF 阅读等多种功能。

打开 WPS Office 2019，首先看到的界面便是 WPS 首页，其整合了多种服务的入口，是用户工作的起始页。

WPS 首页功能主要分为六大区域：全局搜索框、设置、账号、主导航、文件列表、文件详情面板，如图 3-1 所示。

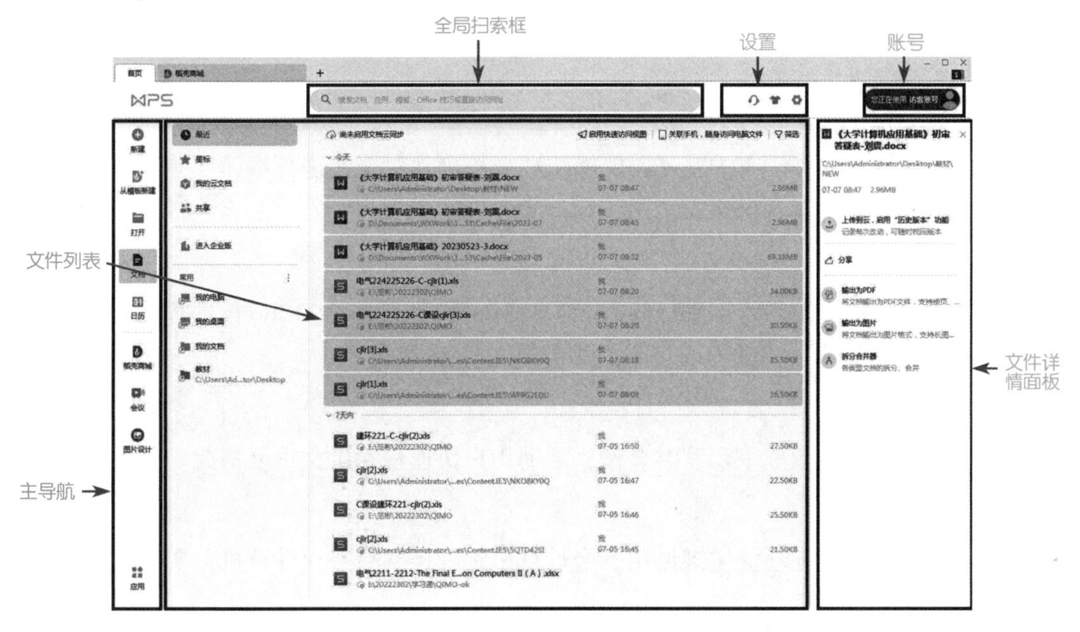

图 3-1 WPS 首页功能区

3.1.2 WPS Office 特色功能

1. 兼容免费

WPS Office 个人版对个人用户永久免费，包含 WPS 文字、WPS 表格、WPS 演示三大功能模块，另外有 PDF 阅读功能。与 Microsoft Office 中的 Word、Excel、PowerPoint 一一对应，应用可扩展标记语言（Extensible Markup Language，XML）数据交换技术，无隔阂兼容 Microsoft Office 加密信息、宏文档内容互联、知识分享的互联网应用。

2. 云办公

用户只需一个 WPS Office 账号，就能随时随地阅读、编辑和保存文档。WPS Office 也是一个网聚智慧的多彩网络互动平台，单一用户随需随时分享知识，制作精美文档，也可将文档共享给工作伙伴。

3. 自动在线升级功能

无须用户动手，就能实时分享最新技术成果。

4. 跨平台应用

无论是 Windows 还是 Linux 平台，用户应用 WPS Office 无障碍。

5. 可扩展的插件机制

WPS Office 可无限扩展程序员的想象和创造空间，满足用户个性化定制和应用开发的需求。

6. 数据恢复

WPS Office 内嵌的数据恢复功能可以帮助用户方便、快捷地找回因磁盘损坏、误删除而丢失的数据。

7. 全文翻译

WPS Office 支持多种语言的互译，能够快速、精确地对全文进行翻译，并且增加内容调整译文，智能呈现精准翻译结果。

8. 图片转文字

WPS Office 利用光学字符识别（Optical Character Recognition，OCR）技术智能获取图片中的文本，支持批量操作，一键提取多张图片中的文字。

9. 论文查重

WPS Office 与众多权威平台官方合作，帮助用户快速检索论文重复情况。

10. 远程桌面

WPS Office 远程桌面功能实现使用一台计算机远程控制另一台计算机，实现远程办公。

11. 乐播投屏

WPS Office 自带乐播投屏功能，无须线路连接即可将计算机屏幕放到投影仪等设备上，使开会更便捷。

3.1.3 WPS文字概述

WPS文字是北京金山办公软件股份有限公司推出的WPS Office 2019办公软件的核心组件之一，具有强大的文字处理功能。使用WPS文字可以进行文字处理、表格设计、图文混排，并且提供了各种文档输出格式及打印功能。

3.2 WPS文字的基本操作

3.2.1 WPS文字的启动与退出

1. 启动WPS文字

启动WPS文字有多种方法，常用方法有以下4种。

(1)双击桌面上的WPS Office 2019图标，在WPS首页中，选择“文件”→“新建”→“新建空白文档”。

(2)在桌面上，选择“开始”→“WPS Office”→“文件”→“新建”→“新建空白文档”。

(3)双击已经创建的WPS文字文档，也可以启动WPS文字。

(4)单击任务栏快速启动区中的“WPS Office”图标，进入WPS首页后，在文件列表区中双击最近打开过的WPS文字文档。

2. 退出WPS文字

退出WPS文字主要有以下4种方法。

(1)单击WPS Office 2019窗口右上角的“关闭”按钮。

(2)单击标签列表区中文档名称右侧的“关闭”按钮。

(3)右击标签列表区中要关闭的WPS文字文档，在弹出的快捷菜单中选择“关闭”命令。

(4)按〈Alt+F4〉组合键。

3.2.2 WPS文字的窗口组成

启动WPS文字后，进入如图3-2所示的窗口。其窗口主要包括标题栏、“文件”菜单、快速访问工具栏选项卡、功能区、智能搜索框、文档编辑区、滚动条、状态栏等部分。

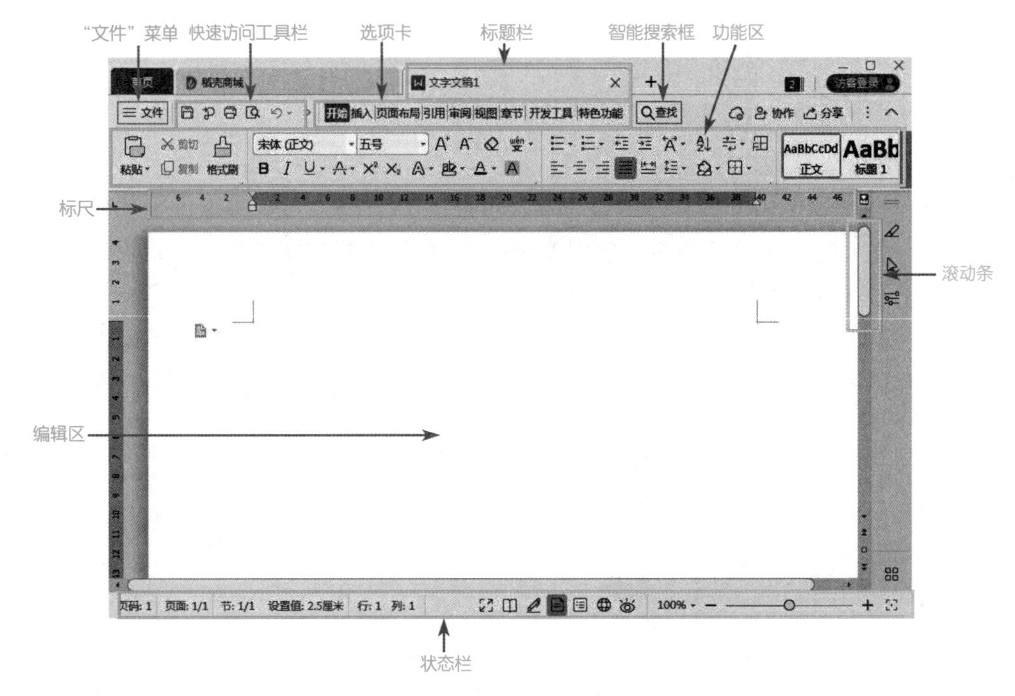

图 3-2　WPS 文字工作窗口

1. 标题栏

标题栏位于 WPS 文字窗口的最上方，显示正在编辑的文档的名称。WPS 文字窗口最右侧是窗口控制按钮，可以完成窗口最小化、最大化、向下还原和关闭操作。

2. "文件"菜单

单击"文件"菜单，可以完成 WPS 文字文件的新建、打开、保存、另存为、打印、分享、加密、备份与恢复、输出为 PDF 等基本操作。选择"选项"命令，还可以完成对 WPS 文字的用户信息、中文版式、视图、编辑、常规与保存、修订、打印、自定义功能区等进行设置。

3. 快速访问工具栏

"文件"菜单右侧为快速访问工具栏，其提供了保存、输出为 PDF、打印、撤消、恢复等常用的工具按钮。单击该工具栏右侧的"自定义快速访问工具栏"按钮，还可对其中的按钮进行自定义，也可以设置其位置。

4. 选项卡和功能区

选项卡和功能区位于标题栏的下方，WPS 文字包含"开始""插入""页面布局""引用""审阅""视图"等多个选项卡，单击某一选项卡可打开对应的功能区。功能区整合了相关命令按钮，通过单击选项卡来切换显示不同的命令按钮。

5. 智能搜索框

智能搜索框位于选项卡的右侧，包括查找命令与搜索模板。在此搜索框中输入功能或模板关键字可以快速定位命令、查找入口、获取模板。

6. 文档编辑区

文档编辑区是 WPS 文字窗口中间的空白区域，是用户输入和编辑文档内容的区域。

7. 滚动条

当屏幕中不能够显示整个页面内容时，滚动条会自动出现。通过移动滚动条可以浏览文档页面的所有内容。位于文档编辑区下方的滚动条称为水平滚动条，位于文档编辑区右侧的滚动条称为垂直滚动条。

8. 状态栏

状态栏位于 WPS 文字窗口的最下方，左侧用于显示当前文档的工作状态，如当前页码、页面、字数、插入点所在的行号与列号等；右侧依次显示视图按钮和显示比例调节滑块，可根据需要更改文档的显示模式、调整页面显示比例。

3.2.3 文档视图

WPS 文字提供了多种文档显示方式，用户可以选择不同的视图方式来显示文档。单击“视图”选项卡，可以看到如图 3-3 所示的 WPS 文字视图方式。新建空白文档的默认视图为“页面”视图。

图 3-3　WPS 文字视图方式

1. 全屏显示

全屏显示是指全屏显示文档，隐藏选项卡、功能区以及状态栏等。按〈Esc〉键退出全屏显示，返回到页面视图。

2. 阅读版式

自动文档布局内容，方便用户轻松翻阅文档。在“阅读版式”视图下，功能区等窗口元素被隐藏，以图书的分栏样式显示文档，并提供各种阅读工具，方便用户阅读文档。

3. 写作模式

写作模式给用户营造一个专心写作的环境。进入该模式后，将显示一个功能简单、界面简洁、适合写作的编辑窗口。

4. “页面”视图

“页面”视图便于查看文档的页面外观，直接显示文档的打印效果。进入该视图后，用户可以很方便地插入图片、文本框、图文框、图表，进行媒体剪辑和视频剪辑等，也能够显示和编辑页眉页脚、图文框等。

5. “大纲”视图

“大纲”视图以大纲形式查看文档，适合查看文档的层次结构。进入该模式后，用户可以使用大纲工具栏中的各种工具按钮创建和调整文档结构，突出文档的主体，可以清晰地查看文档的概况。

6. “Web 版式”视图

“Web 版式”视图以网页形式查看文档，主要用于 HTML 文档的编辑。在该模式下编辑文档，可以比较准确地模拟它在网页中的效果。

7. 护眼模式

用户长时间编辑文档不仅容易造成眼疲劳，也对视力有一定的损害，打开护眼模式，界面将变成绿色。该模式位于 WPS 文字窗口下方状态栏右侧的视图按钮中，可以叠加应用于所有视图模式上。

3.2.4 文档的基本管理

WPS 文字文档的基本管理包括：新建、打开、保存、保护、关闭等。

1. 新建文档

1）新建空白文档

WPS 文字允许使用多种方法创建空白文档。创建空白文档的常用方法包括以下 3 种。

（1）启动 WPS 文字后，选择“文件”→“新建”→“新建空白文档”命令。

（2）启动 WPS 文字后，单击快速访问工具栏上的“新建”按钮。

（3）启动 WPS 文字后，按〈Ctrl+N〉组合键。

2）新建模板文档

WPS 文字文档都以模板为基础，模板决定文档的基本结构。

WPS 文字提供了多种模板，可创建不同类型的文档，创建步骤如下。

启动 WPS 文字后，选择“文件”→“新建”命令，打开新建文档窗口，如图 3-4 所示。选择需要的模板类型，即可应用所选模板创建文档。

图 3-4 新建文档窗口

2. 打开文档

打开 WPS 文字文档的方法主要有以下 3 种。

（1）打开计算机或资源管理器，双击所要打开的 WPS 文字文档图标。

（2）启动 WPS 文字后，单击快速访问工具栏上的“打开”按钮，或者选择“文件”→“打开”命令，弹出“打开文件”对话框，如图 3-5 所示。在对话框中选择文件所在路径，选中文件，单击“打开”按钮，或者直接双击文件即可打开文件。如果忘记了文件的保存位置，则可以利用对话框右上角的搜索框进行搜索。

(3)打开最近使用的文档：单击“文件”菜单，在其右侧“最近使用”的文档列表中，单击相应文档即可将其打开。

3. 保存文档

用户输入的文档信息保存在计算机内存中，如果希望将输入的文档信息保存到磁盘中，则需要执行保存文档操作。

1)首次保存文档

首次保存文档有以下 4 种方法。

(1)选择“文件”→“保存”或“另存为”命令。

(2)单击快速访问工具栏上的“保存”按钮。

(3)按〈Ctrl+S〉组合键或按〈F12〉快捷键。

(4)在标题栏中右击要保存的文档名，在弹出的快捷菜单中选择“保存”或“另存为”命令。

进行上述任一种操作后会打开“另存文件”对话框，如图 3-6 所示。在“位置”下拉列表中选择文档的保存路径，在“文件名”文本框中输入文件名，在“文件类型”下拉列表中选择要保存的文件类型，单击“保存”按钮，即可完成文档的首次保存。

图 3-5　“打开文件”对话框　　　图 3-6　“另存文件”对话框

2)对原文档进行保存或另存为

如果文档已经保存，则可以选择“文件”→“保存”命令，或者单击快速访问工具栏上的“保存”按钮，或者按〈Ctrl+S〉组合键来保存原文档。如果需要更改原文档的文件名、文件类型或存储位置，则需要选择“文件”→“另存为”命令或按〈F12〉快捷键，在打开的“另存文件”对话框中进行设置即可。

3)设置文档自动保存

WPS Office 2019 中，可以对文档设置自动保存，操作方法如下。

(1)选择“文件”→“备份与恢复”命令。

(2)在打开的列表中选择“备份中心”。

(3)单击“本地备份设置”按钮，打开本地备份配置对话框，如图 3-7 所示。

(4)选择“定时备份”单选按钮，用户可以根据需要设置时间间隔、备份周期以及备份存放的磁盘等。

4. 保护文档

WPS Office 2019 提供了保护文档功能，可以对文档设置打开密码和修改密码，从而防止他人随意查看或修改文档内容，具体操作如下。

(1)选择“文件”→“文档加密”命令。

(2)在打开的列表中选择“密码加密”，打开“密码加密”对话框，如图 3-8 所示。

(3)在“打开权限”区域和“编辑权限”区域中依次设置打开文档密码和修改文档密码，单击“应用”按钮。

当再次打开设置了密码加密后的文档时，只有正确输入相应的密码才可以打开或编辑文档。

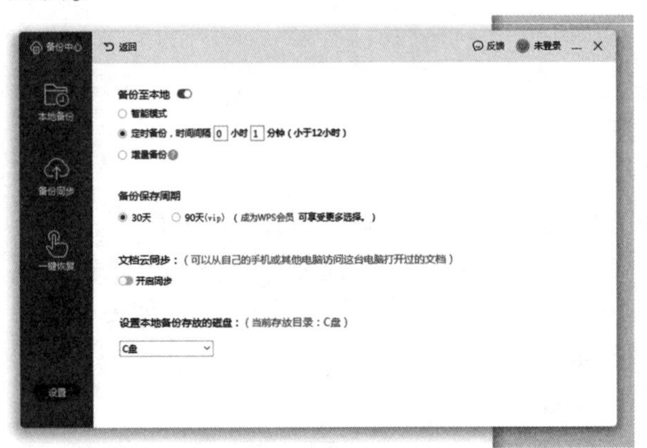

图 3-7　本地备份配置对话框

图 3-8　“密码加密”对话框

5. 关闭文档

完成对文档的操作后，可以关闭文档。关闭文档的方法主要有以下 3 种。

(1)在标题栏中单击要关闭的文档名称右侧的“关闭”按钮。

(2)在标题栏中右击要关闭的文档名称，在弹出的快捷菜单中选择“关闭”命令。

(3)按〈Ctrl+F4〉组合键。

以上 3 种方法只关闭文档，如果在关闭文档的同时要退出 WPS 文字，则可以选择以下方法。

(1)单击 WPS Office 2019 窗口右上角的“关闭”按钮。

(2)选择“文件”→“退出”命令

(3)按〈Alt+F4〉组合键。

3.3　WPS 文字文档编辑

3.3.1　文档内容的录入

1. 插入点

新建文档后，在文档编辑区会出现一个闪烁的光标竖线“|”即为插入点，录入的文档内容即出现在光标所示的插入点处。用户可以通过鼠标或键盘来移动光标，调整插入点的位置。

1）使用鼠标调整插入点的位置

使用鼠标调整插入点的位置有以下两种方法。

（1）在已经录入的文档内容中，单击即可改变插入点。

（2）在文档编辑区的空白位置处直接双击确定插入点。

2）使用键盘调整插入点的位置

用户可以使用键盘上的方向键（←、↑、→、↓）移动插入点，也可以按表 3-1 中所示的按键快速改变插入点的位置。

表 3-1 改变插入点位置常用的按键

键名	作用	键名	作用
〈Home〉	定位到行首	〈Ctrl +Home〉	定位到文档开头
〈End〉	定位到行尾	〈Ctrl+End〉	定位到文档结尾
〈Page Up〉	向前移动一个屏幕	〈Ctrl+Page Up〉	定位到上一页开头
〈Page Down〉	向后移动一个屏幕	〈Ctrl+Page Down〉	定位到下一页开头

2. 输入文档内容

确定好插入点，选择输入法后即可输入文档内容。

1）输入普通字符

输入的普通字符总是紧靠插入点左边，插入点随着字符的输入向后移动，当移动到一行的末尾时会自动换行；当完成一个段落的输入时，按〈Enter〉键即可。

2）输入特殊字符或符号

将光标定位到目标位置，单击“插入”选项卡，单击“符号”下拉按钮，在弹出的下拉列表中选择“近期使用的符号”“自定义符号”以及“符号大区”区域中所需的符号；当单击“其他符号”按钮时，会打开如图 3-9 所示的“符号”对话框，选择所需的符号，单击“插入”按钮，即可插入特殊字符或符号。

3）输入公式

WPS 文字支持插入更复杂的公式，操作步骤为：将光标定位到目标位置单击“插入”选项卡，单击“公式”下拉按钮，单击“公式编辑器”按钮，弹出“公式编辑器”窗口，如图 3-10 所示在窗口中输入公式。

如何自定义符号栏

图 3-9 “符号”对话框

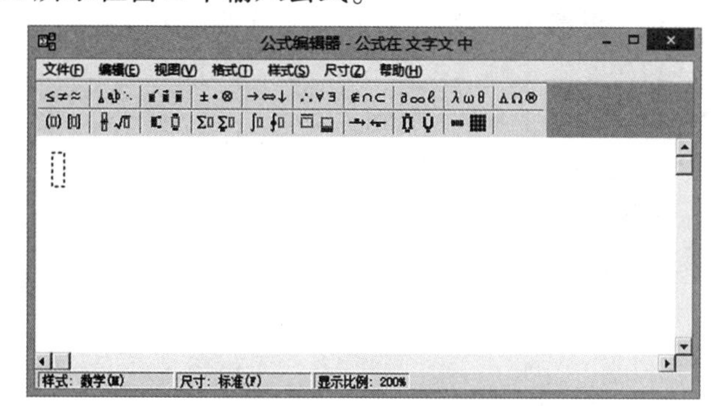

图 3-10 “公式编辑器”窗口

4）输入日期和时间

将光标定位到目标位置，单击“插入”选项卡，单击“日期”按钮，弹出“日期和时间”对话框，如图 3-11 所示，选择日期和时间格式，单击“确定”按钮。如果插入的日期和时间需要随时间的变化而变化，则需勾选“自动更新”复选框。

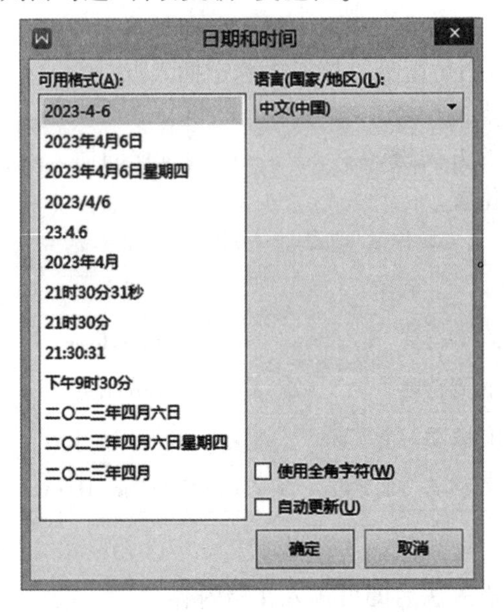

图 3-11 “日期和时间”对话框

3.3.2 文档的编辑

完成文档录入后，有时需要对文档内容进行编辑，如移动、复制、删除等。在对文档内容进行编辑前需要选择要编辑的文本。

1. 选择文本

1）用鼠标选择文本

用鼠标选择文本的方法有多种。

（1）水平选择文本。

将光标定位在要选择文本的开始处，按住鼠标左键拖动至结尾处。此方法可选择连续文本，如需继续选择其他文本，则可按〈Ctrl〉键或〈Shift〉键。若继续选择不连续的字、词、行、段等文本，则需按住〈Ctrl〉键，再拖动选中；若继续选择连续的文本，则需按住〈Shift〉键，单击选中文本的结尾处。

（2）垂直选择文本。

将光标定位在要选择文本的开始处，按住〈Alt〉键的同时向右下方移动鼠标到结尾处。

（3）其他选择文本的方法。

其他选择文本的操作方法如表 3-2 所示。

表 3-2 选择文本的操作方法

选择的文本	操作方法
一个英文单词或中文词语	双击英文单词或中文词语
一行文本	将鼠标指针移动到该行左侧的选定区，当指针变成↗后单击

续表

选择的文本	操作方法
多行文本	将鼠标指针移至该行左侧，当指针变成↗时，按住鼠标左键，向上或向下移动鼠标
一段文本	(1)三击该段落中的任意位置 (2)将鼠标指针移至该行左侧，当指针变成↗后双击 (3)按住〈Ctrl〉键，单击该段落中的任意位置
全文	将鼠标指针移至该行左侧，当指针变成↗后三击

2)用键盘选择文本

当用键盘选择文本时，需要首先将插入点移动到所选文本区的开始处，然后按表3-3中所示的组合键进行操作。

表3-3 用键盘选择文本的操作方法

键名	作用
〈Shift+↑〉	选择到上一行同一位置之间的所有字符或汉字
〈Shift+↓〉	选择到下一行同一位置之间的所有字符或汉字
〈Shift+→〉	选择插入点右边的一个字符或汉字
〈Shift+←〉	选择插入点左边的一个字符或汉字
〈Shift+Home〉	选择从插入点开始处到插入点所在行的行首的内容
〈Shift+End〉	选择从插入点开始处到插入点所在行的行尾的内容
〈Shift+Page Up〉	选择到上一屏的所有内容
〈Shift+Page Down〉	选择到下一屏的所有内容
〈Ctrl+A〉	选择整个文档

2. 取消选择文本

选择文本后，若要取消，在文档编辑区的任意位置单击即可。

3. 插入与改写文本

插入文本是指在已输入的文本的某一位置插入一段新文本，新文本从插入点出现，插入点之后的原文本自动后移，称为插入状态；而改写文本则是在输入新文本后，由新文本替换插入点之后的原文本，称为改写状态。通常，WPS文字默认状态为插入状态。

当处于插入状态时，WPS文字窗口界面下方的状态栏上有改写状态按钮，标记为☒改写，当处于改写状态时，按钮标记为☑改写。单击相应按钮可进行插入状态与改写状态的切换；用户也可以通过按〈Insert〉键进行状态的切换。

4. 移动文本

在编辑文档时，移动文本是将文本从文档中的一个位置移动到另一个位置。移动文本的方法如表3-4所示。

表 3-4　移动文本的方法

方法	具体操作
使用剪贴板	(1)选择需要移动的文本，选择“开始”→“剪切”命令，将光标定位到目标位置，选择“开始”→“粘贴”命令 (2)选择需要移动的文本，按〈Ctrl+X〉组合键，将光标定位到目标位置，按〈Ctrl+V〉组合键 (3)选择需要移动的文本，右击，在弹出的快捷菜单中选择“剪切”命令，将光标定位到目标位置，右击，在弹出的快捷菜单中选择“粘贴”命令
使用鼠标左键拖动	选择需要移动的文本，将鼠标指针移动到所选择的文本区域，按住鼠标左键并拖动所选择的文本到目标位置
使用鼠标右键拖动	选择需要移动的文本，将鼠标指针移动到所选择的文本区域，按住鼠标右键并拖动所选择的文本到目标位置，松开鼠标右键，在弹出的快捷菜单中选择“移动到此处”命令

5. 复制文本

复制文本是指将已编辑好的文本复制生成副本插入目标位置。复制文本与移动文本的方法类似，如表 3-5 所示。

表 3-5　复制文本的方法

方法	具体操作
使用剪贴板	(1)选择需要复制的文本，选择“开始”→“复制”命令，将光标定位到目标位置，选择“开始”→“粘贴”命令 (2)选择需要复制的文本，按〈Ctrl+C〉组合键，将光标定位到目标位置，按〈Ctrl+V〉组合键 (3)选择需要复制的文本，右击，在弹出的快捷菜单中选择“复制”命令，将光标定位到目标位置，右击，在弹出的快捷菜单中选择“粘贴”命令
使用鼠标左键拖动	选择需要复制的文本，将鼠标指针移动到所选择的文本区域，按住鼠标左键并拖动所选择的文本到目标位置
使用鼠标右键拖动	选择需要复制的文本，将鼠标指针移动到所选择的文本区域，按住鼠标右键并拖动所选择的文本到目标位置，松开鼠标右键，在弹出的快捷菜单中选择“复制到此处”命令

6. 删除文本

删除文本是指在文本的编辑过程中删除出现错误或多余的文本。删除文本的方法如表 3-6 所示。

表 3-6　复制文本的方法

方法	具体操作
删除光标左、右的文本	将光标定位到需要删除文本的开始处，按〈Delete〉键删除光标右侧文本；将光标定位到需要删除文本的末尾，按〈Backspace〉键删除光标左侧文本
删除选中的文本	(1)选择需要删除的文本，按〈Delete〉键(或按〈Backspace〉键，或按〈Shift+Delete〉组合键) (2)选择需要删除的文本，选择“开始”→“剪切”命令 (3)选择需要删除的文本，按〈Ctrl+X〉组合键删除所选文本

7. 撤消与恢复

撤消操作是指取消上一步(或多步)操作，使文档回到指向该操作前的状态；当执行撤消操作后，恢复操作是用来恢复被撤消的操作。

1)撤消操作

单击快速访问工具栏中的“撤消”按钮，或者按〈Ctrl+Z〉组合键可撤消上一步的操作，如果要撤消多步操作，见可以连续地按〈Ctrl+Z〉组合键；也可以单击“撤消”按钮旁的向下的三角箭头，在弹出的撤消列表中选择要撤消的操作。

2)恢复操作

单击快速访问工具栏中的“恢复”按钮，或者按〈Ctrl+Y〉组合键可恢复最近的操作，如果要恢复多步操作，则可以连续地按〈Ctrl+Y〉组合键；也可以连续单击“恢复”按钮

8. 查找、替换与定位

选择“开始”→“查找替换”命令，打开“查找和替换”对话框，如图 3-12 所示。用户可根据需要完成查找、替换或定位。

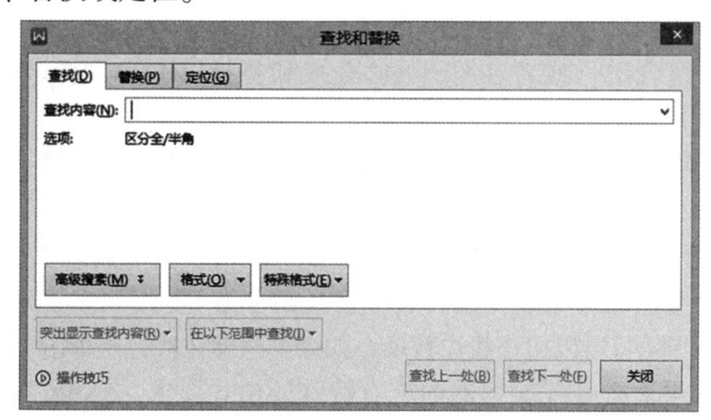

图 3-12　“查找和替换”对话框

1)查找

查找操作的方法如下。

(1)按〈Ctrl+F〉组合键，或者在打开的“查找和替换”对话框中，单击“查找”选项卡，在“查找内容”文本框中输入需要查找的内容。

(2)单击“查找下一处”按钮，开始查找并定位在当前位置后第一个满足条件的文本处，查找到的内容呈灰蓝底纹显示。

(3)再次单击“查找下一处”按钮，可以继续查找，直至整个文档查找结束，单击“关闭”按钮即可关闭“查找和替换”对话框。

在查找时，单击“查找和替换”对话框中的“突出显示查找内容”下拉按钮，在展开的下拉列表中选择“全部突出显示”，可以实现在文档中突出显示要查找的内容；单击“高级搜索”下拉按钮，打开如图 3-13 所示的下拉列表，列表中包括是否区分大小写、是否使用通配符、是否区分全/半角等；单击“格式”下拉按钮，可以设置查找文本的字体、段落等格式，如图 3-14 所示；单击“特殊格式”下拉按钮，可以设置段落标记、制表符、图形、手动换行符、手动分页符、分节符等特殊内容的查找，如图 3-15 所示。

图 3-13 “高级搜索”选项

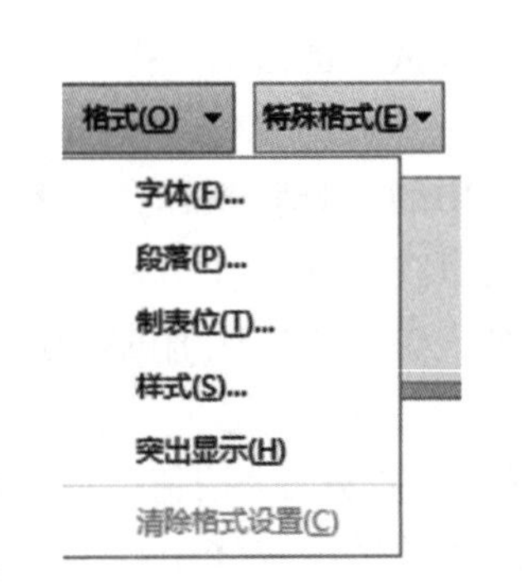

图 3-14 “格式”下拉列表

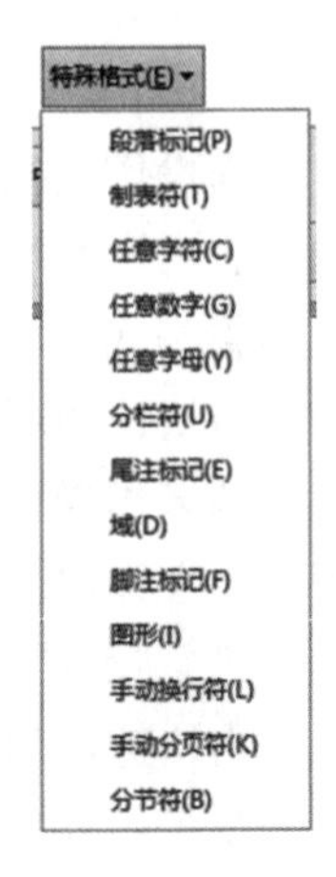

图 3-15 “特殊格式”下拉列表

2）替换

WPS 文字中不仅提供了查找功能，还提供了替换功能。利用这个功能可以快速地将文档中错误或不合适的内容替换掉。替换操作的方法如下。

（1）按〈Ctrl+H〉组合键，或者在打开的“查找和替换”对话框中，单击“替换”选项卡，如图 3-16 所示。

（2）在“查找内容”文本框中输入需要查找的内容，在“替换为”文本框中输入要替换为的内容。

（3）单击“查找下一处”按钮后开始查找，查找到的内容呈灰蓝底纹显示。

（4）单击“替换”按钮即可完成替换，若不替换则单击“查找下一处”按钮继续进行查找。

重复步骤（3）和步骤（4）可以边查找边替换，如果要全部替换，则单击“全部替换”按钮即可。

同查找相似，如果对查找或替换的内容有特殊的格式要求，则可以单击“高级搜索”“格式”或“特殊格式”下拉按钮进行设置。

3）定位

如果文档内容很少，则可以很容易浏览整篇文档的内容；如果文档内容很多，则使用定位命令快速定位到指定的位置。定位操作的方法如下。

（1）按〈Ctrl+G〉组合键，或者在打开的“查找和替换”对话框中，单击“定位”选项卡，如图 3-17 所示。

（2）选择左侧“定位目标”列表框中的某个选项，并在右侧的文本框中输入定位所需的条件。

（3）单击“定位”按钮后即可完成定位。

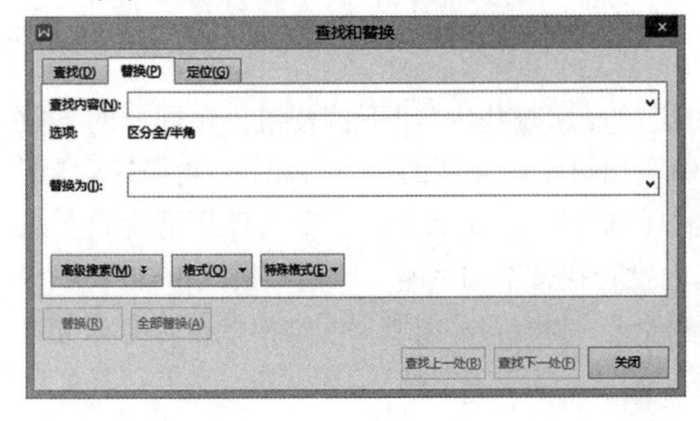

图 3-16 “替换”选项卡

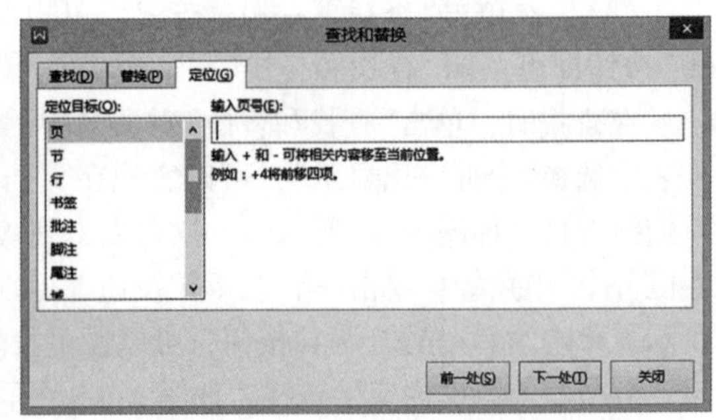

图 3-17 “定位”选项卡

3.3.3 动手练习

一、实验目的

(1)熟悉 WPS 文字的窗口界面和基本功能。

(2)掌握 WPS 文字文档的创建、文本输入和保存方法。

(3)熟练掌握文本选择、移动、复制、删除、查找与替换等方法。

二、实验示例

1. 原始文字

Wps Office 是由北京金山办公软件股份有限公司自主研发的一款办公软件套装,

1989 年由求伯君正式推出 Wps1.0。可以实现办公软件最常用的文字、表格、演示,PDF 阅读等多种功能。

版本主要包括:个人版、校园版、专业版、租赁版、移动版、公文版以及 PC 引擎版。

个人版:Wps Office 个人版是一款对个人用户永久免费的办公软件产品,其将办公与互联网结合起来,多种界面随心切换,还提供了大量的精美模板、在线图片素材、在线字体等资源,帮助用户轻轻松松打造优秀文档,完全可以满足个人用户日常办公需求。

校园版:Wps Office 校园版是由金山办公软件专为师生打造的全新 office 套件。在融合文档、表格、演示三大基础组件之外,校园版新增了 PDF 组件、协作文档、协作表格、云服务等功能,致力于为教育用户量身打造一款“年轻·个性·创造”的办公软件。

专业版:Wps Office 专业版是针对企业用户提供的办公软件产品,强大的系统集成能力,如今已经与超过 240 家系统开发厂商建立合作关系,实现了与主流中间件、应用系统的无缝集成,完成企业中应用系统的零成本迁移。

租赁版:Wps Office 租赁版是金山办公面向中小企业推出的一款按年收费的企业级协作办公软件,其包含了 4 个版本:轻办公版本、印象笔记版本、imo 版本和搜狐云存储版本。

移动版:金山 Wps Office 移动版是运行于 Android、iOS 平台上的办公软件,个人版永久免费,其特点是体积小、速度快,支持微软 Office、PDF 等 47 种文档格式。特有的文档漫游功能,让你离开电脑一样办公。

公文版:Wps 公文版的公文模式,可自动将版面按照国标要求进行设置,用户可一键转换为指定的公文格式,进一步简化了排版流程。

PC 引擎版:该版本应用能够在手机或平板上,深度还原用户所熟悉的 PC 版 Wps Office 操作体验,让用户在移动端享受和 PC 端相同的办公体验。拥有双引擎内核,支持用户在新老版本中切换。

Wps Office 具有内存占用低、运行速度快、云功能多、强大插件平台支持、免费提供在线存储空间及文档模板的优点。

2. 实验要求

3.3.3 二维码

(1)新建 WPS 文字文档,将原始文件内容复制到新建文档中,并保存文档。

(2)为文档插入标题段,输入标题文字“WPS Office 版本简介”。

(3)删除最后一段,将正文第二段与第三段合并。

(4)将文中所有“Wps”替换成“WPS”。

(5)将文件存到D盘下，类型为“WPS文字 文件”，名字为“WPS版本”。

3. 实验结果

实验结果如图3-18所示。

WPS Office 版本简介

WPS Office是由北京金山办公软件股份有限公司自主研发的一款办公软件套装，

1989年由求伯君正式推出WPS1.0。可以实现办公软件最常用的文字、表格、演示，PDF阅读等多种功能。版本主要包括：个人版、校园版、专业版、租赁版、移动版、公文版以及PC引擎版。

个人版：WPS Office个人版是一款对个人用户永久免费的办公软件产品，其将办公与互联网结合起来，多种界面随心切换，还提供了大量的精美模板、在线图片素材、在线字体等资源，帮助用户轻轻松松打造优秀文档，完全可以满足个人用户日常办公需求。

校园版：WPS Office 校园版是由金山办公软件专为师生打造的全新office套件。在融合文档、表格、演示三大基础组件之外，校园版新增了PDF组件、协作文档、协作表格、云服务等功能，致力于为教育用户量身打造一款【年轻·个性·创造】的办公软件。

专业版：WPS Office专业版是针对企业用户提供的办公软件产品，强大的系统集成能力，如今已经与超过240家系统开发厂商建立合作关系，实现了与主流中间件、应用系统的无缝集成，完成企业中应用系统的零成本迁移。

租赁版：WPS Office租赁版是金山办公面向中小企业推出的一款按年收费的企业级协作办公软件，其包含了4个版本：轻办公版本、印象笔记版本、imo版本和搜狐云存储版本 。

移动版：金山WPS Office移动版是运行于Android、iOS平台上的办公软件，个人版永久免费，其特点是体积小、速度快，支持微软Office、PDF等47种文档格式。特有的文档漫游功能，让你离开电脑一样办公。

公文版：WPS 公文版的公文模式，可自动将版面按照国标要求进行设置，用户可一键转换为指定的公文格式，进一步简化了排版流程。

PC引擎版：该版本应用能够在手机或平板上，深度还原用户所熟悉的PC版WPS Office操作体验，让用户在移动端享受和PC端相同的办公体验。拥有双引擎内核，支持用户在新老版本中切换。

图3-18 实验效果图

3.4 WPS文字文档排版

3.4.1 文字的排版

1. 字符格式

字符格式主要是指字符的字体、字形、字号、字符颜色、字符效果等。WPS文字中默认的文字字号为五号，默认的中文字体为宋体，西文字体为Calibri。WPS文字为用户提供了强大的字符格式设置功能，用户选中需要设置格式的文字后，可以通过多种方法完成字符格式的设置。

1)使用“开始”选项卡

单击“开始”选项卡，在功能区第二列字符格式区域中可以对选中的文字的字体、字号、加粗、倾斜、加下划线、上标、下标、字符底纹、突出显示等进行设置，如图3-19所示。

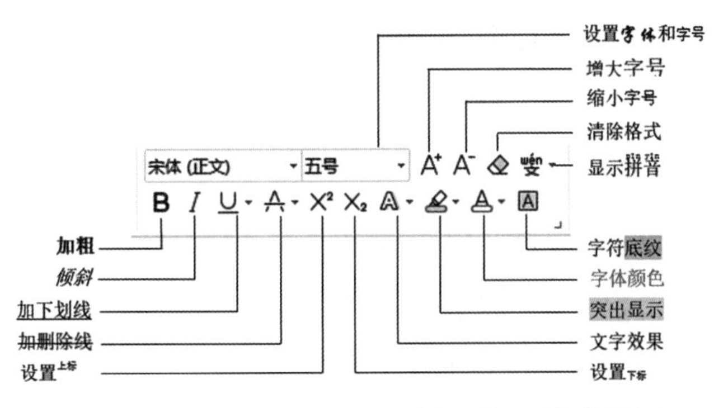

图 3-19　“开始”选项卡字符格式按钮(需要重新截图标记)

2) 使用“字体”对话框

在“字体”对话框中也可对字符进行格式化设置，还可完成同时设置文档中的中文字体和西文字体、下划线颜色、为文字加着重号、隐藏文字、字符间距等。打开“字体”对话框的方法如下。

(1) 单击“开始”选项卡，单击“字体对话框启动器”按钮。

(2) 在选中的文字区域上右击，在弹出的快捷菜单中选择“字体”命令。

(3) 按〈Ctrl+D〉组合键。

“字体”对话框中包括“字体”和“字符间距”两个选项卡，如图 3-20 和图 3-21 所示。

在“字体”选项卡中，还可以同时设置文档中的中文字体和西文字体、下划线颜色、为文字加着重号、隐藏文字等文字格式

在“字符间距”选项卡中，可以设置字符间距、缩放字体大小、调整字符位置等。

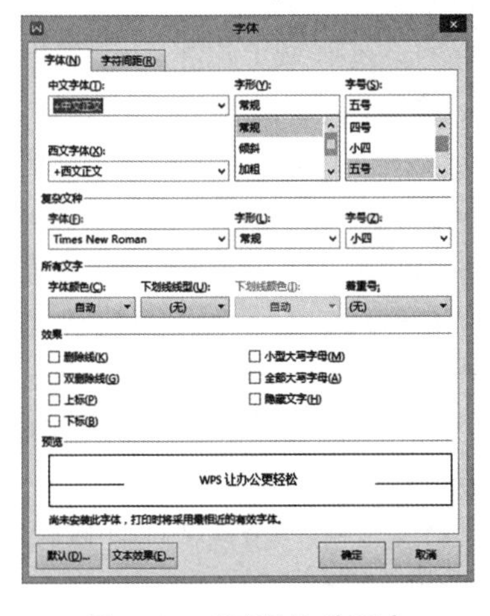

图 3-20　“字体” 选项卡

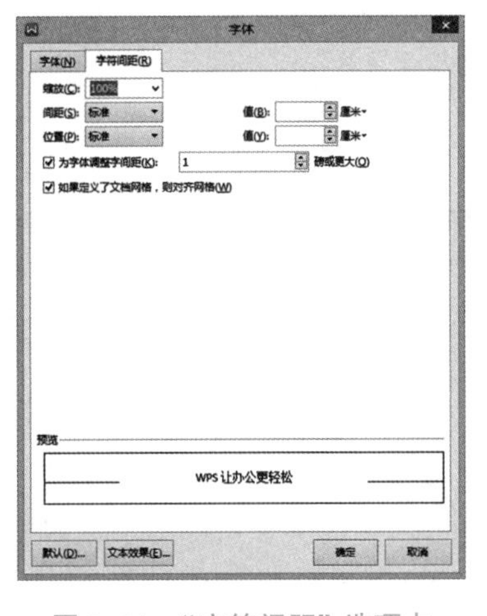

图 3-21　“字符间距” 选项卡

3) 使用浮动工具栏

在 WPS 文字中，选择文本时，会出现一个半透明的工具栏，即浮动工具栏，如图 3-22 所示。

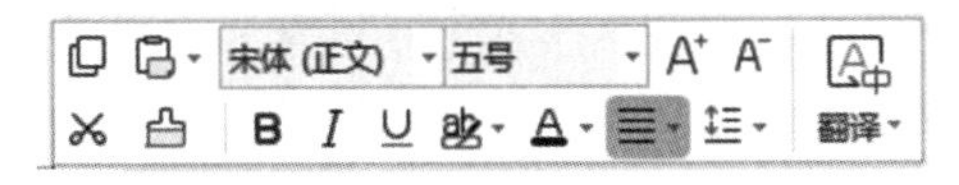

图 3-22　浮动工具栏

在浮动工具栏中可以快速设置字体、字号、文本颜色等格式。

2. 段落格式

段落格式主要包括段落的对齐方式、段落的缩进方式、段落间距与行距等。通过段落格式的设置可以使 WPS 文字文档的层次分明、结构清晰。常见的段落格式设置可以在“开始”选项卡功能区第三列段落格式区域中完成，如图 3-23 所示。

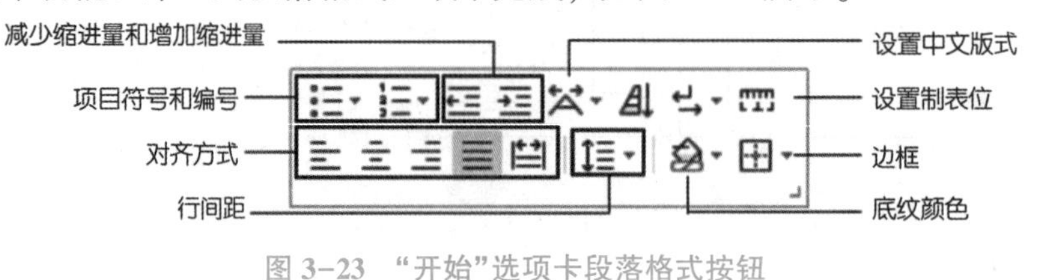

图 3-23 “开始”选项卡段落格式按钮

1)段落的对齐方式

段落的对齐方式包括左对齐、右对齐、居中对齐、分散对齐和两端对齐。默认的对齐方式为两端对齐。选中需要设置的段落后，用户可以通过多种方法完成段落对齐方式的设置。

(1)使用“开始”选项卡。

单击“开始”选项卡，单击功能区第三列段落格式区域中相应的对齐方式按钮即可。

图 3-24 “段落”对话框

(2)使用“段落”对话框。

打开“段落”对话框的方法如下。

①单击“开始”选项卡，单击“段落对话框启动器”按钮，打开“段落”对话框。

②在选中的段落区域上右击，在弹出的快捷菜单中选择“段落”命令。

“段落”对话框如图 3-24 所示，包括“缩进和间距”和“换行和分页”两个选项卡。

在打开的“段落”对话框中单击“缩进和间距”选项卡，单击“对齐方式”右侧的下拉按钮，在展开的下拉列表中选择相应的对齐方式。

“缩进”选项卡主要用于设置段落的对齐方式、段落的缩进方式、段落间距与行距等。

“换行和分页”选项卡主要用于设置段落的分页格式、换行格式等，如段前分页、段中不分页、按中文习惯控制首尾字符、允许标点溢出边界。

(3)使用浮动工具栏。

选择文本或段落后，会出现一个浮动工具栏，在“两端对齐”下拉列表中选择即可，如图 3-25 所示。

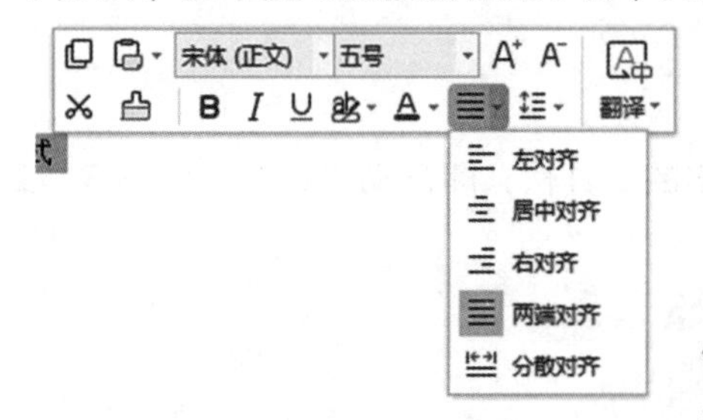

图 3-25 “两端对齐”下拉列表

(4)使用组合键。

选中要设置对齐方式的段落后，使用对应的组合键即可调整段落的对齐方式。设置段落的对齐方式的组合键如表 3-7 所示。

表 3-7　设置段落的对齐方式的组合键

对齐方式	组合键
左对齐	〈Ctrl+L〉
右对齐	〈Ctrl+R〉
居中对齐	〈Ctrl+E〉
两端对齐	〈Ctrl+J〉
分散对齐	〈Ctrl+Shift+J〉

2)段落缩进

段落缩进包括首行缩进、悬挂缩进、文本之前缩进和文本之后缩进。选中需要设置的段落后，用户可以通过多种方法完成段落缩进的设置。

(1)使用“开始”选项卡。

单击“开始”选项卡，单击功能区第三列段落格式区域中的“增加缩进量”或“减少缩进量”按钮。这种方法每次的缩进量是固定的，灵活性较差。

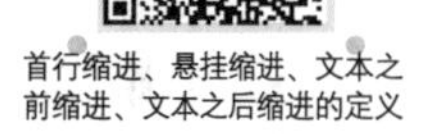

首行缩进、悬挂缩进、文本之前缩进、文本之后缩进的定义

(2)使用“段落”对话框。

打开“段落”对话框的方法如下。

①单击“开始”选项卡，单击“段落对话框启动器”按钮，打开“段落”对话框。

②在选中的段落区域上右击，在弹出的快捷菜单中选择“段落”命令。

在打开的“段落”对话框中单击“缩进和间距”选项卡，单击“缩进”区域中的“文本之前”“文本之后”右侧的微调按钮，或者单击“特殊格式”下拉列表中的“首行缩进”或“悬挂缩进”，设置相应的缩进量。

(3)使用标尺。

WPS 文字在默认的页面视图下显示水平标尺和垂直标尺，通过拖动水平标尺上的段落缩进滑块可以设置段落缩进，如图 3-26 所示。

3)段落间距与行距

段落间距决定段落的前、后空白距离的大小，包括段前间距和段后间距两种。

显示标尺的方法

行距是指一行文字的底部到下一行文字底部的间距。WPS 文字会自动调整行距以容纳该行中最大的字体和最高的图形。WPS 文字默认的行距是单倍行距，用户也可以设置为 1.5 倍行距、2 倍行距、多倍行距、固定值以及最小值。

选中需要设置的段落后，用户可以通过多种方法完成段落间距与行距的设置。

(1)使用“段落”对话框。

打开“段落”对话框的方法如下。

①单击“开始”选项卡，单击“段落对话框启动器”按钮，打开“段落”对话框。

②在选中的段落区域上右击，在弹出的快捷菜单中选择“段落”命令。

在打开的“段落”对话框中单击“缩进和间距”选项卡，单击“间距”区域中的“段前”“段后”右侧的微调按钮，或者单击“行距”下拉列表中的选项，设置相应的值。

(2)使用浮动工具栏。

选择文本或段落后，会出现一个浮动工具栏，在“行距”下拉列表中选择相应行距，单击“其他”命令，即可打开“段落”对话框进行各种段落间距的设置。“行距”下拉列表如

图 3-27 所示。

图 3-26 标尺上的段落缩进滑块

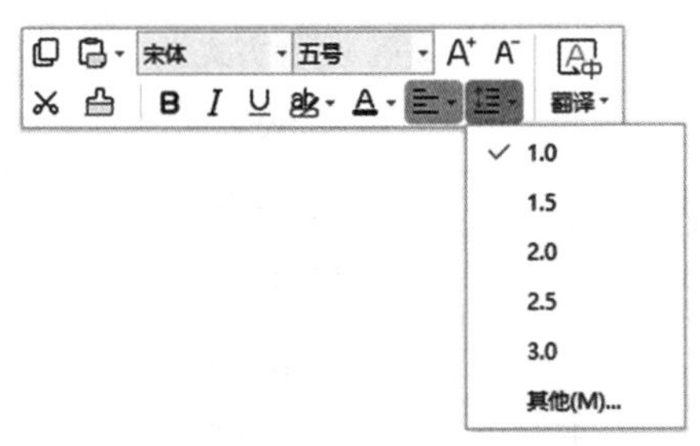

图 3-27 “行距”下拉列表

3. 项目符号和编号

WPS 文字中自带了一些常用的项目符号和编号，用户可根据需要直接应用，应用的常见方法如下。

(1)选择需要应用项目符号或编号的段落，单击“开始”选项卡，单击“项目符号”或“编号”按钮，选择下拉列表中的项目符号或编号。

(2)选择需要应用项目符号或编号的段落，在选中的段落区域上右击，在弹出的快捷菜单中选择“项目符号和编号”命令，打开“项目符号和编号”对话框，选择需要设置的项目符号或编号。

“项目符号和编号”对话框如图 3-28 所示。

在“项目符号和编号”对话框中即可直接选择应用项目符号或编号，还可以单击“自定义”按钮，根据实际需要自定义项目符号或编号；单击“多级编号”选项卡，直接应用或自定义多级编号，方便清晰地展现多层次的文档结构，如图 3-29 所示。

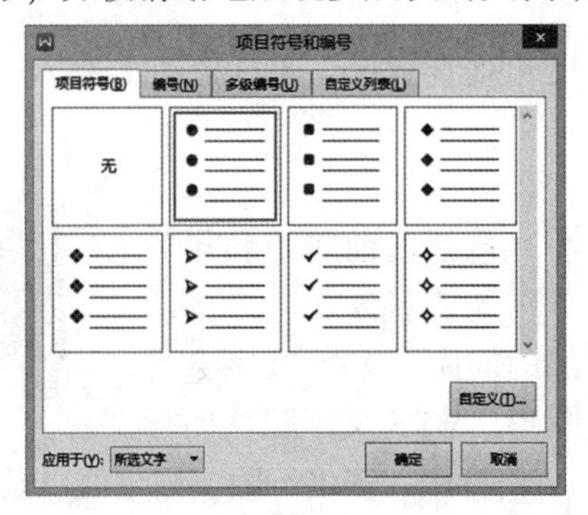

图 3-28 “项目符号和编号”对话框

图 3-29 “多级编号”选项卡

4. 边框与底纹

在 WPS 文字中，边框可分为文字边框、段落边框和页面边框，底纹可分为字符底纹和段落底纹。

1)添加边框

(1)为字符或段落添加边框。

选择需要添加边框的文字或段落，单击“开始”选项卡，单击“边框”右侧的下拉按钮，在展开的下拉列表中选择要设置的边框即可，如图 3-30 所示。

若要进行复杂的边框格式的设置，则需在“边框”下拉列表中单击“边框和底纹”命令，打开“边框和底纹”对话框，单击“边框”选项卡，设置边框类型、线条、颜色、宽度等；单击“应用于”下拉列表，选择应用于文字或段落，在“预览”区域中可查看设置效果，满意后，单击“确定”按钮，如图 3-31 所示。

图 3-30　“边框”下拉列表

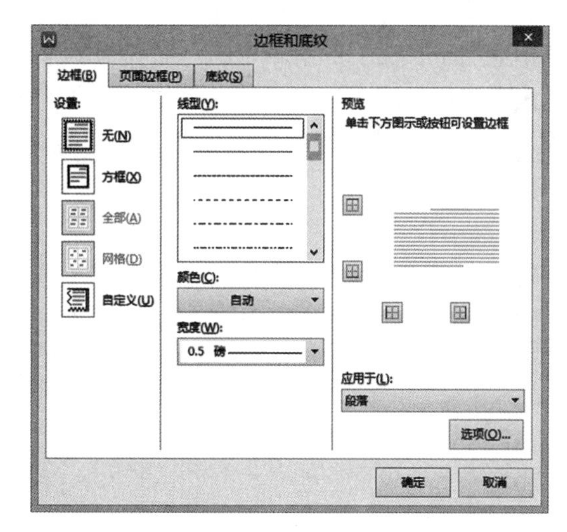

图 3-31　“边框和底纹”对话框

(2)为文档页面编辑边框。

页面边框的设置与边框的设置基本相同，只是在“页面边框”选项卡中多了“艺术型”选项，如图 3-32 所示。

2)添加底纹

为文字或段落添加底纹有以下几种方法。

(1)选择需要添加底纹的文字或段落，单击“开始”选项卡，单击“底纹”右侧的下拉按钮，在展开的下拉列表中选择需要设置的底纹颜色。

(2)选择需要添加底纹的文字或段落，单击“开始”选项卡，单击“边框”右侧的下拉按钮，在展开的下拉列表中选择“边框和底纹”命令，打开“边框和底纹”对话框，单击“底纹”选项卡，设置底纹的填充颜色、图案样式及颜色，单击“应用于”下拉列表，选择应用于文字或段落，在“预览”区域中可查看设置效果，满意后，单击“确定”按钮，如图 3-33 所示。

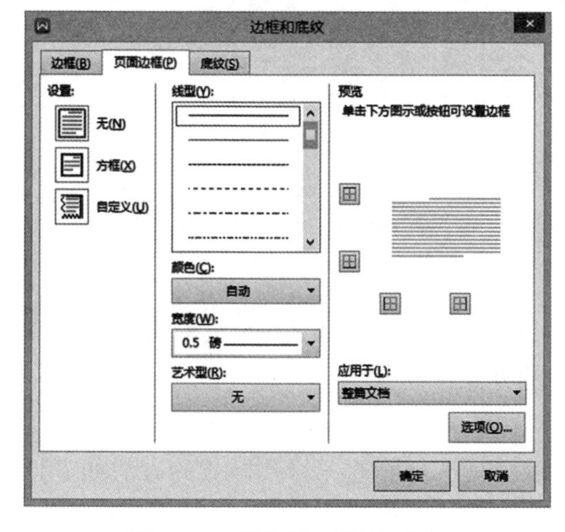

图 3-32　“页面边框”选项卡

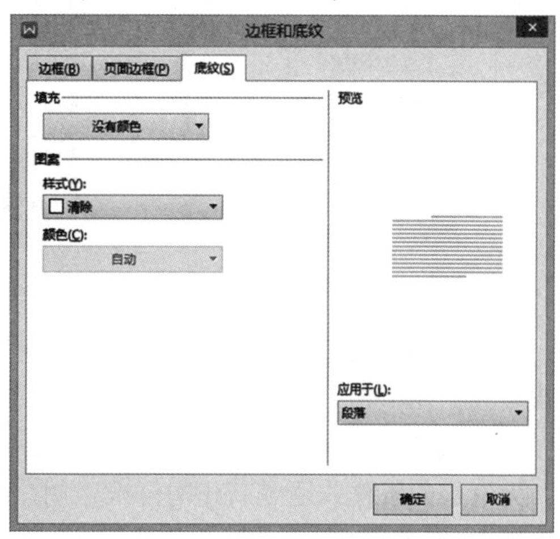

图 3-33　“底纹”选项卡

5. 样式

样式是指一组已经设定好的已命名的字符和段落格式。它规定了文档中正文、标题等各个文本元素的格式。新建文档默认的样式为正文。

样式主要应用于长文档的编辑中，当需要为多个字符或段落设置相同的格式时，正确设置和使用样式不仅可以减少许多重复性操作，提高工作效率，还可以构筑大纲和目录。

WPS 文字自带的样式库称为内置样式，用户既可直接套用内置样式，也可以根据需要修改样式、创建样式等。

1) 使用内置样式

选中需要设置样式的文本或段落后，用户可以通过多种方法使用内置样式。

(1) 单击“开始”选项卡，在“样式”列表中选择显示的有效样式即可。

(2) 单击“开始”选项卡，单击“样式和格式任务窗格启动器”按钮，打开“样式和格式”窗格，单击下方“显示”下拉列表，选择“所有样式”，单击选择要应用的格式即可，如图 3-34 所示。

2) 新建样式

除系统提供的样式外，用户可根据需要新建样式。新建样式的方法如下。

单击“开始”选项卡，单击“预设样式”列表框中的“新建样式”命令，打开“新建样式”对话框，输入样式名称、选择样式类型，并根据需要设置具体的格式信息等，单击“确定”按钮，如图 3-35 所示。

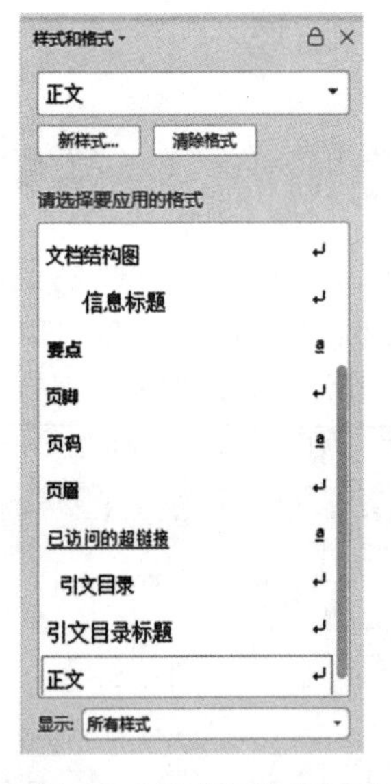

图 3-34 “样式和格式”窗格

图 3-35 “新建样式”对话框

完成新建样式的设置后，在“开始”选项卡功能区第四列的“样式”区域中会出现新建的样式名称，在“样式和格式”窗格中也会出现新建的样式。

3) 修改样式

无论是内置样式还是新建的样式，用户都可以对其进行修改。修改样式的方法如下。

单击“开始”选项卡下拉，单击“样式和格式任务窗格启动器”按钮，打开“样式和格式”窗格，单击下方“显示”列表，选择“所有样式”，右击要修改的样式名，在弹出的快捷菜单中选择“修改”命令，打开“修改样式”对话框，输入样式名称、选择样式类型，并根据需要设置具体的格式信息等，单击“确定”按钮，如图 3-36 所示。

4）应用与删除样式

应用用户新建样式的方法与套用内置样式相同。而应用完样式后要立即删除应用的样式，可以按〈Ctrl+Z〉组合键或单击“快速访问工具栏”中的“撤消”按钮；否则选中要删除样式的内容，单击“开始”选项卡，单击“预设样式”列表框中的“清除格式”命令即可。

图 3-36　“修改样式”对话框

6. 格式刷

格式刷主要用于将已设置好的文本格式、段落格式或样式快速复制到文档中需要设置同样格式的其他区域。在文档编排时，格式刷可以避免大量的重复性工作，大大提高工作效率。

1）格式的复制

选择已设置好格式的文本，单击“开始”选项卡，单击“格式刷”按钮，将鼠标指针移动到需要复制此格式的文本开始处，按下鼠标左键，拖动鼠标直到要复制此格式的文档结束处即可。

若要多次使用格式刷，则可双击“格式刷”按钮，即可多次复制相同格式；当不需要使用格式刷时，可按〈Esc〉键或再次单击“格式刷”按钮即可退出格式刷。

格式复制、粘贴与清除的快捷方法

2）格式的清除

要清除不满意的格式，恢复默认格式，常使用的方法是：选中要清除格式的文本，单击“开始”选项卡，单击“清除格式”按钮。

7. 首字下沉

首字下沉就是将一段文字的首字放大数倍，以使文字醒目，吸引读者的注意。在报刊、杂志上常常会使用这种文字效果。

设置首字下沉的方法如下。

将光标定位到需要设置首字下沉的段落中，单击“插入”选项卡，单击“首字下沉”按钮，打开“首字下沉”对话框，选择下沉位置，设置字体、下沉行数及距正文的距离，单击“确定”按钮。

“首字下沉”对话框如图 3-37 所示，在此对话框中的“位置”区域还可选择“悬挂”或“无”。当选择“无”时即可完成取消首字下沉的操作。

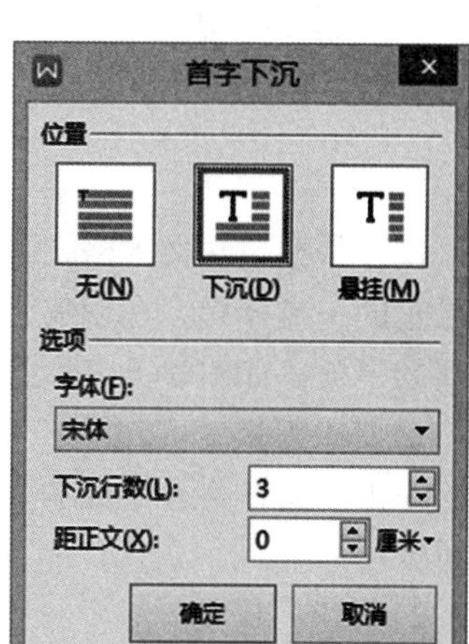

图 3-37　“首字下沉”对话框

8. 艺术字

WPS 文字的艺术字为文档中的文字增加特殊、美观的效果，使文档更令人赏心悦目。

1) 设置艺术字

选中需要设置艺术字的文字，单击“插入”选项卡，单击“艺术字”下拉按钮，在下拉列表中选择所需的艺术字样式即可。

2) 插入艺术字

将光标定位到需要插入艺术字的位置，单击“插入”选项卡，单击“艺术字”下拉按钮，在下拉列表中选择所需的艺术字样式，在“请在此放置您的文字”处输入文字即可。

“文字工具”的具体功能

3) 编辑艺术字

单击选择编辑的艺术字，单击“文本工具”选项卡或“绘图工具”选项卡，编辑用户需要设置的艺术字分别如图 3-38、图 3-39 所示。

图 3-38 “文本工具”选项卡

图 3-39 “绘图工具”选项卡

9. 文字工具

在长文档的编排中，WPS 文字还提供了多种文字排版工具。

使用文字工具的方法如下。

将光标定位在文档中，单击“开始”选项卡，单击“文字工具”下拉按钮在展开的下拉列表中选择需要的文字工具，如图 3-40 所示。

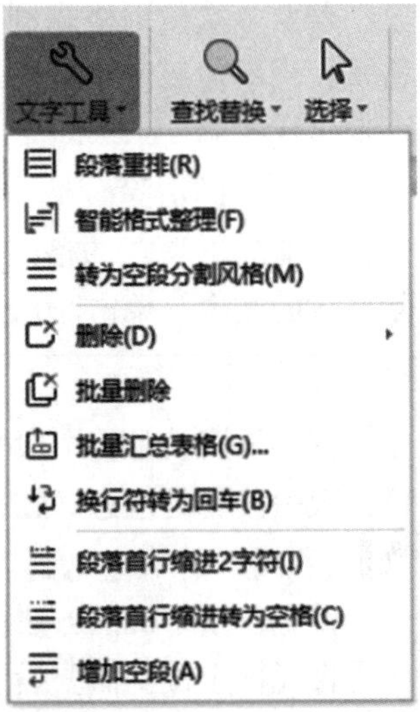

文字工具
查找替换
选择
段落重排(R)
智能格式整理(F)
转为空段分割风格(M)
删除(D)
批量删除
批量汇总表格(G)...
换行符转为回车(B)
段落首行缩进2字符(I)
段落首行缩进转为空格(C)
增加空段(A)

图 3-40 “文字工具”下拉列表

3.4.2 页面的排版

1. 模板

模板是指包含文本格式、纸张格式以及页眉和页脚位置等版面设置的一组样式。在创建文档时，WPS 文字为用户提供了非常丰富的模板，如图 3-41 所示。

1) 使用模板

单击“文件”菜单，选择“新建”命令，打开如图 3-41 所示的模板列表，选择需要的模板即可使用。

2) 新建模板

打开指定要设置为模板的文档，单击“文件”菜单，选择“另存为”命令，选择文件类型“WPS 文字 模板文件(*.wpt)”，单击“保存”按钮。

图 3-41　WPS 文字模板

2. 主题

通过应用主题可以快速更改文档的整体效果，统一文档风格。主题包括颜色、字体和效果。设置主题的方法如下。

单击“页面布局”选项卡，单击“主题”下拉按钮，在展开的下拉列表中选择一种主题样式。

3. 页面布局

完成文档内容录入和编辑后，用户可根据需要重新选择纸张，设置页边距、页面背景，设置主题等。页面格式设置主要通过“页面布局”选项卡实现，如图 3-42 所示。

图 3-42　“页面布局”选项卡

1) 设置纸张大小、方向

在 WPS 文字中，新建空白文档默认的纸张大小为 A4 纸，纸张方向为纵向，用户可以根据需要进行设置更改。纸张大小即可选择系统提供的标准规格，也可以自定义；纸张方向即可为纵向也可为横向。

设置纸张大小、方向的常见方法如下。

(1) 单击“页面布局”选项卡，单击“纸张大小”下拉按钮或“纸张方向”下拉按钮，在展开的下拉列表中选择需要的类型即可。

(2) 单击“页面布局”选项卡，单击“页面设置对话框”按钮，打开“页面设置”对话框，单击“页边距”选项卡设置纸张方向，单击“纸张”选项卡设置纸张大小，如图 3-43 所示。

2) 设置页边距

在 WPS 文字中，新建空白文档默认的页边距为系统内置页边距“普通”纸，用户可以根据需要进行设置更改。

(1) 使用内置页边距。

使用内置页边距的方法如下。

单击“页面布局”选项卡，单击“页边距”下拉按钮，在展开的下拉列表中选择内置页边距，如图 3-44 所示。

(2) 自定义页边距。

自定义页边距的方法如下。

①单击“页面布局”选项卡，在其右侧 [上: 2.54 cm 下: 2.54 cm 左: 3.18 cm 右: 3.18 cm] 的上、下、左、右文本框中输入需要的数值即可。

②单击“页面布局”选项卡，单击“页边距”下拉按钮，在展开的下拉列表中选择“自定义页边距”命令，打开“页面设置”对话框，单击“页边距”选项卡，设置上、下、左、右的页边距以及装订线位置及装订线宽。

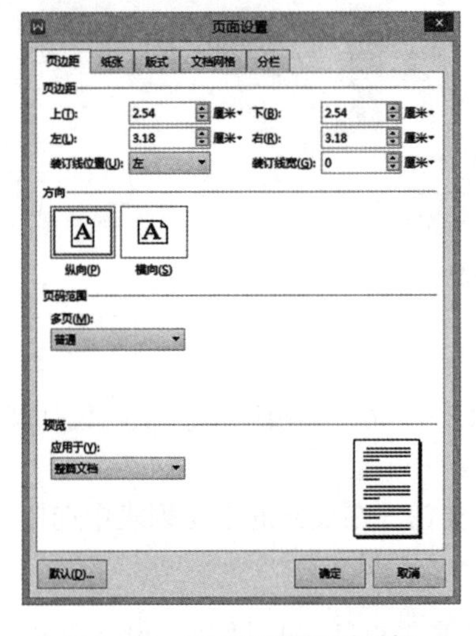

图 3-43 “页面设置”对话框

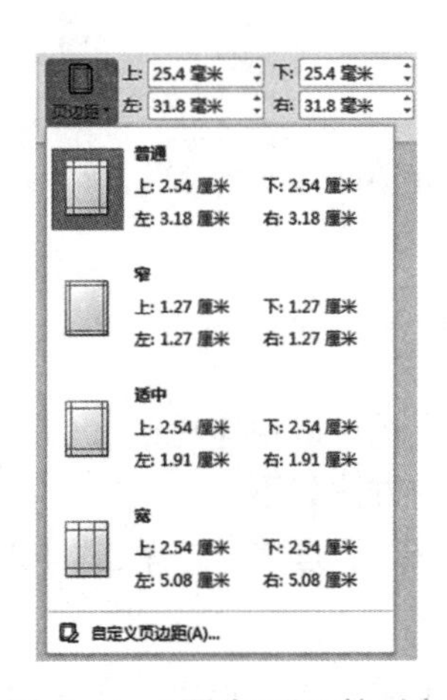

图 3-44 “页边距”下拉列表

3) 设置文字方向

在 WPS 文字中，新建空白文档默认的文字方向为水平方向。调整文档中文字的方向可根据需要设置垂直、旋转等，具体方法如下。

单击“页面布局”选项卡，单击“文字方向”下拉按钮，在展开的下拉列表中选择文字方向，选择“文字方向选项”命令，打开“文字方向”对话框，选择“应用于”对象，在“预览”区域可查看设置效果，满意后，单击“确定”按钮。

“文字方向”下拉列表及“文字方向”对话框分别如图 3-45、图 3-46 所示。

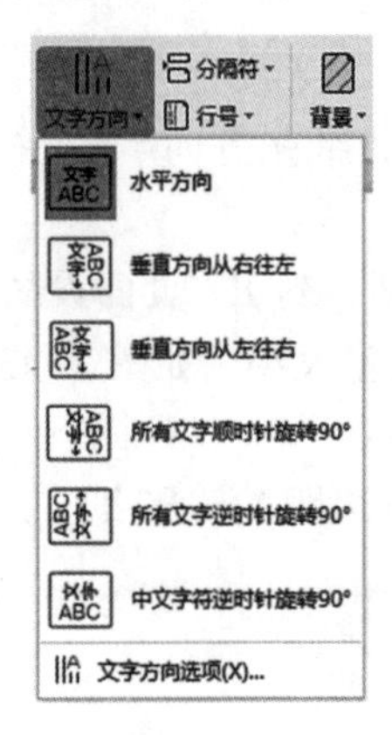

图 3-45 “文字方向”下拉列表

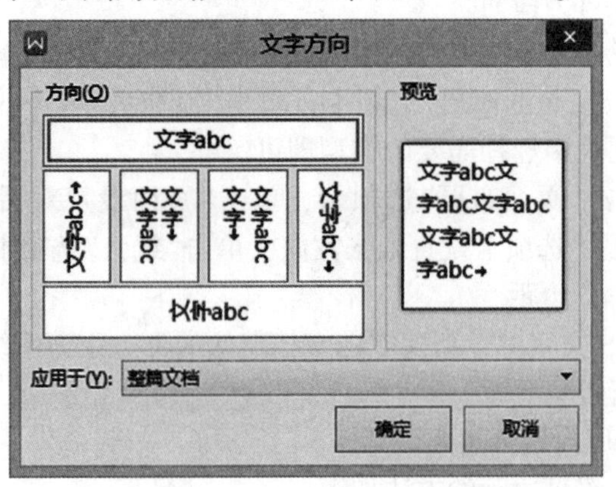

图 3-46 “文字方向”对话框

4) 设置页面背景

在 WPS 文字中，新建空白文档默认的背景颜色是白色，用户可以根据需要修改背景颜色及填充效果，也可以设置水印背景，具体方法如下。

单击“页面布局”选项卡单击“背景”下拉按钮，在展开的下拉列表中选择需要的页面背景即可。

“背景”下拉列表如图 3-47 所示，可设置的页面背景包括以下 6 种。

(1) 主题颜色、标准色、渐变填充、渐变色推荐、自动。

(2) 其他填充颜色：单击此命令会打开“颜色”对话框，用户可以选择系统通过的标准颜色，也可以进行自定义颜色，如图 3-48 所示。

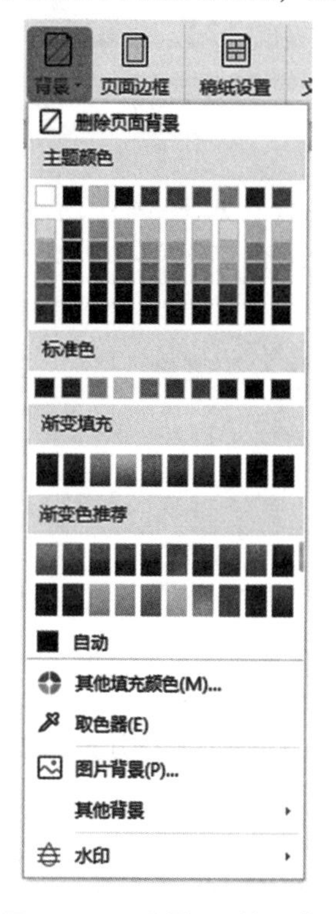

图 3-47 “背景”下拉列表

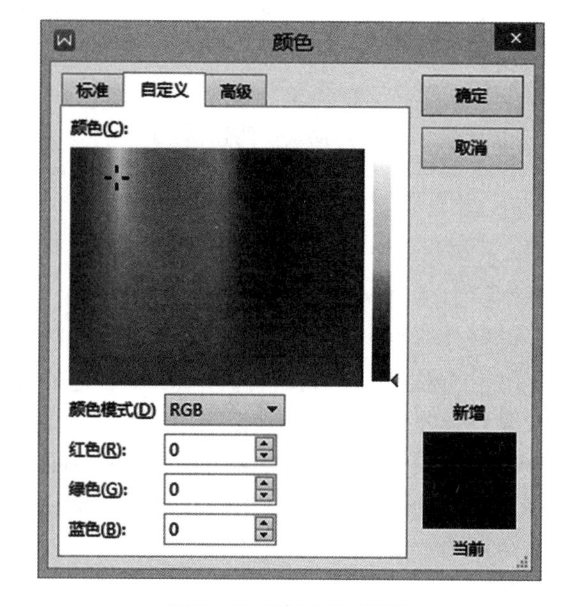

图 3-48 “颜色”对话框

(3) 取色器：单击此命令，在文档中移动鼠标指针，选取需要的页面颜色单击即可取色应用。

(4) 图片背景：单击此命令，打开如图 3-49 所示的“填充效果”对话框，单击“选择图片”按钮，选择图片文件即可设置图片背景。

(5) 其他背景：可设置或选择系统提供的渐变、纹理、图案等作为页面背景。

(6) 水印：水印是位于文本和图片后面的文本或图片。单击此命令，打开“水印”列表框，用户可以直接单击 WPS 文字的预设水印，也可以单击“点击添加”按钮或选择“插入水印”命令根据需要自定义水印，弹出如图 3-50 所示的“水印”对话框。如需删除水印，单击“删除文档中的水印”即可。

图 3-49 “填充效果”对话框

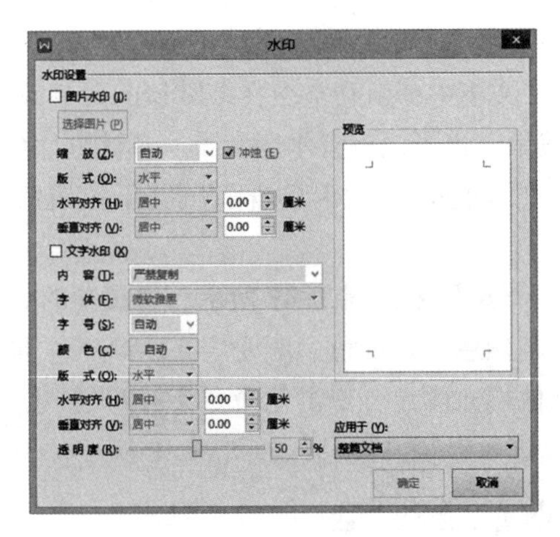

图 3-50 “水印”对话框

5) 分栏

为了增加文档内容层次感与阅读性，在杂志或报纸经常会看到如图 3-51 所示的分栏效果。分栏排版是指在页面上把文档分成两栏或多栏编排，比较适合正文文字较多而图片、图表等对象较少的文档。

为了增加文档内容层次感与阅读性，在杂志或报纸经常会看到如图3-51所示的分栏效果。分栏排版是指在页面上把文档分成两栏或多栏编排，比较适合正文文字较多而图片、图表等对象较少的文档。

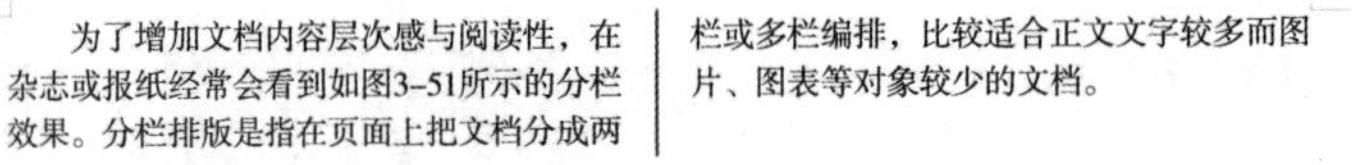

图 3-51 分栏效果

设置分栏的方法如下。

选择要设置分类的文档内容，单击“页面布局”选项卡，单击“分栏”下拉按钮，打开如图 3-52 所示的“分栏”下拉列表，选择列表中合适的分栏即可。

如需设置复杂的分栏效果，可以使用“分栏”对话框，操作方法如下。

选择“分栏”下拉列表中的“更多分栏”命令，打开如图 3-53 所示的“分栏”对话框，设置栏数、栏宽、栏分割线以及分割线等，单击“确定”按钮。

6) 插入分隔符

在排版时，用户可根据需要可以插入分隔符。在“页面布局”选项卡中单击“分隔符”下拉按钮，在打开的下拉列表中选择合适的选项，如图 3-54 所示。“分隔符”下拉列表中各选项的功能如表 3-8 所示。

图 3-52 “分栏”下拉列表

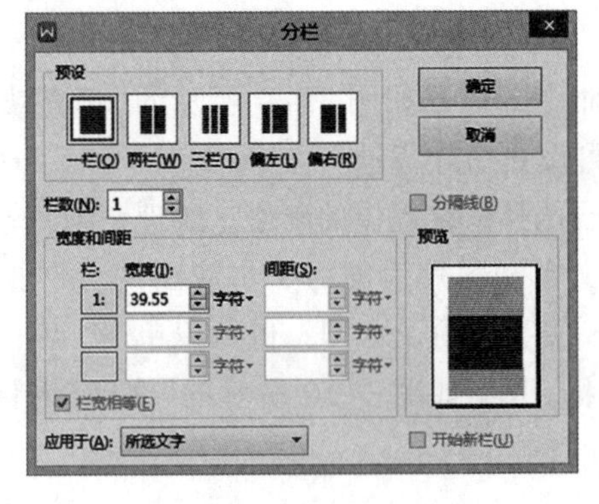

图 3-53 “分栏”对话框

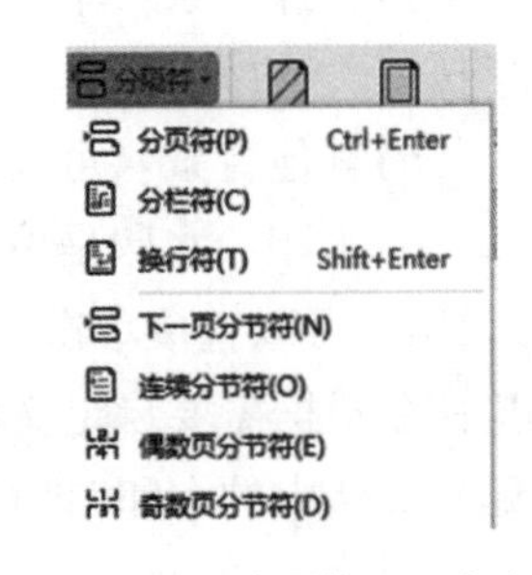

图 3-54 “分隔符”下列列表

表 3-8　“分隔符”下拉列表中各选项的功能

选项	功能
分页符	标记一页终止而下一页开始的格式符号。与〈Ctrl+Enter〉组合键作用相同
分栏符	插入分栏符是为了将应用了分栏的文本与未分栏的文本分隔开
换行符	当前文字强制换行，但不分段，又称“软回车”，与〈Shift+Enter〉组合键作用相同
分节符	下一页分节符：插入分节符并在下一页上开始新节，插入点后面的内容将移到下一页面上 连续分节符：插入分节符并在同一页上开始新节，新节从当前页开始 偶数页分节符：自动在偶数页之间空出一页，插入分节符并在下一个偶数页上开始新节，插入点后面的内容移到下一个偶数页上 奇数页分节符：自动在奇数页之间空出一页，插入分节符并在下一个奇数页上开始新节，插入点后面的内容移到下一个奇数页上

在 WPS 文字中，新建空白文档默认将整篇文档视为一节，整篇文档具有相同的纸张大小、纸张方向、页眉、页脚等格式。当在同一篇文档中，设置不同格式时，需要将文档分为不同的节，然后为每个节设置不同的格式。

4. 页眉、页脚和页码

在文档中，每个页面上方的页边距区域为页眉；页面下方的页边距区域为页脚。

显示/隐藏分隔符标记

页眉和页脚区一般用来显示一些特定信息，如文档标题、日期、页码、单位标记等文本、图片等内容。整个文档可以使用相同的页眉、页脚，也可以在文档的不同位置使用不同的页眉、页脚。

正常情况下，设置页眉、页脚后，整个文档所有页面显示统一的页眉、页脚内容。

插入页眉、页脚和页码的通用操作方法如下。

单击“插入”选项卡，单击“页眉和页脚”按钮，打开如图 3-55 所示的“页眉和页脚”选项卡，单击相应按钮即可进行相应的设置。

图 3-55　“页眉和页脚”选项卡

1) 设置页眉

在“页眉和页脚”选项卡中，单击“页眉”下拉按钮，选择 WPS 文字提供的页眉版式即可为整个页面添加统一的页眉；单击“页眉页脚选项”按钮，在弹出的“页眉/页脚设置”对话框中设置首页不同、奇偶页不同等，从而实现在文档的不同位置使用不同的页眉，如图 3-56 所示。

2) 设置页脚

页脚的设置与页眉的设置类似。在“页眉和页脚”选项卡中，单击“页脚”下拉按钮或“页眉页脚选项”按钮即可为页面设置相同或不同格式的页脚。

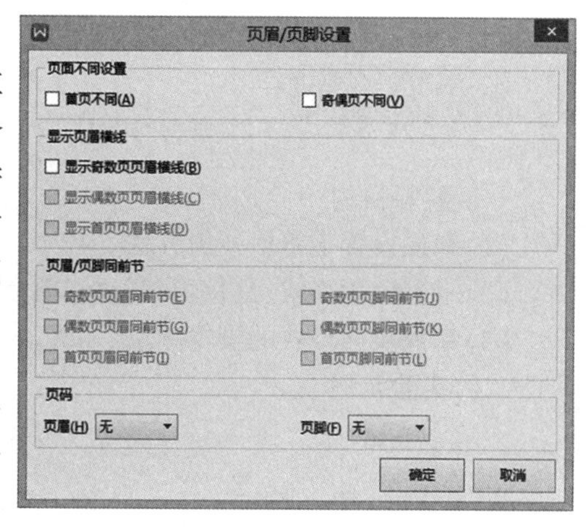

图 3-56　“页眉/页脚设置”对话框

3）插入页码

WPS 文字提供了多种页码的样式，用户即可把页码插入正文，也可以将页码插入页眉或页脚。

插入页码的常见方法有以下两种。

（1）单击“插入”选项卡，单击“页码”下拉按钮，打开如图 3-57 所示的“页码”下拉列表，单击相应按钮即可进行相应的设置。

（2）如果用户已经打开了“页眉和页脚”选项卡，则单击“页码”下拉按钮，打开“页码”下拉列表，单击相应按钮即可进行相应的设置。

“页码”下拉列表的选项如下。

（1）预设样式：WPS 文字为用户提供多种格式的页码样式，用户选择其中一种即可为页码添加统一的样式。

（2）页码：单击即可打开如图 3-58 所示的“页码”对话框，可设置页码样式、页码位置、页码编号以及应用范围等页码格式。

（3）删除页码：用于删除页码。

图 3-57 “页码”下拉列表

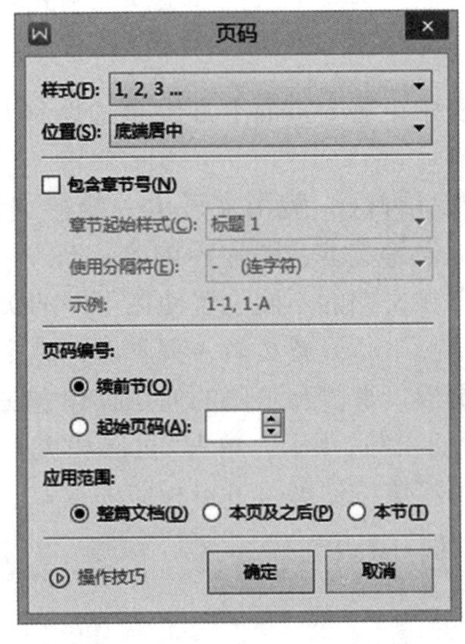

图 3-58 “页码”对话框

3.4.3 动手练习

一、实验目的

（1）掌握设置字符格式的方法。

（2）掌握段落格式、边框和底纹、项目符号和编号的设置方法。

（3）掌握页面格式的设置方法。

二、实验示例

1. 原始文字

WPS Office 版本简介

WPS Office 是由北京金山办公软件股份有限公司自主研发的一款办公软件套装，

1989年由求伯君正式推出WPS1.0。可以实现办公软件最常用的文字、表格、演示，PDF阅读等多种功能。版本主要包括：个人版、校园版、专业版、租赁版、移动版、公文版以及PC引擎版。

个人版：WPS Office个人版是一款对个人用户永久免费的办公软件产品，其将办公与互联网结合起来，多种界面随心切换，还提供了大量的精美模板、在线图片素材、在线字体等资源，帮助用户轻轻松松打造优秀文档，完全可以满足个人用户日常办公需求。

校园版：WPS Office校园版是由金山办公软件专为师生打造的全新office套件。在融合文档、表格、演示三大基础组件之外，教育版新增了PDF组件、协作文档、协作表格、云服务等功能，致力于为教育用户量身打造一款“年轻·个性·创造”的办公软件。

专业版：WPS Office专业版是针对企业用户提供的办公软件产品，强大的系统集成能力，如今已经与超过240家系统开发厂商建立合作关系，实现了与主流中间件、应用系统的无缝集成，完成企业中应用系统的零成本迁移。

租赁版：WPS Office租赁版是金山办公面向中小企业推出的一款按年收费的企业级协作办公软件，其包含了4个版本：轻办公版本、印象笔记版本、imo版本和搜狐云存储版本。

移动版：金山WPS Office移动版是运行于Android、iOS平台上的办公软件，个人版永久免费，其特点是体积小、速度快，支持微软Office、PDF等47种文档格式。特有的文档漫游功能，让你离开电脑一样办公。

公文版：WPS公文版的公文模式，可自动将版面按照国标要求进行设置，用户可一键转换为指定的公文格式，进一步简化了排版流程。

PC引擎版：该版本应用能够在手机或平板上，深度还原用户所熟悉的PC版WPS Office操作体验，让用户在移动端享受和PC端相同的办公体验。拥有双引擎内核，支持用户在新老版本中切换。

2. 实验要求

根据原始文字完成下列操作。

3.4.3二维码

(1)标题文字设置：居中、二号、加粗、字体颜色(渐变填充，深蓝-午夜蓝渐变)、文字效果(阴影，外部，右下斜偏移)。

(2)所有正文段落设置：对齐方式(两端对齐)、首行缩进(2字符)、段前间距(0.5行)、段后间距(0.5行)、行距(16磅)、文字颜色(自定义颜色，红色20，绿色20，蓝色180)，中文字体(华文仿宋)、西文字体(MingLiU)、小四号字。

(3)正文第一段设置：首字下沉(下沉2行，字体为华文彩云，距正文0.3厘米)。

(4)正文第二段设置：分栏(偏左两栏，栏间距为2字符，加栏分割线)、边框(类型为自定义，双实线，黑色，宽度为0.75磅，上下边框线)、底纹(主题颜色灰色，图案样式为20%，黄色)。

(5)正文第3~9段设置：项目符号(定义新项目符号为✿)。

(6)页眉和页码设置：页眉(文字为“WPS OFFICE版本简介”，右对齐)、页码(页脚右侧)。

(7)页码格式设置：页面边框(艺术型)、水印(文字为“严禁复制”，版式为倾斜)。

3. 实验结果

实验结果如图 3-59 所示。

WPS OFFICE 版本简介

WPS Office 版本简介

WPS Office 是由北京金山办公软件股份有限公司自主研发的一款办公软件套装。

1989 年由求伯君正式推出 WPS1.0。可以实现办公软件最常用的文字、表格、演示，PDF 阅读等多种功能。版本主要包括：个人版、校园版、专业版、租赁版、移动版、公文版以及 PC 引擎版。

- 个人版：WPS Office 个人版是一款对个人用户永久免费的办公软件产品，其将办公与互联网结合起来，多种界面随心切换，还提供了大量的精美模板、在线图片素材、在线字体等资源，帮助用户轻轻松松打造优秀文档，完全可以满足个人用户日常办公需求。
- 校园版：WPS Office 校园版是由金山办公软件专为师生打造的全新 office 套件。在融合文档、表格、演示三大基础组件之外，教育版新增了 PDF 组件、协作文档、协作表格、云服务等功能，致力于为教育用户量身打造一款【年轻·个性·创造】的办公软件。
- 专业版：WPS Office 专业版是针对企业用户提供的办公软件产品，强大的系统集成能力，如今已经与超过 240 家系统开发厂商建立合作关系，实现了与主流中间件、应用系统的无缝集成，完成企业中应用系统的零成本迁移。
- 租赁版：WPS Office 租赁版是金山办公面向中小企业推出的一款按年收费的企业级协作办公软件，其包含了 4 个版本：轻办公版本、印象笔记版本、imo 版本和微盘云存储版本。
- 移动版：金山 WPS Office 移动版是运行于 Android、iOS 平台上的办公软件，个人版永久免费，其特点是体积小、速度快，支持微软 Office、PDF 等 47 种文档格式，特有的文档漫游功能，让你离开电脑一样办公。
- 公文版：WPS 公文版的公文模式，可自动将版面按照国标要求进行设置，用户可一键转换为指定的公文格式，进一步简化了排版流程。
- PC 引擎版：该版本应用能够在手机或平板上，深度还原用户所熟悉的 PC 版 WPS Office 操作体验，让用户在移动端享受和 PC 端相同的办公体验。拥有双引擎内核，支持用户在新老版本中切换。

1

图 3-59　实验效果图

3.5　WPS 文字中的图片和图形

3.5.1　图片

1. 插入图片

插入图片的方法如下。

将光标定位到文档中需要插入图片的位置，单击“插入”选项卡，单击“图片”按钮，打开“插入图片”对话框，单击“位置”下拉按钮，在展开的下拉列表中选中要插入的图片，单击“打开”按钮，如图 3-58 所示。

“插入图片”对话框如图 3-60 所示。

图 3-60　“插入图片”对话框

2. 删除图片

删除图像的方法有以下两种。

(1)选择要删除的图片，按〈Delete〉键、〈Backspace〉键或〈Shift+Delete〉组合键即可。

(2)选择要删除的图片，右击，在弹出的快捷菜单中选择“剪切”命令。

3. 编辑图片

插入图片后，图片默认的环绕方式为嵌入型。用户可以根据需要对图片进行编辑。编辑图片的具体方法如下。

选中需要编辑的图片，单击“图片工具”选项卡，用户根据需要进行设置，如图 3-61 所示。

图 3-61　“图片工具”选项卡

在“图片工具”选项卡中可以设置的主要内容具体如下

(1)插入图片：图片来源可以为本地图片、扫描图片、手机传图。

(2)形状：可插入形状，既可位于文本中，又可位于图片上。

(3)压缩图片：对选中的图片进行压缩，以减小图片的尺寸大小。

(4)裁剪：选中图片后，用户可以拖动图片四周的编辑框进行裁剪，删除不需要的部分。WPS 文字提供了多种裁剪形式，单击“裁剪”下拉按钮，打开如图 3-62 所示的“裁剪”

下拉列表，图 3-63 所示是将图片裁剪为心形形状。

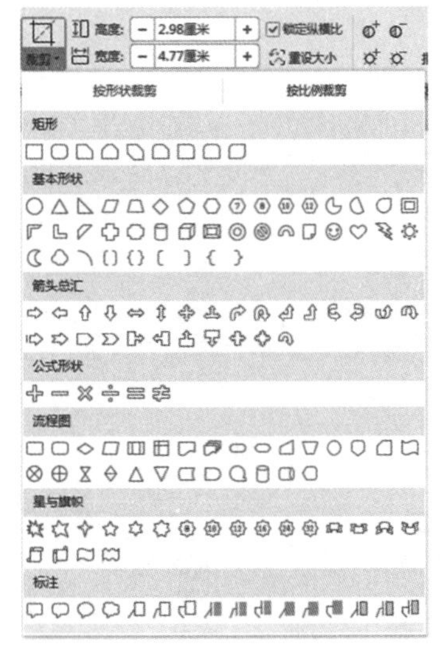

图 3-62 “裁剪”下拉列表

（a）

（b）

图 3-63 图片的“心形”裁剪

（a）裁剪前；（b）裁剪后

（5）亮度、对比度：两者皆可以根据需要设置增加或减少。

（6）抠除背景：标记背景区域，快速扣除背景，可设置智能抠除背景和透明色。

（7）颜色：图片默认颜色为自动，可设置灰度、黑白、冲蚀。

（8）图片轮廓：设置图片轮廓的颜色、粗细和线型以及图片边框。

（9）图片效果：对图片应用阴影、发光、倒影等某种视觉效果。

（10）环绕：WPS 文字提供的文字环绕方式有 7 种类型：嵌入型、四周型环绕、紧密型环绕、衬于文字下方、浮于文字上方、上下型环绕和穿越型环绕。插入的图片默认的文字环绕方式为嵌入型。

（11）旋转：旋转图片，可选择向左旋转 90°、向右旋转 90°、水平旋转或垂直旋转。

（12）组合：将选中的多个对象组合起来，以便将其作为单个对象处理。

在使用“组合”时，首先选择多个对象。选择多个对象的方法：单击选择一个非嵌入式对象后，按下〈Ctrl〉键或〈Shift〉键，依次单击其他要选择的对象即可选择多个对象。

注意：若图片的文字环绕方式为嵌入型，则不能与其他图形进行组合。

（13）对齐：设置所选图片的对齐方式。可以设置左对齐、水平居中、右对齐、顶端对齐、底端对齐等。

（14）上移一层、下移一层：当有多个图片叠放时，对所选图片设置上移一层，使其不被前面的对象遮挡；设置下移一层，可使选择图片在其他图片之后。

3.5.2 智能图形

WPS 文字预置了多种智能图形模板，可以鲜明、清晰地表达用户的观点、理念以及知识架构等。

1. 插入智能图形

将光标定位到文档中需要插入图片的位置，单击“插入”选项卡，单击“智能图形”按钮，打开如图 3-64 所示的“选择智能图形”对话框，选择一种智能图形，单击 “确定”按钮即可编辑图形内的内容。

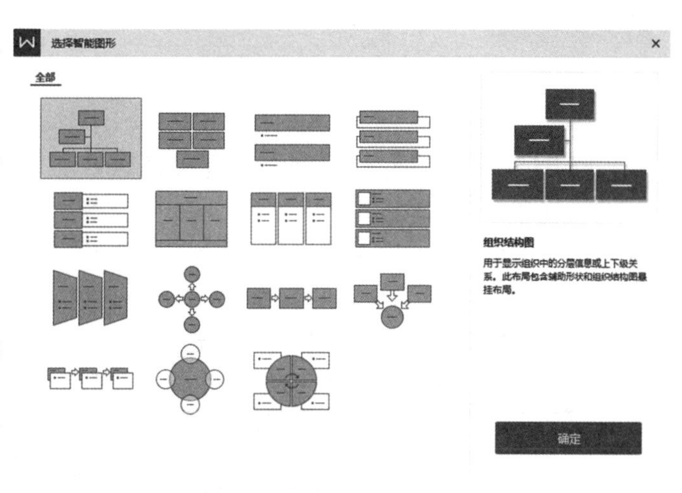

图 3-64　“选择智能图形”对话框

2. 编辑智能图形

选中智能图形，单击“设计”选项卡，用户根据需要进行设置即可。

“设计” 选项卡如图 3-65 所示，在此选项卡中可以设置智能图形的颜色、环绕方式、对齐、高度、宽度等。

图 3-65　“设计”选项卡

3.5.3　关系图

关系图以直观的方式表达信息关系，包括组织结构图、象限、流程并列、时间轴等多种分类。插入关系图的方法如下。

将光标定位到文档中需要插入图片的位置，单击“插入”选项卡中的“关系图”按钮，打开“关系图”对话框，选择一种关系图，单击 “插入”按钮即可编辑图形内的内容，如图 3-66 所示。

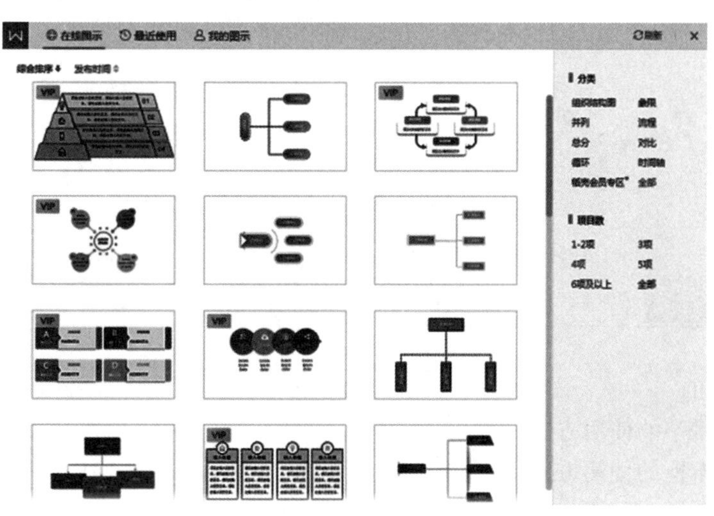

图 3-66　关系图对话框

3.5.4 形状

1. 插入形状

在 WPS 文字中，插入形状的操作方法如下。

将光标移动到待插入形状的位置，单击“插入”选项卡，单击“形状”下拉按钮，在打开的下拉列表中选择所需的形状，拖动鼠标绘制形状。

2. 编辑形状

选中插入的形状，单击“绘图工具”选项卡，用户根据需要进行设置即可。

“绘图工具”选项卡如图 3-67 所示，在此选项卡中可以设置或修改形状填充样式、形状轮廓，添加形状效果，设置对齐方式，设置组合、旋转、环绕和尺寸大小等。

图 3-67 “绘图工具”选项卡

3.5.5 文本框

WPS 文字提供 3 种文本框：横向、竖向和多行文字。利用文本框可以制作出特殊的文档版式。在文本框中既可以输入文本，也可以插入图片、表格等。

1. 插入文本框

单击“插入”选项卡，单击“文本框”下拉按钮，在展开的下拉列表中选择“横向”“竖向”或“多行文字”，在文档中要插入文本框的位置按住鼠标左键拖动并绘制文本框，在文本框中输入文字或插入图片等对象。

2. 编辑文本框

选中文本框，单击“文本工具”选项卡，用户根据需要进行设置即可。

“文本工具”选项卡如图 3-68 所示，在此选项卡中可设置文本填充、文本轮廓、文字效果、文字方向等。

图 3-68 “文本工具”选项卡

3.5.6 动手练习

一、实验目的

(1)掌握艺术字的使用方法。

(2)掌握文本框的使用方法。

(3)掌握图片插入及格式设置方法。

(4)掌握图形绘制、编辑方法。

二、实验示例

1. 原始文字及图片

实验所需的原始文字如下。

黄山迎客松

黄山，被誉为“天下第一奇山”，以奇松、怪石、云海、温泉、冬雪“五绝”闻名于世，而人们对黄山奇松，更是情有独钟。山顶上，陡崖边，处处都有它们潇洒、挺秀的身影。迎客松就是其中之一。

黄山迎客松屹立在黄山风景区玉屏楼的青狮石旁，海拔1 680米处。树高9.91米，胸围2.05米，枝下高2.54米。树干中部伸出长达7.6米的两大侧枝展向前方，恰似一位好客的主人，挥展双臂，热情地欢迎五湖四海的宾客来黄山游览。

黄山迎客松的生长方式很奇特，它们都扎根在岩石缝里，没有泥土，枝丫都向一侧伸展。不错，漫山遍野的黄山松就是生长在这样的一种环境。它们的根大半长在空中，像须蔓一般随风摇曳着，为的是能够更好地迎接雨露，拥抱阳光。这里山峰陡峭，土少石多，无法留住很多水分。但它们却都能长得那么苍翠挺拔、隽秀飘逸！那么，是谁在滋养着这些无本之木？是云？是雾？

黄山迎客松以它的隽秀飘逸告诉世人：生命的承受力是远远超出了我们的想象。

迎客松

霄云蕴碧拂境松，挺拔远近看清空。

四季轮转点苍翠，一生傲奇笑春风。

实验示例图片如图3-69所示

图3-69　实验示例图片

2. 实验要求

根据原始文字文件和图3-69完成下列操作。

(1)根据个人需要，设置文字的字符、段落及页面格式。

(2)艺术字：将标题文字设置成艺术字，并调整艺术字的大小、对齐方式等。

3.5.6二维码

(3)图片：在正文第二段、第三段中插入图片，并调整图片的环绕方式、图片大小、图片亮度、对比度，裁剪图片，设置图片轮廓、图片效果。

(4)文本框：在正文第三段图片处插入文本框，输入文字“雪中迎客松”并设置文字格式，设置文本框为无轮廓、无填充颜色等格式。

(5)形状：在文档最后插入形状(横书卷)，并将最后的诗词移至其中，设置文字及形状的格式。插入其他形状对文档进行适当的点缀修饰。

3. 实验结果

实验结果如图 3-70 所示。

黄山迎客松

黄山，被誉为“天下第一奇山”，以奇松、怪石、云海、温泉、冬雪“五绝”闻名于世，而人们对黄山奇松，更是情有独钟。山顶上，陡崖边，处处都有它们潇洒、挺秀的身影。迎客松就是其中之一。

黄山迎客松屹立在黄山风景区玉屏楼的青狮石旁，海拔 1,680 米处。树高 9.91 米，胸围 2.05 米，枝下高 2.54 米。树干中部伸出长达 7.6 米的两大侧枝展向前方，恰似一位好客的主人，挥展双臂，热情地欢迎五湖四海的宾客来黄山游览。

黄山迎客松的生长方式很奇特，它们都扎根在岩石缝里，没有泥土，枝丫都向一侧伸展。不错，漫山遍野的黄山松就是生长在这样的一种环境。它们的根大半长在空中，像须蔓一般随风摇曳着，为的是能够更好地迎接雨露，拥抱阳光。这里山峰陡峭，土少石多，无法留住很多水分。但它们却都能长得那么苍翠挺拔、隽秀飘逸！那么，是谁在滋养着这些无本之木？是云？是雾？

黄山迎客松以它的隽秀飘逸告诉世人：生命的承受力是远远超出了我们的想象。

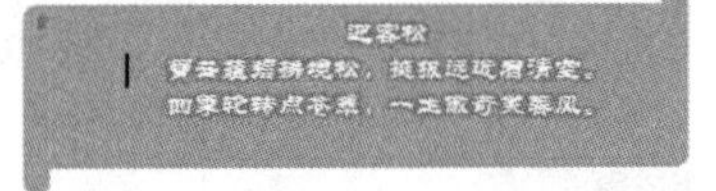

图 3-70 实验效果图

3.6 WPS 文字中的表格

3.6.1 创建表格

WPS 文字提供了多种创建表格的方法，主要包括插入表格、绘制表格、文本转换成表格等。

1. 插入表格

1)插入自动表格

此方法最多可插入 8 行 17 列的表格，插入的方法如下。

将光标定位到需要插入表格的位置，单击“插入”选项卡，单击“表格”下拉按钮，鼠标指针在“表格”区域中移动选择要插入的表格，单击即可完成表格的插入。

2)插入指定尺寸的表格

此方法最多可插入600行63列的表格，插入的方法如下。

将光标定位到需要插入表格的位置，单击“插入”选项卡，单击“表格”下拉按钮，选择“插入表格”命令，打开如图3-71所示的“插入表格”对话框，设置表格尺寸和列宽选择，单击“确定”按钮。

图3-71 “插入表格”对话框

2. 绘制表格

用户根据操作需要，还可以通过“绘制表格”功能绘制一些较复杂的表格。绘制表格的操作步骤如下。

(1)单击“插入”选项卡，单击“表格”下拉按钮，选择“绘制表格”命令，此时鼠标指针变成✎。

(2)在需要插入表格的位置上按住鼠标左键，拖动鼠标并绘制表格，松开鼠标即可完成表格绘制。

在拖动绘制表格的过程中出现虚线框，其右下角显示所绘制表格的行数和列数，拖动鼠标调整虚线框从而调整表格大小。

(3)在需要插入横线、竖线或斜线的位置上按住鼠标左键，拖动鼠标并绘制，按〈Esc〉键退出绘制状态。

绘制完表格后，利用“表格样式”选项卡中的相关按钮(如图3-72所示)，还可对表格进行修改、绘制斜线表头、擦除等操作。

图3-72 绘制表格相关按钮

3. 文本转换成表格

WPS文字提供了文本和表格的相互转换功能，可以将特定格式的文本转换成表格，反之，也可将表格转换成文本。

1)文本转换成表格

文本转换成表格的操作步骤如下。

(1)录入文本。

使用该功能时，需要先输入表格内容，按〈Enter〉键结束输入，表中两列内容之间需要使用统一的半角间隔符号，如半角逗号、空格、制表符等，如图3-73所示

(2)文本转成表格。

选中录入的文本，单击“插入”选项卡，单击“表格”下拉按钮，选择“文本转换成表格”命令，打开“文本转换成表格”对话框，设置表格尺寸及文字分隔位置，单击“确定”按钮，转换结果如图3-74所示。

1,2,3

4,5,6

图3-73 录入文本时使用的英文间隔符号

1	2	3
4	5	6

图3-74 文本转换成表格

2)表格转换成文本

选中需要转换成文本的表格，单击“插入”选项卡，单击“表格”下拉按钮，选择“表格转换成文本”命令，打开“表格转换成文本”对话框，设置文字分隔位置等，单击“确定”按钮。

3.6.2 编辑表格

1. 选择操作区域

对表格进行操作前，需要先选择操作对象。操作对象包括表格、行、列和单元格。选择操作对象的常见方法如下。

1）使用鼠标拖动

将光标移动到表格中，按下鼠标左键，拖动鼠标，即可选择连续的区域；若要选择不连续的区域，则可以选择某区域后，按住〈Ctrl〉键，依次拖动鼠标选择其他行、列或单元格。

2）使用选项卡

将光标移动到表格中，单击“表格工具”选项卡，单击“选择”下拉按钮，在展开的下拉列表中选择行、列、单元格或表格，如图3-75所示。

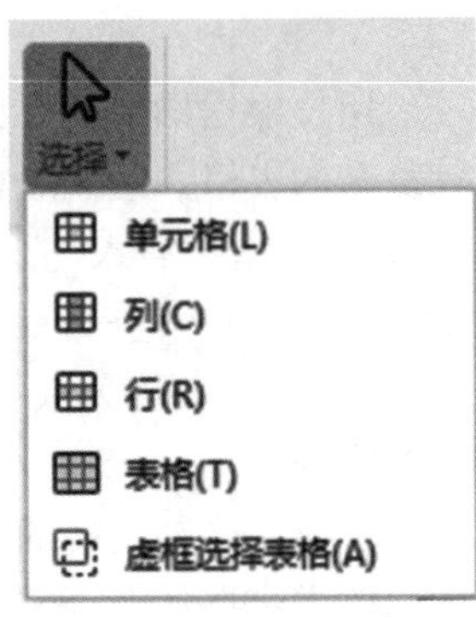

图3-75 “选择”下拉列表

3）其他方法

其他选择操作对象的方法如表3-9所示

表3-9 选择操作对象的方法

选定的操作对象	方法
整个表格	（1）单击表格左上角的“全选”按钮 （2）单击表格左上角第一个单元格，按住〈Shift〉键，单击表格右下角最后一个单元格
一行	将鼠标指针移到表格某行的左侧，当鼠标指针变成时，单击即可选择该行
一列	将鼠标指针移到表格某列的上方，当鼠标指针变成时，单击即可选择该列
单个单元格	将鼠标指针指向某单元格的左下角，当鼠标指针变成黑色箭头形状时，单击即可选择该单元格
连续区域	选择起始单元格，按住〈Shift〉键，单击终止单元格
分散区域	选择起始单元格，按住〈Ctrl〉键，依次单击其他要选择的单元格

2. 插入与删除行、列或单元格

对表格进行编辑时，用户可以根据实际需要来插入与删除行、列或单元格。

1）插入行、列或单元格

将光标定位在表格某单元格内，单击“表格工具”选项卡，单击如图3-76所示的按钮插入一行或一列。

若要一次插入多行或多列，则先选中多行或多列后，再执行上面的操作。

若要插入单元格，则单击图3-76右侧的“插入单元格启动器”按钮后，打开如图3-77所示的“插入单元格”对话框，选择相应的选项后即可插入。

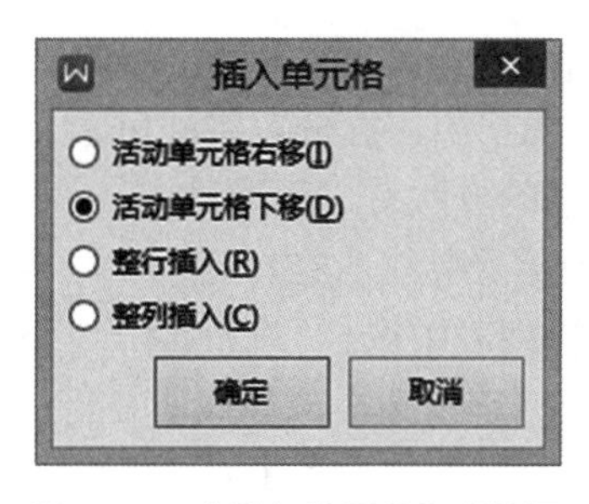

图 3-76 插入选项按钮

图 3-77 “插入单元格”对话框

2)删除表格、行、列或单元格

选中要删除的表格、行、列或单元格，单击“表格工具”选项卡，单击“删除”下拉按钮，在展开的下拉列表中删除指定的对象即可，如图3-78所示。

若选择“单元格”命令，则弹出如图3-79所示的“删除单元格”对话框，在对话框中选择删除方式。

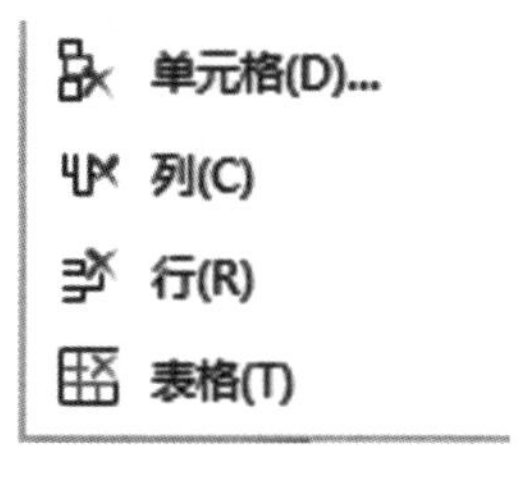

图 3-78 “删除”下拉列表

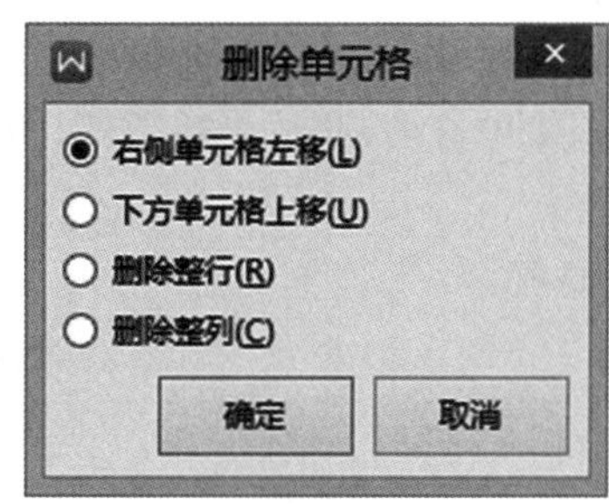

图 3-79 “删除单元格”对话框

3. 合并与拆分单元格、表格

1)合并单元格

合并单元格的方法有以下两种。

(1)选择多个相邻且需要合并的单元格，单击“表格工具”选项卡，单击“合并单元格”按钮。

(2)选择多个相邻且需要合并的单元格，右击，在弹出的快捷菜单中选择“合并单元格”命令。

2)拆分单元格

拆分单元格的方法有以下两种。

(1)选择需要拆分的单元格，单击“表格工具”选项卡，单击“拆分单元格”按钮，打开“拆分单元格”对话框，设置所需的拆分列数和行数，单击“确定”按钮。

(2)选择需要拆分的单元格，右击，在弹出的快捷菜单中选择“拆分单元格”命令，打开“拆分单元格”对话框，设置所需的拆分列数和行数，单击“确定”按钮。

“拆分单元格”对话框如图3-80所示

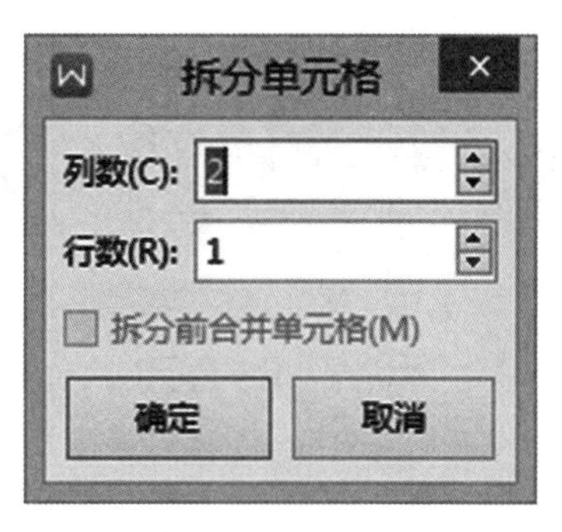

图 3-80 “拆分单元格”对话框

3)合并表格

选中两个表格之间的空行，按〈Delete〉键。

4)拆分表格

在 WPS 文字中，拆分表格即可上、下拆分，也可左、右拆分。

拆分表格的方法有以下两种。

(1)选中拆分界线所在行(或列)，单击“表格工具”选项卡，单击“拆分表格”下拉按钮，在展开的下拉列表中选择“按行拆分”(或“按列拆分”)命令。

(2)将光标定位到拆分界线所在行(或列)的任意一个单元格中，右击，在弹出的快捷菜单中选择“拆分表格”→“按行拆分”(或“按列拆分”)命令。

WPS 文字拆分表格时，选中的行将成为新表格的首行，选中的列将成为新表格的首列。

3.6.3 格式化表格

1. 调整行高与列宽

WPS 文字中有多种方法可以调整行高与列宽。

(1)将光标定位到需要调整大小的单元格中，单击“表格工具”选项卡，在“高度”(或“宽度”文本框中输入数值，如图 3-81 所示。

单击图 3-77 中的“自动调整”下拉按钮，可以根据需要进行多种设置，如表 3-10 所示。

表 3-10 “自动调整”下拉列表

选项	作用
适应窗口大小	根据窗口大小设置表格的宽度
根据内容调整表格	根据列中文字的大小自动调整列宽
平均分布各行	分布行，在所选行之间平均分布高度
平均分布各列	分布列，在所选列之间平均分布宽度

(2)将光标定位到需要调整大小的单元格中，单击“表格工具”选项卡，单击“表格属性”按钮，打开“表格属性”对话框，单击“行”选项卡，设置行高；单击“列”选项卡，设置列宽，单击“确定”按钮，如图 3-82 所示。

在“表格属性”对话框中单击“表格”选项卡，可以设置表格的宽度、表格对齐方式以及文字环绕方式；单击 “单元格”选项卡，还可设置单元格的列宽和垂直对齐方式。

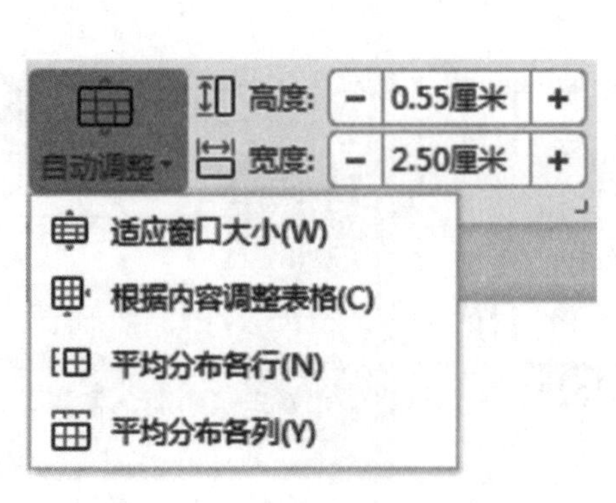

图 3-81 调整行高、列宽选项

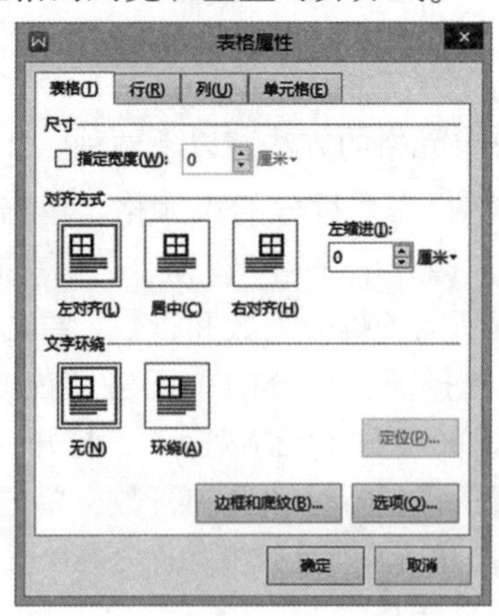

图 3-82 “表格属性”对话框

(3)使用鼠标拖动。将鼠标指针移动到要调整的单元格的边框线上，当鼠标指针变成或时，按下鼠标左键，拖动鼠标到所需的高度或宽度，松开鼠标即可。

2. 设置单元格对齐方式

1)水平对齐方式

选择需要设置对齐方式的单元格，单击“开始”选项卡，单击左对齐、居中对齐、右对齐、两端对齐和分散对齐按钮即可，如图3-83所示。

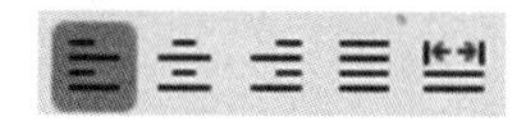

图3-83 水平对齐方式按钮

2)垂直对齐方式

选择需要设置对齐方式的单元格，单击“表格工具”选项卡，单击“表格属性”按钮，打开“表格属性”对话框，单击“单元格”选项卡，选择垂直对齐方式，单击“确定”按钮。

3)快速设置对齐方式

WPS文字中提供了9种单元格内容的对齐方式，可快速完成水平和垂直方向的对齐设置，设置方法如下。

选择需要设置对齐方式的单元格，单击“表格工具”选项卡，单击“对齐方式”下拉按钮，在展开的下拉列表中选择需要的对齐方式即可，如图3-84所示。

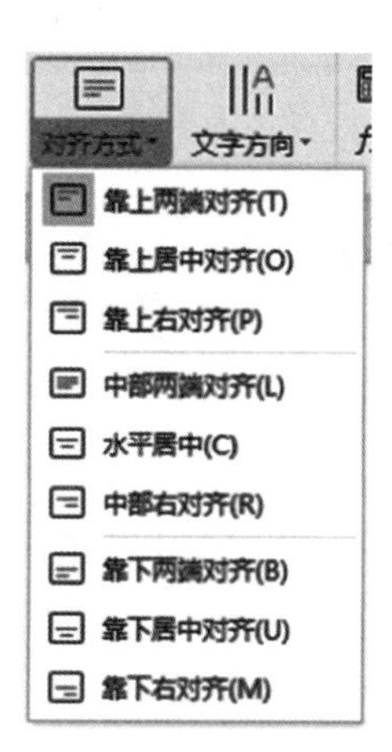

图3-84 “对齐方式”下拉列表

3. 设置文字方向

选择需要设置文字方向的单元格，单击“表格工具”选项卡，单击“文字方向”下拉按钮，在展开的下拉列表中选择所需的文字方向

4. 设置表格对齐方式

在WPS文字中，表格的对齐方式包括3种：左对齐、居中、右对齐，设置方法如下。

选中要设置对齐方式的表格，单击“表格工具”选项卡，“表格属性”按钮，打开“表格属性”对话框，单击“表格”选项卡，选择表格的垂直对齐方式，单击“确定”按钮。

5. 设置边框和底纹

1)设置简单的边框和底纹

选择需要设置表格边框和底纹的区域，单击“表格样式”选项卡，单击“边框”下拉按钮，在展开的下拉列表中选择系统预设的边框样式；单击“底纹”下拉按钮，在展开的下拉列表中选择所需的底纹颜色。

2)设置复制的边框与底纹

选择需要设置表格边框与底纹的区域，单击“表格样式”选项卡，单击“边框”下拉按钮，在展开的下拉列表中选择“边框和底纹”命令，打开“边框和底纹”对话框，单击“边框”选项卡，选择边框类型，设置边框线型、颜色及宽度，单击“预览”区域的边框按钮设置边框；单击“底纹”选项卡，设置底纹的填充颜色、图案样式及颜色，单击“确定”按钮，如图3-85所示。

6. 设置表格样式

WPS文字中提供了多种表格预设的样式供用户使用。设置表格样式的方法如下。

选择需要设置表格样式的区域，单击“表格样式”选项卡，单击表格样式右侧下拉按钮，在展开的下拉列表中选择预设样式，如图 3-86 所示。

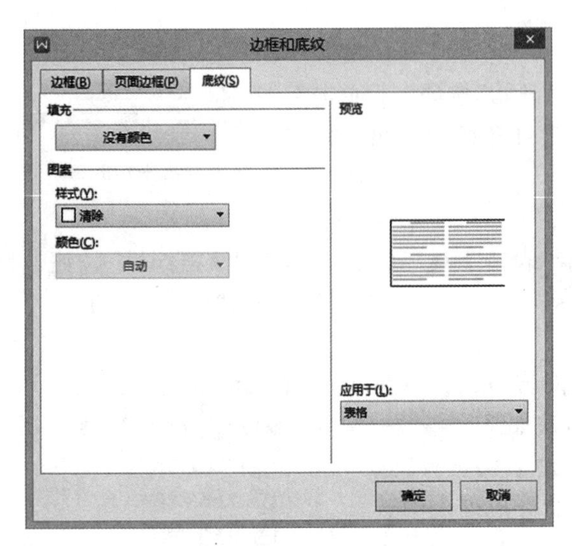

图 3-85 “边框和底纹”对话框

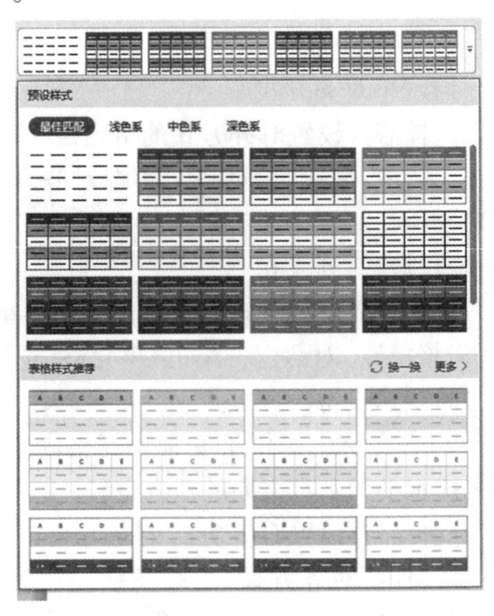

图 3-86 “表格样式”下拉列表

7. 重复标题行

在 WPS 文字中编辑表格，当同一张表格需要在多个页面中显示时，往往需要在每一页中都显示标题行，设置方法如下。

选中表格标题行，单击“表格工具”选项卡，单击“标题行重复”按钮。

3.6.4 表格数据的计算与排序

1. 单元格的命名

WPS 文字中的表格是由若干行和列组成的一个单元格阵列，单元格是组成表格的基本单位。单元格的名称由列标和行号标识，列标在前，行号在后。列标从左到右依次用 A，B，C，D，…，Z；AA，AB，…，AZ，BA，BB，…，BK 表示，最多 63 列。行号从上到下依次用 1，2，3，…，600 表示，最多 600 行。因此，WPS 文字中的表格最多可以有 600×63 个单元格。

若要表示一个单元格，则用单元格名称即可，如 A5、E8；若要表示一个连续的单元格区域，则可在此区域左上角的单元格地址和右下角的单元格地址中间加一个半角冒号“:”，如 A5: E8。

2. 表格数据的计算

1) 利用公式进行表格数据的计算

利用公式进行单元格数据计算，具体的操作方法如下。

将光标定位到存放结果的单元格中，单击“表格工具”选项卡，单击“公式”按钮，打开“公式”对话框，输入需要进行计算的公式，单击“确定”按钮，如图 3-87 所示。

其中，函数参数对表格中的计算区域进行了规定，默认对指定单元格上方数据进行计算，用“ABOVE”表示；如果单元格上方没有合适数据，则对单元格左侧数据进行计算，用“LEFT”表示。用户还可以使用的函数参数有“RIGHT”和“BELOW”，分别对指定单元格右侧和上方数据进行计算。

WPS文字提供的常用函数除求和函数SUM()外，还有求平均值函数AVERAGE()、最小值函数MIN()、最大值函数MAX()以及计数函数COUNT()等。

2)利用快速计算进行表格数据的计算

WPS文字还提供了快速计算的方法，具体的操作方法如下。

选择表格中需要进行计算的单元格，单击“表格工具”选项卡，单击“快速计算”下拉按钮，在展开的下拉列表中选择需要的命令即可完成计算。

“快速计算”下拉列表中可以快速计算求和、平均值、最大值和最小值，如图3-88所示。

图3-87 “公式”对话框

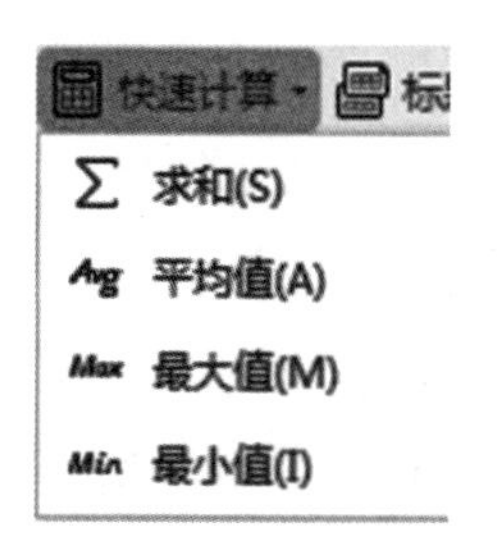

图3-88 “快速计算”下拉列表

3)公式数据更新

在WPS文字中，公式中引用的基本数据源如果发生了变化，则计算的结果并不会自动更改，需要用户逐个进行更新。公式数据更新方法有以下两种。

(1)单击需要更新的公式数据，按〈F9〉键。

(2)单击需要更新的公式数据，右击，在弹出的快捷菜单中选择“更新域”命令。

3. 表格的排序

WPS文字除可以对表格进行简单的计算外，还可以对数据进行排序，具体的操作方法如下。

将光标定位到表格中，单击“表格工具”选项卡，单击“排序”按钮，打开“排序”对话框，根据需要进行排序设置，单击“确定”按钮。

“排序”对话框如图3-89所示。在WPS文字中，对于表格的排序可以设置：

(1)有/无标题行；

(2)排序依据的关键字，最多可以设置为3个，当主要关键字相同时按次要关键字排序，当次要关键字再次相同时按第三关键字排序；

(3)排序次序为升序或降序；

(4)排序依据的类型可以选择数字、日期、拼音或笔画。

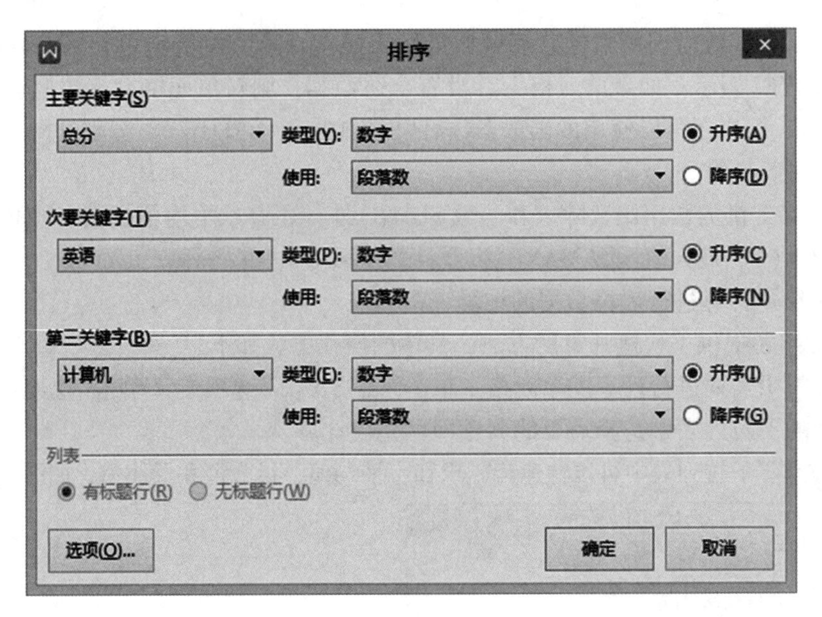

图 3-89 “排序”对话框

3.6.5 动手练习

一、实验目的

(1)掌握 WPS 文字表格的创建、编辑、修改方法。

(2)掌握 WPS 文字表格美化方法。

(3)掌握 WPS 文字表格内容的排序和计算方法。

二、实验示例

1. 原始文字与图片

实验所需原始文字如下：

姓名，性别，口语，听力，阅读，写作

王平，男，92，86，80，78

厉小凡，女，95，88，82，90

张明明，女，88，90，73，80

吴东越，男，68，81，90，76

秦璐，女，80，76，86，76

肖博文，男，96，90，92，88

实验示例图片如图 3-90 所示。

图 3-90 实验示例图片

2. 实验要求

(1)创建表格：输入原始文字，并将文本转换为表格。

(2)插入行：在表格开头处插入一行，在表格结尾处插入两行。

(3)插入列：在表格结尾处插入两列。

(4)合并单元格：将表格第一行合并，输入文字“学生英语成绩表”；将表格最后两行的前两个单元格分别合并，依次输入文字“单项最高分”“单项最低分”。

(5)计算：在最后两列中分别计算口语、听力、阅读、写作的单项最高分与单项最低分；在最后两列分别计算每个学生的单项总分与平均分。

(6)设置边框和底纹：自定义表格边框，外框线为双实线、蓝色、宽度 0.75 磅，内框线为单实线、蓝色、宽度 0.5 磅；表格底纹，偶数行号的底纹为黄色。

(7)设置行高与列宽：设置第一行行高为 1.2 厘米，第 2~10 行设置行高为 0.8 厘米。

(8)设置单元格格式：第一行文字设置为艺术字，居中；其他行设置为华文隶书、五号、水平居中。

(9)插入图片：将表格右下角 4 个单元格进行合并，插入图片。

3. 实验结果

实验结果如图 3-91 所示。

学生英语成绩表							
姓名	性别	口语	听力	阅读	写作	总分	平均分
王平	男	92	86	80	78	336	84
房小凡	女	95	88	82	90	355	88.75
张明明	女	88	90	73	80	331	82.75
吴东越	男	68	81	90	76	315	78.75
秦璐	女	80	76	86	76	318	79.5
肖博文	男	96	90	92	88	366	91.5
单项最高分		96	90	92	90	不断努力	
单项最低分		68	76	73	76		

图 3-91 实验效果图

3.7 WPS 文字的其他功能

3.7.1 自动生成目录

对于长文档，创建目录可以方便用户对文档的查阅。WPS 文字中创建自动目录需要提前为出现目录的文字设置大纲级别。

1. 设置大纲级别

选中标题后，WPS 文字中为标题设置大纲级别的方法有以下两种。

(1)单击“开始”选项卡，单击“段落对话框启动器”按钮，打开“段落”对话框，单击“缩进和间距”选项卡，在“常规”区域的“大纲级别”下拉列表中选择 1~9 级中的某一大纲级别，单击“确定”按钮。

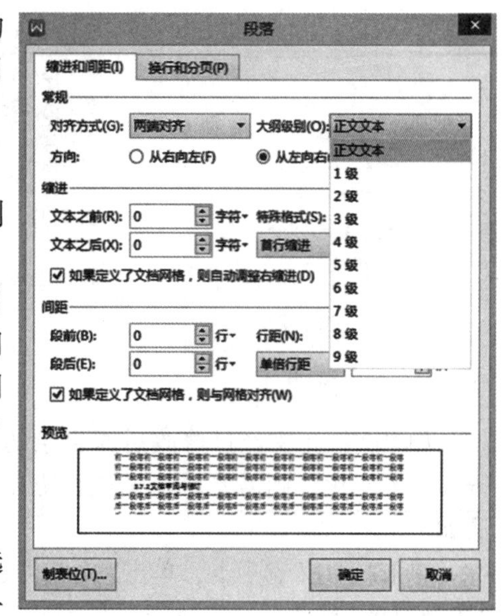

图 3-92 大纲级别

大纲级别如图 3-92 所示。

(2)单击“视图”选项卡，单击“大纲”按钮，选中文本，单击“大纲”选项卡，选择 1~9 级中的某一大纲级别，如图 3-93 所示。

图 3-93 “大纲”选项卡

2. 生成目录

设置完大纲级别后，可以创建自动目录，具体的操作方法如下。

将光标定位到生成目录的位置，单击“引用”选项卡，单击“目录”下拉按钮在展开的下拉列表的“智能目录”区域选择某一目录即可。

“目录”下拉列表如图 3-94 所示。在此列表中还可进行如下操作。

(1) 自定义目录：单击此命令，打开“目录”对话框，可以根据用户需要自定义目录中所需要的制表符前导符，设置目录显示的级别，是否显示页码、页码是否右对齐、是否使用超链接等，如图 3-95 所示。

(2) 删除目录：单击此命令，可以删除插入的目录。

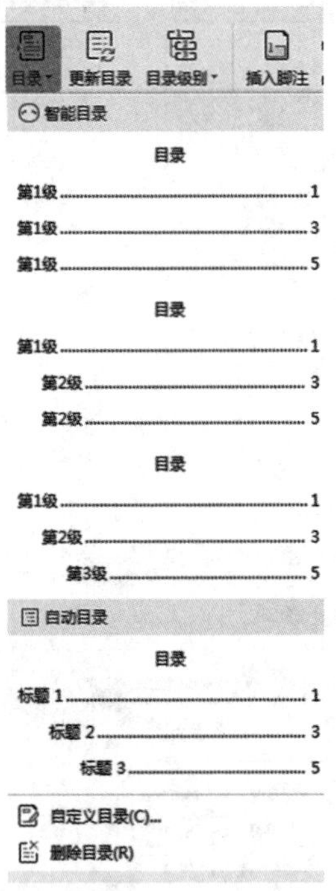

图 3-94 “目录”下拉列表

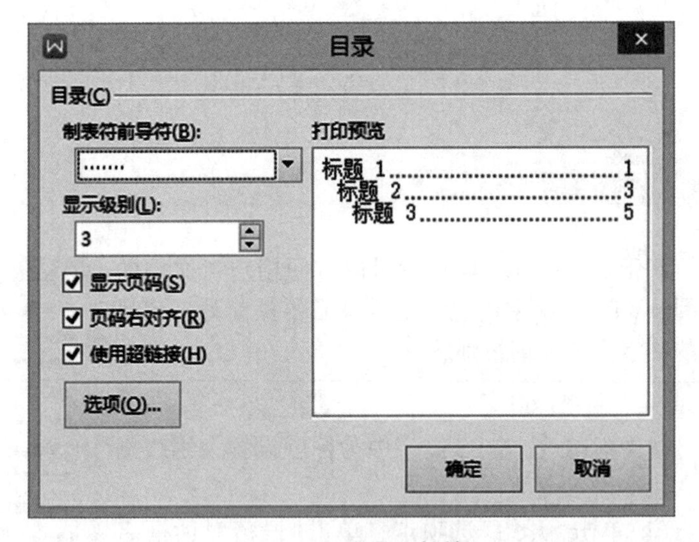

图 3-95 “目录”对话框

3. 更新目录

如果文档正文经过修改后原目录的标题文字或页码发生了变化，则需要对目录进行更新操作，操作方法如下。

单击“引用”选项卡，单击“更新目录”按钮，打开“更新目录”对话框，选择“只更新页码”或“更新整个目录”单选按钮，单击“确定”按钮，如图 3-96 所示。

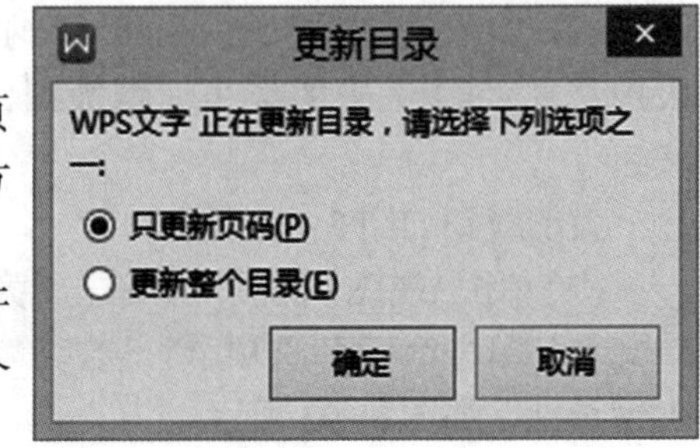

图 3-96 “更新目录”对话框

3.7.2　文档的审阅与修订

WPS 文字中的“审阅”选项卡提供了对文字的字数统计、繁简转换、插入批注、修订以及文档比较等功能，单击“审阅”选项卡中的相应按钮可完成对应的操作，如图 3-97 所示。

图 3-97　“审阅”选项卡

1. 字数统计

字数统计是指统计文档中的页数、字数、字符数以及段落数，具体的操作方法如下。

单击“审阅”选项卡，单击“字数统计”按钮，打开“字数统计”对话框，如图 3-98 所示，此操作默认对整篇文档进行统计。

若只需统计一部分文档，则选中需统计的文档内容，再进行上述操作即可。

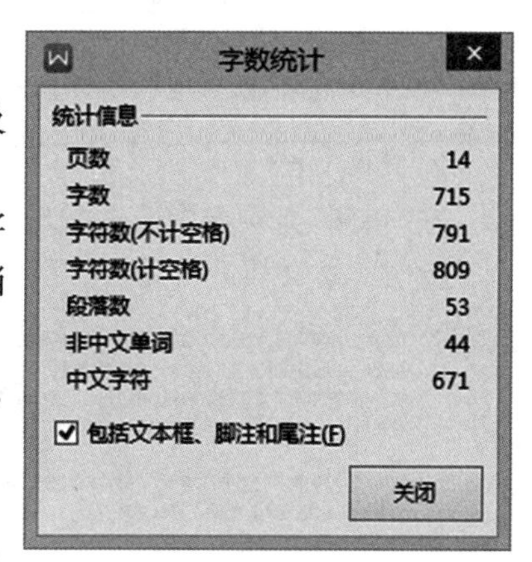

图 3-98　“字数统计”对话框

2. 繁简转换

WPS 文字中提供简体字和繁体字的相互转换功能，具体的操作方法如下。

选中要转换的文字，单击“审阅”选项卡单击“繁转简”(或“简转繁”)按钮即可完成转换。

3. 插入批注

批注是对文档内容的注释。在审阅文档时，给文档添加批注可以让审阅者与作者的沟通更清晰与方便。在 WPS 文字中批注即可插入也可删除。

1)插入批注

选择需要注释的文字，单击“审阅”选项卡，单击“插入批注”按钮输入批注内容。

2)删除批注

选中添加了批注的文字，单击“审阅”选项卡，单击“删除”下列按钮在展开的下拉列表中选择相应命令即可。“删除”下拉列表如图 3-99 所示。

4. 修订

WPS 文字提供了文档修订功能，此功能便于审阅者与作者沟通修改意见。启动修订功能后 WPS 文字将自动跟踪并标记对文档的所有更改，包括插入、删除、格式更改等。

1)设置修订选项

单击“审阅”选项卡，单击“修订”下拉按钮，在展开的下拉列表中选择“修订选项”命令，打开“选项”对话框设置修订标记，单击“确定”按钮，如图 3-100 所示。

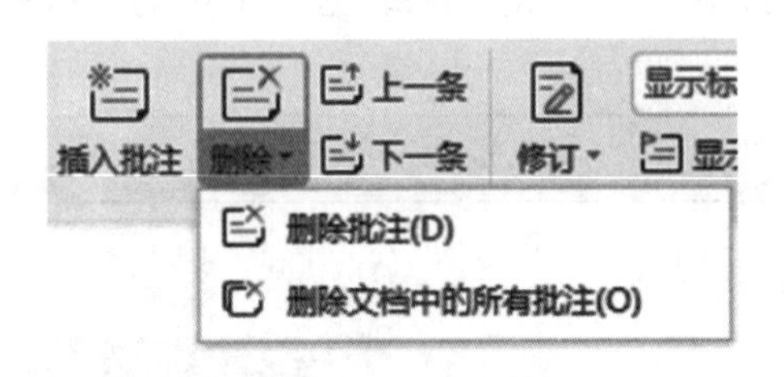

图 3-99　“删除”下拉列表

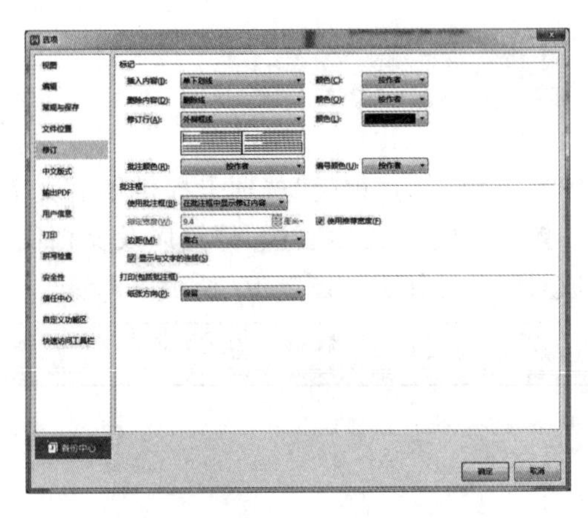

图 3-100　“选项”对话框

2)修订文档

在“审阅”选项卡中选择“修订”→“修订”命令，即可进入修订文档的状态。

此时，对文档进行插入、删除等操作在页面上都有标识，如图 3-101 所示。

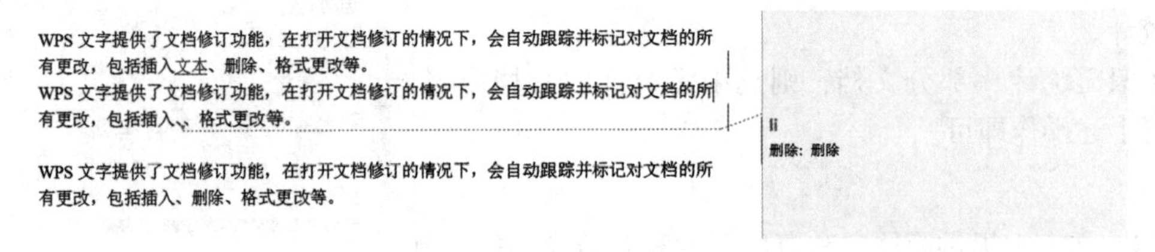

图 3-101　带修订标记的文档

3)接受或拒绝修订

对于修订过的文档，作者可以对修订做出接受或拒绝操作，方法如下。

将光标定位到文档中修订过的地方，单击“审阅”选项卡，单击“接受”(或“拒绝”)下拉按钮，在展开的下拉列表中选择相应的命令即可。

“接受”和“拒绝”修订下拉列表分别如图 3-102、图 3-103 所示。

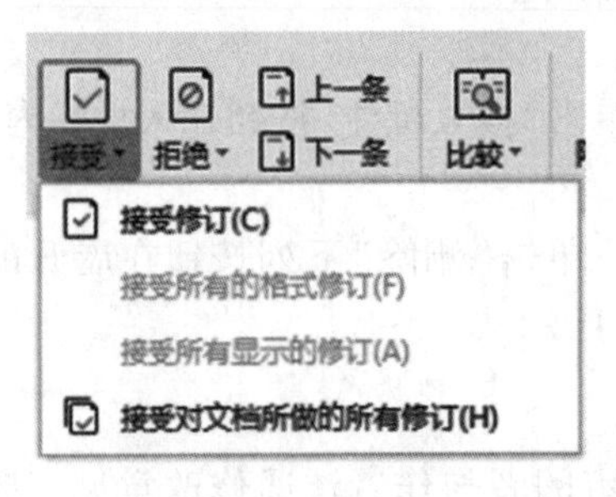

图 3-102　“接受”修订下拉列表

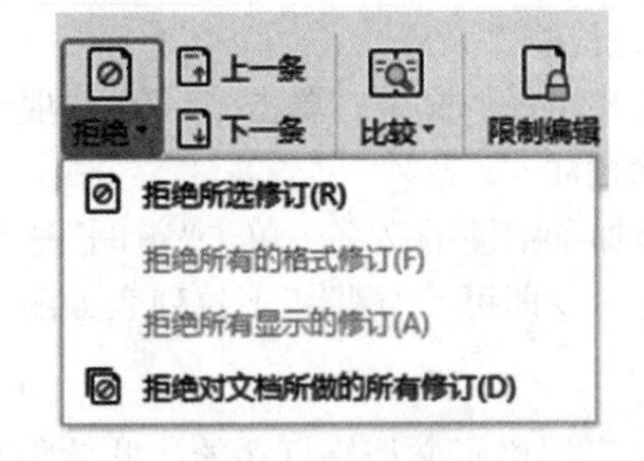

图 3-103　“拒绝”修订下拉列表

5. 文档比较

文档比较是一个可以对两个文档进行对比并标记出两者不同之处的工具，常用于文档被修改前、后的对比，具体的操作方法如下。

在“审阅”选项卡中选择“比较”→“比较”命令，打开“比较文档”对话框，选择“原文档”文件，选择“修订的文档”文件，在“更多”面板中进行更多设置，单击“确定”按钮。

3.7.3　文档的检查

WPS 文字提供了拼写检查功能，默认在用户输入文本时，系统会根据文本的拼写和语法要求进行职能检查，帮助用户减少拼写和语法的错误。

将光标定位到文档任意处在“审阅”选项卡中选择“拼写检查”→“拼写检查”命令，打开“拼写检查”对话框，根据检查的结果和实际需要进行更改、忽略、删除等操作，如图 3-104 所示。

3.7.4　文档安全

WPS 文字提供了限制编辑、文档权限和文档认证功能确保文档安全。

1. 限制编辑

WPS 文字提供了限制编辑功能，可以限制人员对文档特定部分的编辑或更改格式，并强制跟踪所有更改或启用批注，具体的操作方法如下。

单击“审阅”选项卡，单击“限制编辑”按钮，打开“限制编辑”窗格，根据用户需要选择是否开启“限制对选定的样式设置格式”并进行设置，同时选择是否开启“设置文档的保护方式”并进行设置，单击“启动保护”按钮，打开“启动保护”对话框，设置保护密码。

“限制编辑”窗格如图 3-105 所示，在此窗格中可以设置文档的保护方式，如只读、修订、批注等。

图 3-104　“拼写检查”对话框

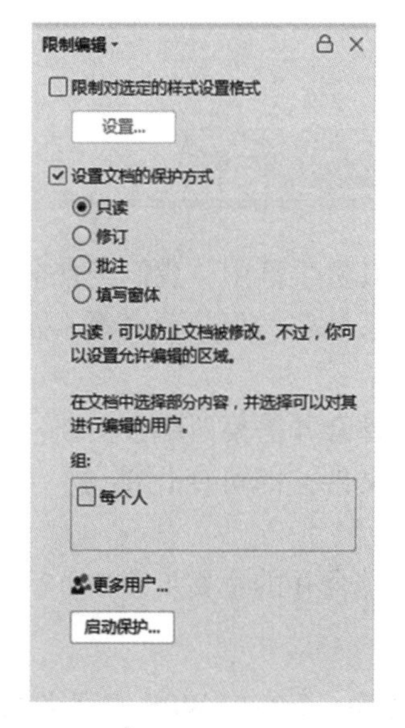

图 3-105　“限制编辑”窗格

2. 文档权限

开启 WPS 文字文档权限功能后，文档将转为私密文档，仅由文档拥有者和指定人可查看或编辑。该功能需要联网使用，私密文档绑定个人账户，具体的操作方法如下。

单击“审阅”选项卡，单击“文档权限”按钮，打开“文档权限”对话框，打开“私密文档保护”功能，弹出“账号确认”对话框，确认本人账号，单击“开启保护”→“添加指定人”按钮，打开“添加指定人”对话框，根据需要添加指定人。

“文档权限”对话框如图 3-106 所示。

3. 文档认证

开启文档认证功能后，文档将成为用户个人的专属文档，如果被篡改则会实时更新文档状态。文档认证的开启和关闭方法如下。

1) 开启文档认证

单击“审阅”选项卡，单击“文档认证”按钮，打开“文档认证”对话框，单击“开启认证”按钮，文档认证成功。

2) 关闭文档认证

单击“审阅”选项卡，单击“文档认证”按钮，打开“文档认证”对话框，单击“取消认证”按钮。

“文档认证”对话框如图 3-107 所示。

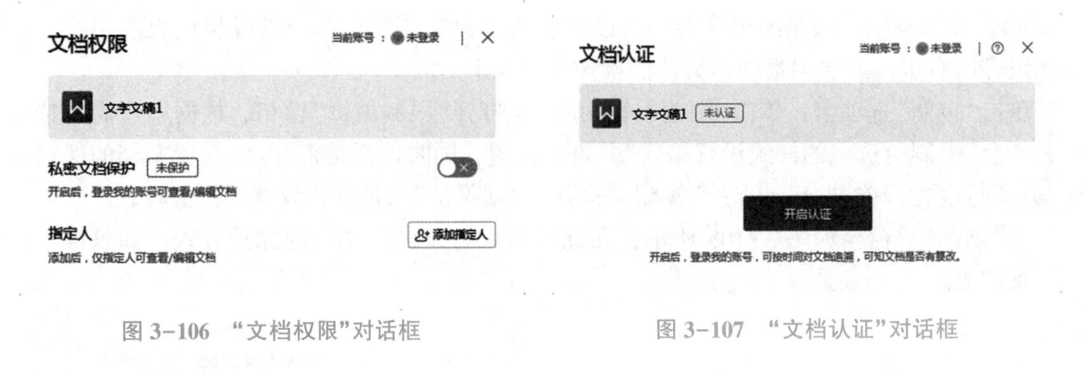

图 3-106 “文档权限”对话框　　图 3-107 “文档认证”对话框

3.7.5 邮件合并

在日常生活中，我们经常会看到通知书、邀请函，它们共同的特点是：多份文档中主要内容是系统的，只是具体数据不相同。WPS 中的邮件合并功能可以方便快捷地处理这类邮件。

邮件合并需要两部分文档：一是主文档，即相同部分的内容，如录取通知书正文；二是数据源文件，即可变化部分，如考试姓名、录取专业等，可以使用 WPS 表格数据作为数据源。

邮件合并的主要步骤如下。

1. 创建主文档

创建一个空白 WPS 文字文档，输入主文档内容。

2. 创建数据源

创建一个 WPS 表格文件，输入主文档中需要的数据源数据。

3. 插入合并域

将光标定位到主文档中，单击“引用”选项卡，单击“邮件”按钮，打开“邮件合并”选项卡，选择“打开数据源”→“打开数据源”命令，打开“选取数据源”对话框，选择数据源文件，单击“打开”按钮，将光标定位到主文档中要插入数据的区域中，单击“邮件合并”选项卡中的“插入合并域”按钮，打开“插入域”对话框，在“插入”区域中选择“数据库域”单选按钮，在“域”列表框中依次选择需要插入合并的选项，单击“插入”按钮。

4. 查看并合并邮件

在“邮件合并”选项卡中单击“查看合并数据”按钮，单击“上一条”“下一条”按钮来切换显示数据，选择“合并到新文档”→“全部”命令，单击“确定”按钮。

3.7.6 打印文档

在WPS文字中，打印文档时，可以先通过打印预览功能查看预览结果再进行打印；也可以直接打印。

1. 打印预览

用户编辑完文档后如需打印，则可在打印之前先预览打印的效果，如果对文档中某些地方不满意，则可返回编辑状态进行修改，直到预览效果满意之后再进行打印。进行打印预览的操作方法如下。

选择“文件”→“打印”→“打印预览”命令，打开“打印预览”选项卡，设置“单页”“多页”或“显示比例”后，查看预览结果，如图3-108所示。

为方便用户在预览满意后打印文档，在“打印预览”选项卡中，可以直接设置打印份数、打印方式等信息后选择“直接打印”→“打印”命令进行打印。单击“关闭”按钮可以退出打印预览模式。

图3-108 “打印预览”选项卡

2. 打印

打印文件还可以通过下述方法完成。

选择“文件”→“打印”→“打印”命令，打开“打印”对话框，选择打印机、设置页码范围、打印份数等参数后，单击“确定”按钮。

第 4 章　WPS 电子表格软件

WPS 表格是北京金山办公软件股份有限公司 WPS Office 办公系列软件的一个重要组成部分，是一款功能十分强大的电子表格处理软件，也是目前十分流行的、具有强大的数据分析和数据处理能力的电子表格应用程序。

4.1　WPS 表格概述

4.1.1　WPS 表格的基本功能

WPS 表格具有强大的数据组织、数据计算、数据分析和数据统计功能，可以把要处理的数据用各种形式的图表形象地表现出来，使数据呈现更加清晰、直观。WPS 表格可以处理数字、文字、图像、图表和其他多媒体对象，广泛应用于行政管理、统计、财经、金融等领域，深受广大办公人员、统计人员和财务人员的青睐，成为当今流行的电子表格处理工具。

4.1.2　WPS 表格的基本概念

工作簿、工作表和单元格是 WPS 表格中最基本、最重要的概念，用户的所有操作都是在工作簿、工作表和单元格中进行的。

1. 工作簿

工作簿就是 WPS 表格文件，是用来存储和处理数据的文档，是若干工作表的集合。WPS 工作簿的拓展名是“et”。WPS 表格也可以处理扩展名为“xlsx”和“xls”的 Excel 文件。要进行 WPS 表格操作，首先应该建立或打开一个 WPS 工作簿文件。启动 WPS Office 并新建一个表格空白文档后，系统会自动创建一个名为“工作簿 1”的空白工作簿。如果新建多个 WPS 表格文件，那么系统会自动把新建的工作簿依次命名为工作簿 2、工作簿 3、工作簿 4……，在保存时可对工作簿重新命名。

2. 工作表

工作表就是显示在工作簿窗口中的表格，是工作簿中用来编辑数据的区域，它存储在工作簿中，即工作表是工作簿中的一张表。工作表是WPS表格完成一项工作的基本单位。一个工作簿由若干工作表组成，系统默认的每个工作簿有一张工作表，名称是“Sheet1”，根据需要可以插入更多的工作表。在实际的应用中，用户还可以根据具体工作任务的需要修改或删除工作表。

3. 单元格

单元格就是工作表中行与列交叉处的矩形区域，是构成WPS表格的最基本单位。单元格可以用来存储文本、数字、公式和图像等。工作表中单元格的地址用列标和行号表示。列标用大写英文字母A，B，…，Z等标识，位于各列上方的灰色字母区。行号用数字1，2，3，…标识，位于各行左侧的灰色编号区。例如，单元格B2就是位于B列第2行交叉处的单元格。

如果要表示一个连续的单元格区域，则需要在两个地址之间用半角冒号分隔，即用“起始地址:终止地址”表示从起始地址到终止地址之间的矩形区域。例如，“D3: F5”表示以D3到F5为对角线包含9个单元格的矩形区域；“5: 8”表示第5行到第8行的所有单元格；“A: F”表示A列到F列的所有单元格。

如果要表示不连续的单元格，则单元格之间用半角逗号分隔，如用“A1, B5, F6”表示这3个单元格。

在工作表中单击某个单元格，则该单元格的边框将被加粗显示，表示该单元格被选中，它就成为活动单元格，该单元格的地址或名称会在名称框中显示。工作表中总有一个单元格为活动单元格。新建的WPS表格文件，Sheet1工作表的A1单元格为活动单元格。

综上所述，WPS表格文件就是一个工作簿，一个工作簿包含若干张工作表，一张工作表由若干个单元格组成。

4.2 WPS表格的基本操作

4.2.1 WPS表格的启动与退出

1. 启动WPS表格

启动WPS表格主要有以下4种方法。

(1)在“开始”菜单中选择“WPS Office”，启动WPS Office，在其首页上，单击“+”按钮，在“新建”标签列表中单击“新建表格”按钮，单击“新建空白表格”按钮。

(2)双击桌面上的“WPS Office”图标，启动WPS Office，在其首页上，单击“+”按钮，在左侧的“新建”标签列表中单击“新建表格”按钮，单击“新建空白表格”按钮。

(3)将WPS Office锁定在任务栏的快速启动区中，单击“WPS Office”图标，启动WPS Office，在其首页上，单击“+”按钮，在“新建”标签列表中单击“新建表格”按钮，单击“新建空白表格”按钮。

(4)打开拓展名为“et”“xlsx”和“xls”等的文件，系统会自动启动WPS表格。

2. 退出 WPS 表格

退出 WPS 表格主要有以下 4 种方法。

(1)单击 WPS Office 2019 窗口右上角的“关闭”按钮。

(2)按〈Alt+F4〉组合键。

(3)在标签列表区中选择要关闭的 WPS 表格文档，右击，在弹出的快捷菜单中选择“关闭”命令。

(4)单击标签列表区中文档名称右侧的“关闭”按钮。

4.2.2 WPS 表格的窗口组成

启动 WPS 表格后，进入如图 4-1 所示的工作窗口。下面详细介绍 WPS 表格工作窗口中的主要组成部分(功能区在前面已经介绍过，此处不再赘述)。

1. 编辑栏区

编辑栏区是 WPS 表格特有的，用来显示和编辑当前选择的单元格中的数据或公式，主要包括名称框、编辑栏、浏览公式结果按钮、插入函数按钮、取消按钮和确认按钮等。

(1)名称框：用来显示当前单元格的地址或函数的名称。

(2)编辑栏：用于显示在单元格中输入或编辑的内容，也可在其中直接输入和编辑。

(3)浏览公式结果按钮🔍：单击此按钮，显示当前单元格包含公式或函数的计算结果。

(4)插入函数按钮 fx：单击此按钮，打开“插入函数”对话框。

(5)取消按钮✕：单元格中输入数据后，显示在编辑栏区中，用于取消输入的内容。

(6)确认按钮✓：单元格中输入数据后，显示在编辑栏区中，用于确认输入的内容。

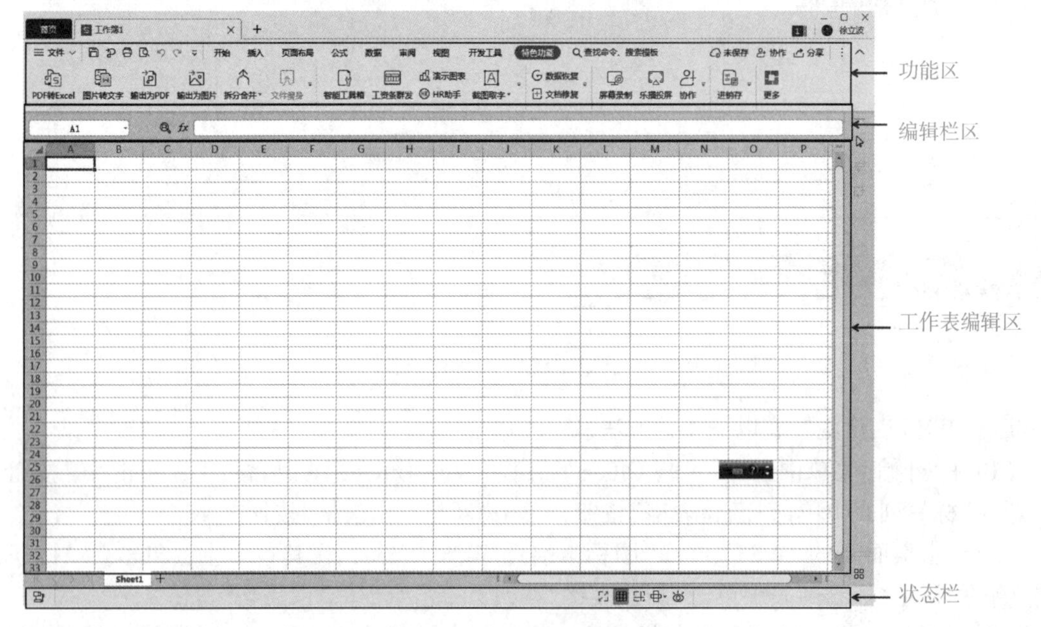

图 4-1　WPS 表格工作窗口

2. 工作表编辑区

工作表编辑区是 WPS 表格编辑数据的主要区域，显示正在编辑的文档内容，包括列标、行号、单元格地址和工作表标签。

(1)列标、行号。WPS表格中的列标用大写英文字母A，B，…，Z等字母标识，行号用数字1，2，3，…标识。

(2)单元格地址。WPS表格中的单元格地址用“列标+行号”表示，如“C4”表示第3列第4行的单元格。

(3)工作表标签。工作表标签就是工作表的名称，WPS表格默认只包含一张名称为“Sheet1”的工作表。单击“+”按钮就可以新建一张工作表，默认名称为“Sheet2”，单击“Sheet1”或“Sheet2”标签，可切换不同的工作表。

3. 状态栏

状态栏位于WPS表格工作窗口的最下方，主要用于改变视图模式，调节表格的显示比例。

4.2.3 工作簿的基本操作

工作簿的基本操作主要包括工作簿的建立、打开、保存、关闭、保护、共享和文件加密。

1. 新建工作簿

新建WPS工作簿主要有以下3种方法。

(1)在“开始”菜单中选择“WPS Office”，启动WPS Office，在其首页上，单击“+”按钮，在“新建”标签列表中单击“新建表格”按钮，单击“新建空白表格”按钮。

(2)双击桌面上的“WPS Office”图标，启动WPS Office，在其首页上，单击“+”按钮，在“新建”标签列表中单击“新建表格”按钮，单击“新建空白表格”按钮。

(3)打开现有的工作簿后，按〈Ctrl+N〉组合键创建新工作簿。

2. 打开工作簿

若要使用现有的工作簿，则必须首先将其打开。WPS表格可以打开扩展名为“et”“xlsx”和“xls”的工作簿文件。

打开WPS工作簿主要有以下3种方法。

(1)直接双击要打开的工作簿文件即可打开工作簿。

(2)启动WPS Office后，在其首页上，单击“打开”按钮，在弹出的“打开文件”对话框中选择需要打开的工作簿文件即可打开工作簿。

(3)启动WPS Office后，按〈Ctrl+O〉组合键，在弹出的“打开文件”对话框中选择需要打开的工作簿文件即可打开工作簿。

(4)启动WPS Office后，直接将需要打开的工作簿文件拖拽到WPS Office窗口。

3. 保存工作簿

保存WPS工作簿主要有以下4种方法。

(1)选择“文件”→“保存”命令，新建的工作簿文件第一次保存时会弹出“另存文件”对话框，修改保存位置、文件名和文件类型后，单击“保存”按钮即可保存。WPS支持把工作簿存储为“et”“xlsx”和“xls”等类型的文件。如果工作簿文件已经保存，则不会弹出“另存文件”对话框。

（2）按〈Ctrl+S〉组合键进行保存。

（3）在功能区直接单击“保存”按钮进行行保存。

（4）在标签列表区中选择要保存的 WPS 表格文档，右击，在弹出的快捷菜单中选择“保存”命令。

4. 关闭工作簿

关闭 WPS 工作簿主要有以下 4 种方法。

（1）单击 WPS Office 2019 窗口右上角的“关闭”按钮。

（2）按〈Alt+F4〉组合键。

（3）在标签列表区中选择要关闭的 WPS 表格文档，右击，在弹出的快捷菜单中选择“关闭”命令。

（4）单击标签列表区中文档名称右侧的“关闭”按钮。

5. 保护工作簿

保护工作簿可以保护其结构和窗口。工作簿的保护可以防止用户插入、删除、重命名、移动、复制、隐藏和取消隐藏工作表，具体操作如下。

（1）单击“审阅”选项卡，单击“保护工作簿”按钮，打开“保护工作簿”对话框。

（2）在“保护工作簿”对话框中，输入密码后单击“确定”按钮，再次输入相同密码后单击“确定”按钮。

（3）如果想撤销对工作簿的保护，则单击“审阅”选项卡，单击“撤销工作簿保护”按钮，打开“撤销工作簿保护”对话框，输入正确的密码即可。

6. 共享工作簿

共享工作簿能够实现多人同时查看和修改工作簿数据，以便及时快速更新数据，达到高效率协同办公的目的。工作簿的共享操作过程如下。

单击“审阅”选项卡，单击“共享工作簿”按钮，打开“共享工作簿”对话框，勾选“允许多用户同时编辑，同时允许工作簿合并”复选框，单击“确定”按钮，之后分享文档到微信即可。

7. 加密工作簿文件

为保护 WPS 工作簿文件数据的安全性，可以对文件设置密码。文件加密后，打开文件时需要提供密码。WPS 表格提供以下 3 种方式对工作簿文件进行加密。

（1）选择“文件”→“文档加密”→“密码加密”命令，打开“密码加密”对话框，在“打开文件密码”和“修改文件”文本框中输入密码即可。

（2）选择“文件”→“另存为”命令，打开“另存文件”对话框单击“加密”按钮，在“打开文件密码”和“修改文件”文本框中输入密码即可。

（3）选择“文件”→“选项”命令，打开“选项”对话框，打开“安全性”选项卡，在“打开文件密码”和“修改文件”文本框中输入密码即可。

4.2.4 工作表的基本操作

工作表的基本操作主要包括工作表的建立、切换、重命名、删除等

1. 新建工作表

新建一个工作簿后，会自动建立一张名为“Sheet1”的工作表。可在 Sheet1 后插入一张新工作表 Sheet2，主要有以下 3 种方法。

（1）单击“开始”选项卡，单击“工作表”下拉按钮，在展开的下拉列表中选择“插入工作表”命令，输入插入数目，选择插入位置。此方法适用于一次插入一张或多张工作表。

（2）右击左下角“Sheet1”工作表标签，在弹出的快捷菜单里选择“插入”命令，输入插入数目，选择插入位置。此方法同样适用于一次插入一张或多张工作表，如图 4-2 所示。

（3）单击左下角“+”按钮即可插入一张工作表，如果想插入多张工作表，则需要多次单击。

2. 切换工作表

在 WPS 表格中可以通过单击左下角的工作表标签来实现工作表的切换，亦可通过〈Ctrl+Page Up〉和〈Ctrl+Page Down〉组合键在相邻工作表间进行切换，切换后的工作表成为当前工作表。

3. 重命名工作表

工作表的重命名主要有以下两种方法。

（1）单击“开始”选项卡，单击“工作表”下拉按钮，在展开的下拉列表中选择“重命名”命令，当前工作区的标签名称进入编辑状态，输入新的工作表名称即可。

（2）右击左下角“Sheet1”工作表标签，在弹出的快捷菜单里选择“重命名”命令，当前工作区的标签名称进入编辑状态，输入新的工作表名称即可。

4. 删除工作表

工作表的删除主要有以下两种方法。

（1）单击“开始”选项卡，单击“工作表”下拉按钮，在展开的下拉列表中选择“删除”命令即可删除当前工作表，当前工作表被删除后，下一张工作表就成为当前工作表，如果没有下一张工作表，则前一张工作表成为当前工作表。

（2）右击左下角“Sheet1”工作表标签，在弹出的快捷菜单里选择“删除工作表”命令即可删除当前工作表。

5. 移动和复制工作表

工作表的移动和复制主要有以下两种方法。

（1）单击“开始”选项卡，单击“工作表”下拉按钮，在展开的下拉列表中选择“移动或复制工作表”命令，弹出“移动或复制工作表”对话框，如图 4-3 所示。选择工作簿的名称，选择移动或复制工作表的位置，单击“确定”按钮即可完成工作表的移动。如果勾选“建立副本”复选框，则表示复制当前工作表。

（2）右击左下角“Sheet1”工作表标签，在弹出的快捷菜单里选择“移动或复制工作表”命令即可。

6. 隐藏与显示工作表

隐藏工作表可以使工作表标签暂时从列表中消失，防止用户查看和修改，起到一定的保护作用。工作表的隐藏主要有以下两种方法。

（1）单击“开始”选项卡，单击“工作表”下拉按钮，在展开的下拉列表中选择“隐藏”命令即可隐藏当前工作表。

(2)右击左下角“Sheet1”工作表标签，在弹出的快捷菜单里选择“隐藏”命令即可隐藏当前工作表。

如果要显示被隐藏的工作表，则右击左下角工作表标签，在弹出的快捷菜单里选择“取消隐藏”命令即可。

7. 保护工作表

保存工作表可以防止用户修改工作表，避免数据被破坏。工作表的保护主要有以下两种方法。

(1)单击“开始”选项卡，单击“工作表”下拉按钮，在展开的下拉列表中选择“保护工作表”命令，弹出“保护工作表”对话框，如图 4-4 所示。输入密码，单击“确定”按钮即可完成工作表的保护。

(2)右击左下角“Sheet1”工作表标签，在弹出的快捷菜单里选择“保护工作表”命令。

如果要撤销对工作表的保护，则右击左下角工作表标签，在弹出的快捷菜单里选择“撤销工作表保护”命令即可。

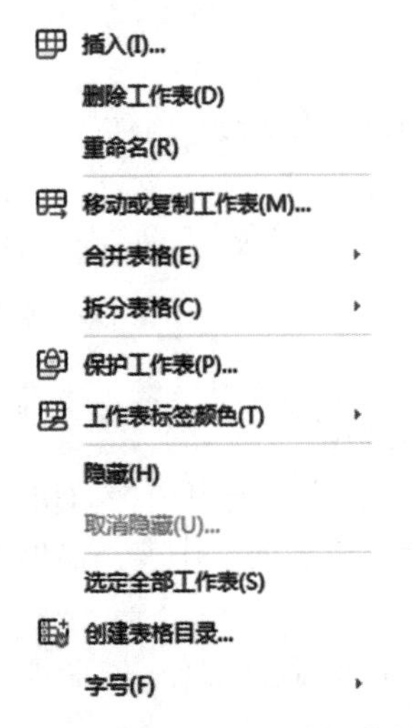

图 4-2　插入工作表快捷菜单

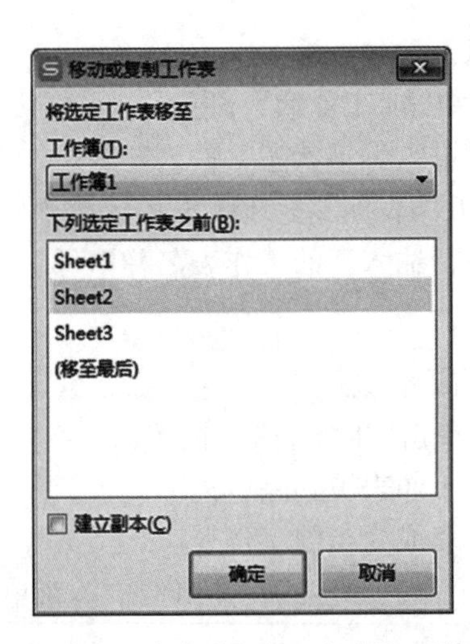

图 4-3　“移动或复制工作表”对话框

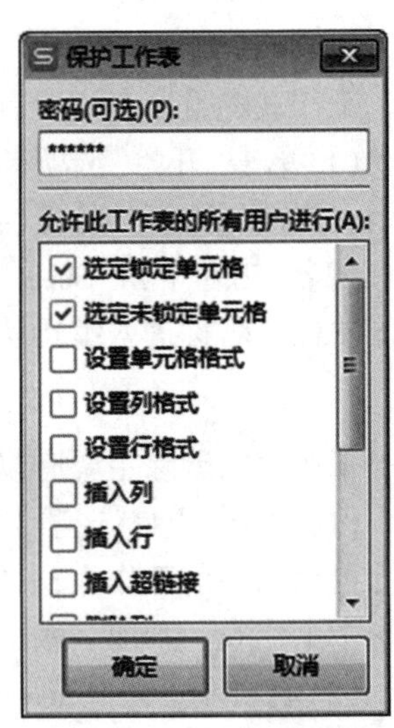

图 4-4　“保护工作表”对话框

8. 设置工作表的标签字号和颜色

右击左下角“Sheet1”工作表标签，在弹出的快捷菜单里选择“字号”或“工作表标签颜色”命令进行设置。

4.3　WPS 表格单元格的基本操作

4.3.1　单元格数据

单元格数据包括数据类型、数据的输入与修改和快速输入数据等。

1. 数据类型

WPS表格中的数据类型包括数值型、文本型、日期和时间型和逻辑型数据。

1)数值型数据

在WPS表格中，数值型数据使用较多，其主要由“0-9”“.”“%”“E”和“e”等组成，在WPS表格中输入的数值型数据在默认情况下是右对齐的。

数值型数据包括指定小数位数的数字、表示货币的数字、百分比数字、分数或用科学记数法表示的数字，选中需要输入数值型数据的单元格，右击，在弹出的快捷菜单中选择“设置单元格格式”命令可对这些特殊的数字进行设置。关于“设置单元格格式”会在4.3.3小节详细介绍。

2)文本型数据

文本型数据是由字母、数字、符号和汉字等组成的字符串。在WPS表格中输入的文本型数据在默认情况下是左对齐的。

3)日期和时间型数据

WPS表格提供了多种日期和时间格式，在输入日期和时间型数据之前，一般需要在选中的单元格上右击，在打开的快捷菜单中选择“设置单元格格式”命令，打开“单元格格式”对话框，在“分类”列表框中选择“日期”或“时间”，选择好格式后，再根据设置的格式在单元格中输入日期或时间。在WPS表格中输入的日期和时间型数据在默认情况下是右对齐的。

4)逻辑型数据

逻辑值包括逻辑值真“TRUE”和逻辑值假“FALSE”。在单元格中输入逻辑判断表达式后，系统自动判断逻辑值。在WPS表格中输入的逻辑型数据在默认情况下是居中对齐的。

2. 数据的输入与修改

1)数据的输入

单元格是WPS表格中存储数据的最小单位。在单元格中输入数据通常采用以下3种方法。

(1)单击要输入数据的单元格，直接在单元格中输入数据后，按〈Enter〉键或〈Tab〉键确认。

(2)单击要输入数据的单元格，在编辑栏区中输入数据后，按〈Enter〉键或〈Tab〉键确认。

(3)双击要输入数据的单元格，直接在单元格或在编辑栏区中输入数据后，按〈Enter〉键或〈Tab〉键确认。

2)数据的修改

在单元格中输入数据后可以进行修改，通常采用以下3种方法。

(1)单击要修改数据的单元格，然后输入新的数据，则单元格中原有的数据会被覆盖，按〈Enter〉键或〈Tab〉键确认修改完成。

(2)单击要修改数据的单元格，单元格中的数据会出现在编辑栏区中，在编辑栏区中修改数据后，按〈Enter〉键或〈Tab〉键确认修改完成，此时单元格中原有数据不会被覆盖。

(3)双击要修改数据的单元格，或者单击要修改数据的单元格后按〈F2〉键，则插入点出现在单元格中，这时可对单元格中的数据进行修改，按〈Enter〉键或〈Tab〉键确认修改完成。

3. 输入数据时的几点说明

(1)输入负数时，需要在数值前面加上“-”，或者将数字用括号“()”括起来。例如，输入“-6”或“(6)”都可以。

(2)输入分数时，应该先输入0和一个空格，以便和日期型数据区分开来。例如，输入

“0　2/3”表示三分之二。如果只输入“2/3”，则会变成日期型数据。

(3)若要将一串数字作为文本型数据输入，则输入时在数字前加上一个半角单引号，或者将数字用半角双引号括起来后，前面再加一个“=”。因此，若要将数字“5678”作为文本型数据处理，则可以输入“'5678”或“="5678"”。

(4)WPS 表格能够智能识别常见的文本型数据。当在单元格中输入身份证等长数字或以 0 开头超过 5 位的数字编号时，WPS 表格将智能识别其为文本型数据，避免手工设置格式或添加半角单引号带来的麻烦。

(5)按〈Ctrl+;〉组合键可在单元格中输入当前系统日期，按〈Ctrl+Shift+;〉组合键可在单元格中输入当前系统时间。

(6)按〈Alt+Enter〉组合键可在单元格内某处强制换行。

(7)默认情况下按〈Enter〉键确认输入后，活动单元格会自动跳转至下一行，如果想要活动单元格自动跳转至上一行，则按〈Enter +Shift〉组合键。

(8)默认情况下按〈Enter〉键确认输入后，活动单元格自动跳转至下一行，如果想要活动单元格自动跳转至左侧单元格，则按〈Shift +Tab〉组合键。

4. 快速输入数据

WPS 表格提供以下 4 种快速输入数据的方法。

1)利用填充柄输入数据

WPS 表格中每个单元格右下角都有一个填充柄，如图 4-5 所示。用户可以通过拖动填充柄实现在相邻单元格输入一组相同或具有等差规律的数据。利用填充柄输入数据的具体操作如下。

(1)选中一个或多个单元格，将光标移至该单元格右下角填充柄处，按住鼠标左键不放，鼠标指针变为实心十字形后，向下或向右拖动若干单元格后松开鼠标，这些单元格被自动填充上数据，如图 4-6 所示。

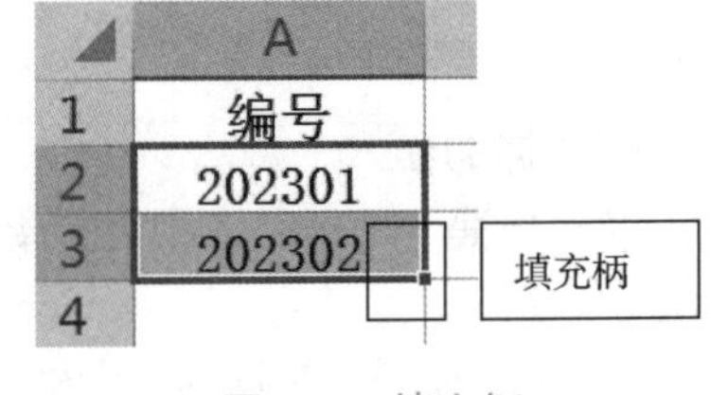

图 4-5　填充柄

(2)在利用填充柄填充数据后，会在单元格右下角显示“自动填充选项”下拉按钮，单击此按钮，打开“自动填充选项”下拉列表，如图 4-7 所示。用户可以选择“复制单元格”“以序列方式填充”“仅填充格式”“不带格式填充”和“智能填充”。

图 4-6　填充数据

图 4-7　“自动填充选项”下拉列表

2) 利用序列填充数据

利用序列填充数据的具体操作如下。

(1) 选中单元格，单击“开始”选项卡，单击“填充”下拉按钮，在展开的下拉列表中选择“序列”命令，打开“序列”对话框，如图 4-8 所示。

(2) 设置“序列”对话框参数。在“序列”对话框的“序列产生在”设置为“行”，“类型”设置为“等比序列”，“步长值”设置为“2”，“终止值”设置为 16，单击“确定”按钮。

这样就利用序列完成等比序列“2，4，8，16”的快速填充。

(3) 如果单元格数据是“一月”“星期一”和“Sunday”等序列数据，则利用填充柄即可完成数据的批量填充。

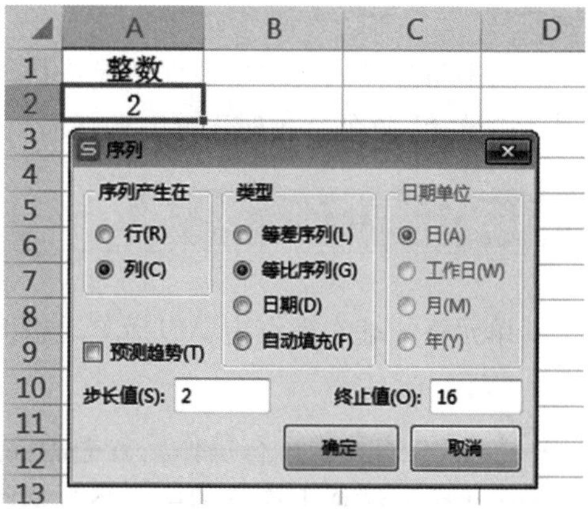

图 4-8 “序列”对话框

3) 利用自定义序列自动填充数据

WPS 表格允许用户自定义序列，以便更快速、批量地完成数据的输入，具体操作如下。

(1) 选择“文件”→“选项”命令，打开“选项”对话框，如图 4-9 所示，选择“自定义序列”选项。

(2) “自定义序列”列表框中列举了系统提供的序列，即只要在单元格中输入其中的内容，拖动填充柄就可以按照序列顺序进行填充。

(3) 如果用户要自己定义新的序列，则在“输入序列”列表框中输入新的序列，中间用半角逗号或“Enter”分隔。例如，输入“春, 夏, 秋, 冬”。

(4) 单击“添加”按钮，在“自定义序列”列表框的最下方就会出现“春, 夏, 秋, 冬”，单击“确定”按钮。

(5) 在单元格中输入“春”，拖动填充柄，就会出现“春, 夏, 秋, 冬”序列，如图 4-10 所示。

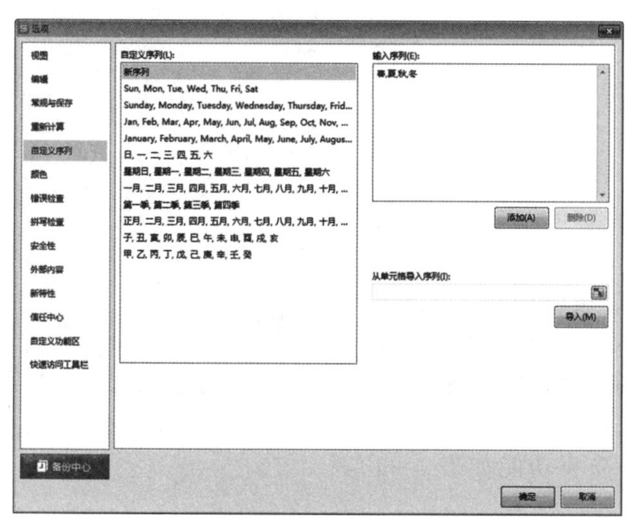

图 4-9 “选项”对话框

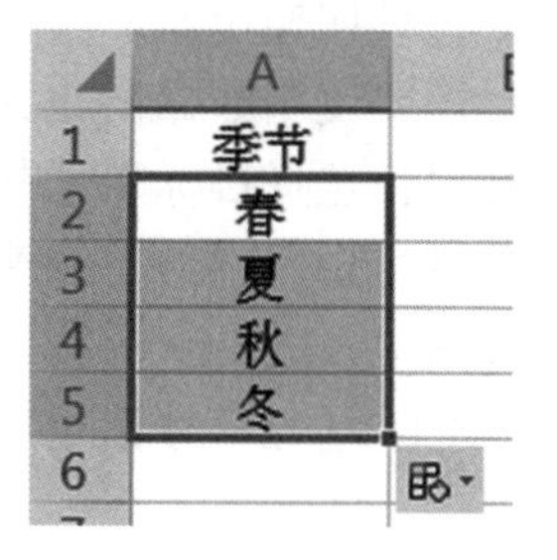

图 4-10 自定义填充

4)从下拉中列表选择

此方式只适用于文本型数据，可以在某一列中重复输入文本型数据，具体操作过程如下。

右击与已输入文本型数据单元格相邻的同列单元格，在弹出的快捷菜单中选择“从下拉列表中选择”命令，在列表框中选择需要的文本型数据，就可以添入选定的单元格。

4.3.2 单元格的基本操作

单元格的基本操作主要包括单元格的选定、复制、移动、插入和删除等。

1. 选定单元格

在 WPS 表格中进行操作，首先需要选定有关的单元格或数据区域。数据区域是由工作表中若干个连续或不连续的单元格数据组成的。在 WPS 表格中，可以选定一个单元格、连续单元格、不连续单元格、整行、多行以及工作表所有单元格。

(1)一个单元格的选取。单击该单元格即可选取。

(2)连续单元格的选取。如果选定的单元格区域是连续的，则用鼠标左键按住要选定区域某个角的单元格，拖动鼠标至该区域最后一个单元格；或者单击该区域的某个角的首个单元格，按住〈Shift〉键，再单击想要选择的区域的最后一个单元格。

(3)不连续单元格的选取。先按上述方法选择第一个数据区，然后按住〈Ctrl〉键，再选取其他单元格或数据区，最后松开〈Ctrl〉键。

(4)整行(或整列)的选取。单击行号(或列标)可选定工作表中的整行(或整列)。

(5)多行(或多列)的选取。先选取第一行或第一列，按住〈Ctrl〉键，再单击相关的行号(或列标)，最后松开〈Ctrl〉键。

(6)工作表所有单元格的选取。〈Ctrl+A〉组合键可以选定整个工作表所有单元格；或者单击工作表左上角行号和列标号交叉处的“全选”按钮。

2. 复制和移动

1)复制单元格中的数据

选择需要复制数据的单元格，按〈Ctrl+C〉组合键复制源数据，选择目标单元格，按〈Ctrl+V〉组合键粘贴数据。

2)选择性粘贴

复制单元格中的数据后，粘贴时可以选择不同的粘贴方式，具体操作如下。

选择需要复制数据的单元格，按〈Ctrl+C〉组合键复制源数据，选择目标单元格，右击，在弹出的快捷菜单中选择“选择性粘贴”命令，打开“选择性粘贴”对话框，如图 4-11 所示。

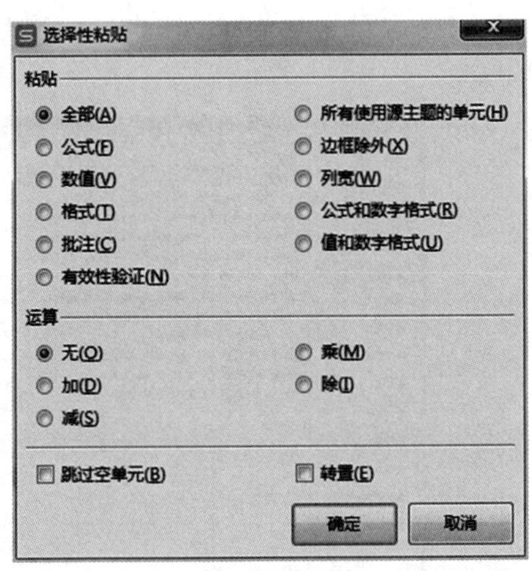

图 4-11 “选择性粘贴”对话框

“选择性粘贴”对话框部分选项功能如表 4-1 所示。

表 4-1　“选择性粘贴”对话框部分选项功能

选项		功能
粘贴	全部	粘贴单元格所有内容和格式
	公式	只粘贴在编辑栏区中输入的公式
	数值	只粘贴在单元格中显示的值
	格式	只粘贴单元格格式
	边框除外	粘贴单元格除边框外的所有内容和格式
	列宽	将某个列宽或列的区域复制到另一列
运算		将已复制的数据与粘贴目标区域的数据进行“加”“减”“乘”“除”等运算
转置		行数据和列数据对换

3) 移动单元格中的数据

选择需要移动数据的单元格，按〈Ctrl+X〉组合键剪切源数据，选择目标单元格，按〈Ctrl+V〉组合键粘贴数据。也可以通过鼠标拖动的方法完成移动。

3. 插入行、列或单元格

已经建立好的工作表可以进行插入行、列或单元格的操作，从而实现对工作表的调整。

选择要插入行、列或单元格中的任意单元格，右击，在弹出的快捷菜单中选择“插入”命令，选择插入行、列或单元格选项。

4. 删除行、列或单元格

已经建立好的工作表可以删除整行、整列或单元格，从而实现对工作表的调整。

选择要删除的行、列或单元格，右击，在弹出的快捷菜单中选择“删除”命令即可。

5. 清除单元格

清除单元格是指删除单元格中的内容或格式。选定单元格后右击，在弹出的快捷菜单中选择“清除内容”命令，即可清楚单元格的内容或格式。

4.3.3　单元格格式的设置

单元格数据输入完成后，通常需要对单元格的格式进行设置，以美化工作表。单元格格式包括单元格数字格式、对齐方式、边框、图案、行高和列宽。设置单元格格式通常在“单元格格式”对话框中进行。

1. 设置数字显示格式

工作表内的数字、时间等都是以数字存储的，系统会根据所在单元格的格式显示这些数据。数字显示格式包括小数的位数、是否使用千位分隔符和负数的显示方式。

如果要重新设置单元格的数字显示格式，则可按照下列操作步骤。

(1) 选择要设置数字显示格式的单元格区域，右击，在弹出的快捷菜单中选择“设置单元格格式”命令，弹出“单元格格式”对话框，单击“数字”选项卡；或者单击“开始”选项卡“数字”组中的“单元格格式对话框启动”按钮。

(2) 在“分类”列表框中选择需要设置的数字类别，然后在右侧进行具体设置。如果选定的单元格区域需要显示 3 位小数，则可在“分类”列表框中选择“数值”，“小数位数”设置成“3”，单击“确定”按钮，如图 4-12 所示。

2. 设置对齐方式

在 WPS 表格中，日期和时间型数据的默认对齐方式是右对齐，文本型数据的默认对齐方式是左对齐。用户可以根据需要进行对齐方式的设置，具体操作如下：

(1) 选择要设置对齐方式的单元格区域，右击，在弹出的快捷菜单中选择“设置单元格格式”命令，弹出“单元格格式”对话框，单击“对齐”选项卡；或者单击“开始”选项卡“对齐方式”组中的“单元格格式对话框启动”按钮。

(2) 在“单元格格式”对话框中，设置单元格中数据的水平和垂直对齐方式、文本控制、文字方向等，如图 4-13 所示。

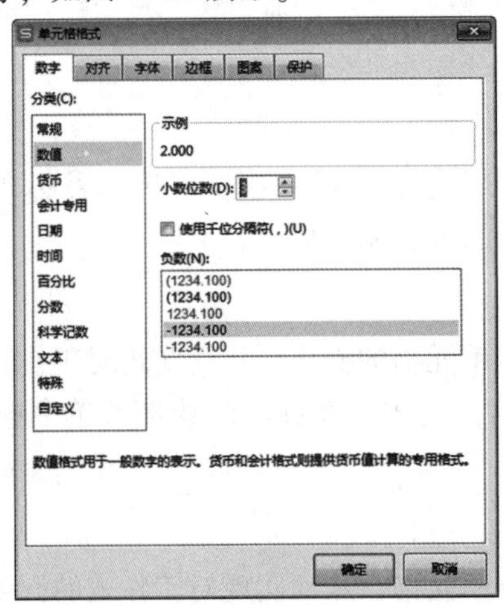
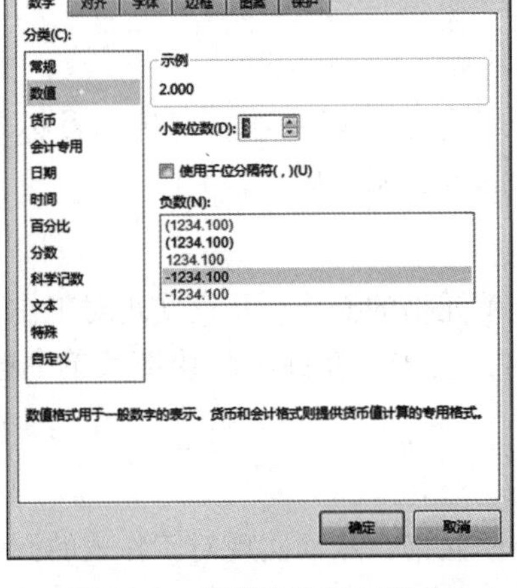

图 4-12 设置数字显示格式

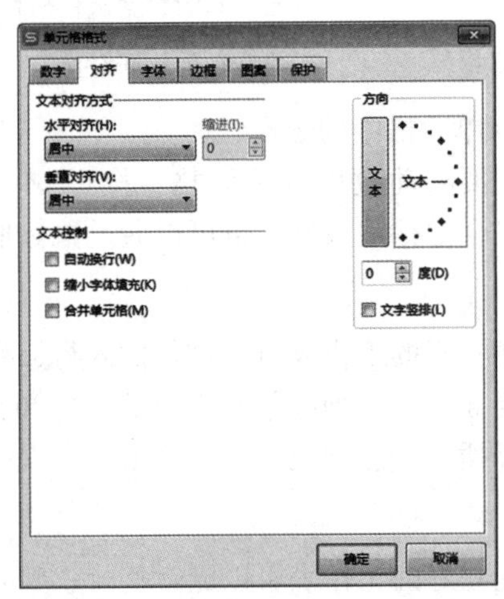

图 4-13 设置对齐方式

(3) 用户也可通过在“开始”选项卡的功能区“对齐方式”组中单击“顶端对齐”“垂直居中”“底端对齐”“左对齐”“水平居中”“右对齐”“两端对齐”“分散对齐”“合并居中”下拉按钮和“自动换行”按钮，设置数据在单元格中的对齐方式。

3. 设置边框

WPS 表格工作表中的网格线是灰色的，在打印预览时不显示网格线，打印表格时也不打印网格线，如果需要预览和打印网格线，则需要对表格边框进行设置，具体操作如下。

(1) 选择需要设置边框的单元格区域，右击，在弹出的快捷菜单中选择“设置单元格格式”命令，弹出“单元格格式”对话框，单击“边框”选项卡，如图 4-14 所示。

(2) 自定义外边框。在“边框”选项卡中，首先选择边框线的样式，再设置边框线的颜色。在“预置”区域中选择“外边框”，在“边框”区域单击“上边框线”按钮，添加或取消上边框线；单击“下边框线”按钮，添加或取消下边框线；单击“左边框线”按钮，添加或取消左边框线；单击“右边框线”按钮，添加或取消右边框线。

(3) 自定义内部框线。在“边框”选项卡中，首先选择边框线的样式，再设置边框线的颜色。在“预置”区域中，选择“内部”，在“边框”区域，单击“水平内框线”按钮，添加或取消水平内框线；单击“垂直内框线”按钮，添加或取消垂直内框线。

4. 设置图案

可通过为单元格添加背景颜色和底纹实现单元格的美化，具体操作如下。

(1) 选择需要设置底纹的单元格区域，右击，在弹出的快捷菜单中选择“设置单元格格式”命令，弹出“单元格格式”对话框，单击“图案”选项卡。

(2) 在“颜色”区域中选择颜色，在“图案样式”下拉列表中选择合适的样式，在“图案颜色”下拉列表中选择图案的颜色，如图 4-15 所示。设置完成后，单击“确定”按钮。

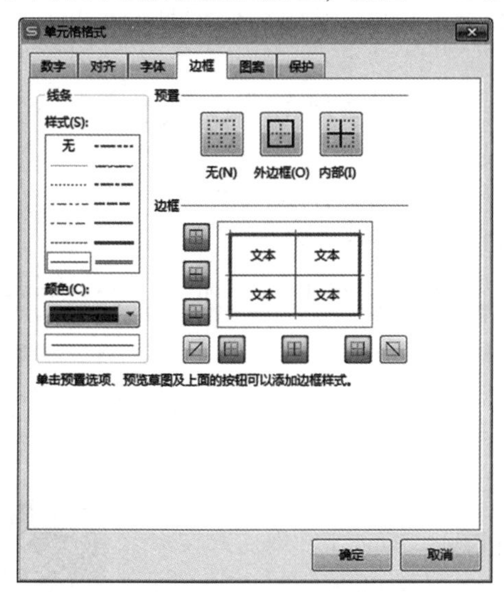

图 4-14　设置边框

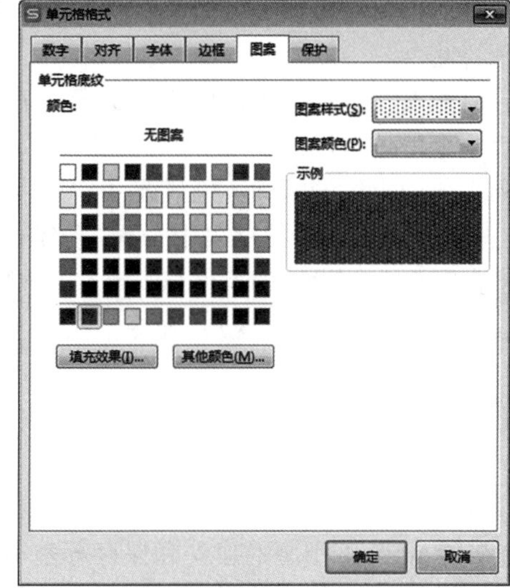

图 4-15　设置图案

5. 设置行高和列宽

WPS 表格中，如果行高或列宽设置太小，会导致信息显示不全；设置太大，页面会显得不美观。这就需要重新设置行高或列宽。设置行高和列宽有以下 3 种操作方法。

(1) 选定需要重新设置行高和列宽的区域，选择“开始”→“行和列”→“行高”或“列宽”命令。

(2) 在选定的行号或列标上右击，在弹出的快捷菜单中选择“行高”或“列宽”命令。

(3) 选定需要重新设置行高和列宽的区域，选择“开始”→“行和列”→“最适合的行高”或“最适合的列宽”命令，可以让系统自动设置最适合的行高或列宽。

将行高或列宽设置成“0”会隐藏该行或列。

4.3.4　设置条件格式

条件格式是指当满足一定的条件时，WPS 表格自动应用于单元格的格式，以突出显示某些数据。条件格式的设置是利用“开始”选项卡的“条件格式”下拉按钮完成的。

1) 突出显示单元格规则

突出显示单元格规则对包含数字、文本等的单元格设置条件格式，基于比较运算设置这些单元格区域的格式。

2) 项目选取规则

项目选取规则仅对排名靠前或靠后的值设置单元格格式，可以查找单元格区域中的前 10 项、后 10 项、高于平均值、低于平均值等。

3)数据条

数据条是根据单元格中数值的大小添加相应颜色的数据条，单元格数值越大，数据条越长。

4)色阶

色阶是根据单元格中数值的大小添加颜色渐变的效果，颜色的深浅表示数值的大小。内置的色阶最上面的颜色代表较大值，中间颜色代表中间值，下面的颜色代表较小值。

5)图标集

图标集能够在数据旁附注旗帜、圆形、五角星或箭头等图标，来对数据进行标注。每个图标代表一个值的范围。

如果系统中提供的规则不能满足用户的需要，用户可以在“开始”选项卡上单击“条件格式”下拉按钮，在展开下拉列表中选择“新建规则”命令进行设置。

可根据需要取消设置的条件格式，在“开始”选项卡上单击“条件格式”下拉按钮，在展开的下拉列表中选择“清除规则”命令。

4.3.5 动手练习

4.3.5 实训练习

一、实验目的

(1)掌握 WPS 工作簿的建立和保存等基本操作。

(2)掌握 WPS 工作表的插入、重命名、隐藏等基本操作。

(3)掌握单元格中常见数据输入的方法。

(4)掌握单元格格式的(字体、颜色、边框、底纹、对齐方式等)设置方法。

(5)掌握条件格式、行高等的设置方法。

二、实验示例

1. 原始数据

实验所需原始数据如下。

学号	姓名	性别	计算机	数学	外语
2023666601	张毅	男	81	78	77
2023666602	肖佳佳	女	71	90	68
2023666603	王子	男	65	67	77
2023666604	李阳	男	69	73	62
2023666605	杜晓飞	男	70	68	70
2023666606	王雪	女	66	74	62
2023666607	徐庆	男	83	64	66
2023666608	周大鹏	男	68	78	79
2023666609	李帅	男	67	71	78
2023666610	白露	女	60	60	60
2023666611	张琪	男	72	66	67
2023666612	刘艳	女	78	60	73
2023666613	孙大蕊	男	61	81	68
2023666614	张莹	女	83	71	74
2023666615	陈宇	男	77	65	64

2. 实验要求

(1)打开 WPS Office，新建一个表格文件，输入原始数据，以文件名“实训-学生成绩表.et”或“实训-学生成绩表.xlsx”保存文件。

(2)右击左下角“Sheet1”工作表标签，插入一张新工作表“Sheet2”。

(3)隐藏工作表 Sheet2，将工作表 Sheet1 重命名为“学生成绩表”。

(4)将 B1: G1 单元格区域合并居中，将标题“学生成绩表”设为宋体，14 号，加粗。

(5)将 B2: G2 单元格区域字体设为居中对齐，加粗，13 号字；B3: G17 单元格区域字体设为居中对齐，12 号字。

(6)设置标题所在单元格 B1 的底纹颜色为黄色。

(7)将第 2 行的行高设为 16，B 列的列宽设为 11。

(8)为 B2: G17 单元格区域添加红色粗线的外框，蓝色细线的内框。

(9)利用条件格式将 E3: E17 单元格区域中大于 80 的单元格设为蓝色，粗体。

(10)设置单元格式，E3: E17 单元格区域所有数值保留 1 位小数。保存文件。

3. 实验结果

实验结果如图 4-16 所示。

	A	B	C	D	E	F	G	H
1		学生成绩表						
2		学号	姓名	性别	计算机	数学	外语	
3		2023666601	张毅	男	91	78.0	77	
4		2023666602	肖佳佳	女	71	90.0	68	
5		2023666603	王子	男	85	67.0	77	
6		2023666604	李阳	男	69	73.0	62	
7		2023666605	杜晓飞	男	70	68.0	70	
8		2023666606	王雪	女	66	74.0	62	
9		2023666607	徐庆	男	93	64.0	66	
10		2023666608	周大鹏	男	68	78.0	79	
11		2023666609	李帅	男	67	71.0	78	
12		2023666610	白露	女	86	60.0	60	
13		2023666611	张琪	男	72	66.0	67	
14		2023666612	刘艳	女	78	60.0	73	
15		2023666613	孙大淼	男	61	81.0	68	
16		2023666614	张莹	女	94	71.0	74	
17		2023666615	陈宇	男	77	65.0	64	
18								

图 4-16　实验效果图

4.4　WPS 表格数据运算

利用 WPS 表格中的公式和函数，可以完成财务、统计和科学计算。公式中可以包含各种运算符、变量、常量、函数以及单元格引用等。

4.4.1　运算符

1. 运算符的分类

WPS 表格中的运算符可以分为以下 4 种。

1)算术运算符

算术运算符用于完成基本的数学运算。算数运算符有：加(+)、减(-)、乘(*)、除(/)、乘方(^)、百分比(%)。

2)比较运算符

比较运算符用来比较两个数的大小，产生的结果为逻辑值真(TRUE)或假(FALSE)。比较运算符有：等于(=)、不等于(<>)、大于(>)、小于(<)、大于等于(>=)、小于等于(<=)。

3)文本运算符

文本运算符(&)用来将多个文本连接成组合文本。

4)引用运算符

引用运算符用来将单元格区域合并运算，又可分为区域运算符、联合运算符和交叉运算符。

(1)区域运算符。

区域运算符(:)表示两个引用之间。例如“A1: A4”，表示 A1 单元格到 A4 单元格之间的单元格区域的引用。

(2)联合运算符。

联合运算符“,”表示将多个引用合并为一个引用。例如“A4, A5, A6, A7”表示 A4、A5、A6、A7 这 4 个单元格。

(3)交叉运算符。

交叉运算符(空格)表示对两个单元格交叉区域的引用。

WPS 表格中的常用运算符如表 4-2 所示。

表 4-2 WPS 表格中的常用运算符

运算符	含义	运算符	含义
+	加法	>	大于
-	减法	<	小于
*	乘法	>=	大于等于
/	除法	<=	小于等于
%	百分比(除 100)	<>	不等于
^	乘方	=	等于
&	将两文本连接	,	联合运算符
空格	交叉运算符	:	区域运算符

2. 运算符的优先级

WPS 表格中所有公式必须以“=”开始，后面是运算对象和运算符。

如果公式中同时用到了多种运算符，则需按运算符优先级的高低依次进行。表 4-3 中给出了 WPS 表格中常见运算符的优先次序。

表4-3 WPS表格中常见运算符的优先级

运算符(优先级从高到低)	含义
:	区域运算符
,	联合运算符
空格	交叉运算符
-	负数
%	百分比
^	乘方
* 和/	乘和除
+和-	加和减
&	将两文本连接
=，>，<，>=，<=，<>	比较运算符

例如，公式“=F3*4+(D2-A1^2)/3”，就要先考虑括号中的运算，括号中要先算乘方，再与D2进行减法运算，之后计算F3乘以4及括号中的计算结果除以3，最后将两个数相加。

4.4.2 单元格的引用

在WPS表格公式中经常要用某一单元格或单元格区域的引用来代替单元格中的具体数据，当公式中被引用单元格的数据发生变化时，公式的计算结果会随之发生变化。复制或移动公式来实现填充时，单元格引用方式不同，计算结果也会不同。单元格引用包括相对引用、绝对引用和混合引用3种。

1. 相对引用

相对引用直接用字母表示列，用数字表示行。当公式单元格被复制到其他单元格时，WPS表格可以根据移动的位置调节引用单元格。

例如，在D8单元格中输入公式“=B8+C8”，选中D8单元格，按〈Ctrl+C〉组合键复制；单击D9单元格，按〈Ctrl+V〉组合键粘贴，则D9单元格的公式为“=B9+C9”。这种对单元格的引用会随着公式所在单元格位置的变化而发生改变。

2. 绝对引用

绝对引用需要在列标和行号前分别加上“$”，表示指向工作表中固定位置的单元格。无论公式单元格的位置如何改变，被引用的单元格地址均不会发生变化。

例如，在D8单元格中输入公式“=$B$8+$C$8”，选中D8单元格，按〈Ctrl+C〉组合键复制；单击D9单元格，按〈Ctrl+V〉组合键粘贴，则D9单元格的公式仍为“=$B$8+$C$8”。这种对单元格的引用不会随着公式所在单元格位置的变化而发生改变。若在复制单元格时，不想使某些单元格的引用随着公式位置的变化而改变，那么就要使用绝对引用。

3. 混合引用

混合引用是指引用中既有相对引用，又有绝对引用，即列标和行号中有一个是相对引用，有一个是绝对引用。当含有公式的单元格因插入、复制等原因引起行、列引用变化时，公式中相对引用部分会随位置的变化而改变，而绝对引用部分不会随位置的变化而改变。

例如，在“$B4”中，当公式单元格向下移动一行，公式中的单元格地址变为“$B5”；当公式单元格向右移动一列，公式中的单元格地址仍为“$B4”。

4. 跨工作表的单元格的引用

WPS表格在计算时，可以引用不同工作表中单元格的内容，具体格式为“[工作簿文件名]工作表名！单元格地址”。如果引用同一工作簿中的不同工作表的内容，则“[工作簿文件名]”可省略。

4.4.3 利用公式计算

在WPS表格中使用公式，既可以完成一般的算术运算，也可以完成复杂的财务、统计和科学计算。公式中可以包含各种运算符、常量、变量、函数以及单元格引用等。

公式是一种数据形式，但存放公式的单元格显示的是公式的计算结果，只有当该单元格成为活动单元格时公式才在编辑栏区中显示出来。输入公式时必须以“=”开始。创建公式一般采用以下操作过程。

1. 输入公式

(1)单击要输入公式的单元格。

(2)在该单元格中输入一个“=”。

(3)在等号后面输入公式的内容。

(4)输入完成后，按〈Enter〉键或单击编辑栏区中的确认按钮✔。

例如，在单元格A5中输入公式“=A1+A2+A3+A4”，则该公式会显示在编辑栏区中，计算结果显示在A5单元格中。当更改了单元格A1中的数值时，WPS表格会重新计算与A1有关的所有公式。

2. 编辑公式

如果输入的公式需要修改，则可直接在编辑栏区中进行修改；如果需要删除，则可按〈Delete〉键删除。

3. 复制公式

当完成一个单元格的计算后，可以通过填充或复制公式的方式快速完成其他单元格的数值计算，WPS表格会自动改变引用单元格的地址，具体操作如下：

(1)选择公式所在的单元格，按〈Ctrl+C〉组合键进行复制；

(2)将光标定位到需要复制到的单元格，按〈Ctrl+V〉组合键进行粘贴；

(3)也可直接拖动填充柄完成复制。

4.4.4 利用函数计算

函数是一些预先定义的内置公式，当对工作表进行复杂的运算时，使用函数可大大减少公式的复杂程度和出错率。WPS 表格提供了大量的功能强大的函数，熟练使用这些函数可以大大提高工作效率。

函数一般包括函数名和函数参数两部分。函数名表示函数的功能，函数参数是数字、单元格地址等运算对象。

1. 函数的使用

在 WPS 表格中使用函数进行计算，可以采用以下两种方式。

1) 手动输入函数

手动输入函数的操作如下。

(1) 单击或双击需要输入函数的单元格，在编辑栏区中输入“=”。

(2) 输入所要使用的函数。例如，在所选中的单元格中输入“=SUM(A2: D2)”，表示计算 A2: D2 单元格区域中 3 个单元格数据的和。

2) 自动输入函数

使用系统提供的函数对话框输入函数，具体操作如下。

(1) 单击或双击需要输入函数的单元格，在“公式”选项卡中单击“插入函数”按钮，打开“插入函数”对话框，选择“SUM”函数，对话框下面显示函数功能的介绍，如图 4-17 所示。

(2) 在对话框中通过查找需要插入的函数“SUM”，单击“确定”按钮，打开“函数参数”对话框，对话框下面有该函数参数的详细介绍，如图 4-18 所示。

(3) 根据提示输入函数的各个参数，若要引用单元格地址作为函数参数，则可从工作表中直接选定单元格区域(这里选定 A2: D2)。如果需要选择的单元格区域被“函数参数”对话框遮挡了，则可将对话框移开或单击对话框右侧的收缩按钮，使对话框变小后再进行选择。

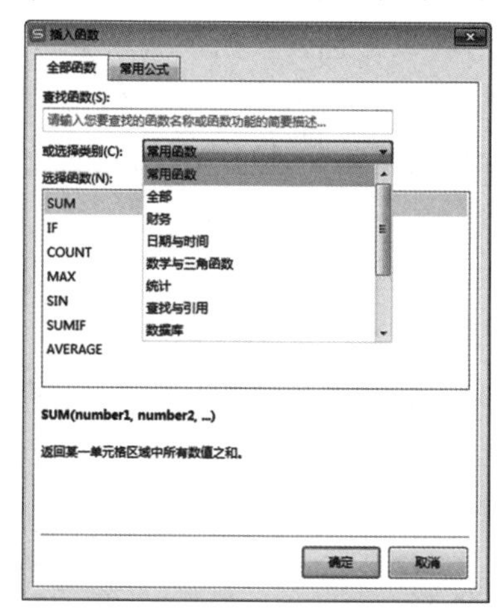

图 4-17　“插入函数”对话框

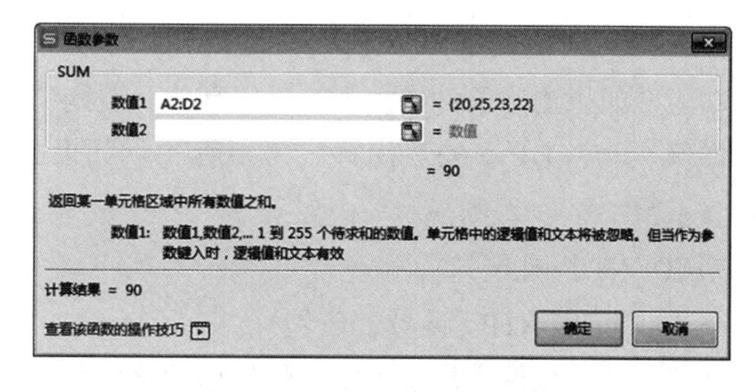

图 4-18　“函数参数”对话框

2. 常用函数

WPS 表格常用函数及功能如下。

1) SUM 函数

格式：=SUM(数值 1，数值 2，…)

功能：返回所有参数的总和。

举例：=SUM(B3, D3)，返回 B3 和 D3 两个单元格的数据之和；

=SUM(B3: D3)，返回 B3 到 D3 单元格区域所有数据之和。

2) AVERAGE 函数

格式：=AVERAGE(数值 1，数值 2，…)

功能：返回所有参数的平均值。

举例：=AVERAG(B3, D3)，返回 B3 和 D3 两个单元格数据的平均值；

=AVERAG(B3: D3)，返回 B3 到 D3 单元格区域所有数据的平均值。

3) MAX 函数

格式：=MAX(数值 1，数值 2，…)

功能：返回参数列表的最大值。

举例：=MAX(B3, D3)，返回 B3 和 D3 两个单元格数据中的最大值；

=MAX(B3: D3)，返回 B3 到 D3 单元格区域所有数据的最大值。

4) MIN 函数

格式：=MIN(数值 1，数值 2，…)

功能：返回参数列表的最小值。

举例：=MIN(B3, D3)，返回 B3 和 D3 两个单元格数据中的最小值；

=MIN(B3: D3)，返回 B3 到 D3 单元格区域所有数据的最小值。

5) COUNT 函数

格式：=COUNT(值 1，值 2，…)

功能：返回参数列表中数据类型的数据的个数。

举例：=COUNT(B3, D3)，返回 B3 和 D3 两个单元格区域中包含数据类型数据的单元格数；

=COUNT(B3: D3)，返回 B3 到 D3 单元格区域中包含数据类型数据的单元格数。

6) IF 函数

格式：=IF(测试条件，真值，[假值])

功能：如果测试条件成立，则返回真值；否则，返回假值。

举例：=IF(E4>=90,“优秀”，“一般”)，如果 E4 单元格的值大于等于 90，在当前单元格中显示“优秀”，否则显示“一般”。

7) COUNTIF 函数

格式：=COUNTIF(区域，条件)

功能：计算区域中满足给定条件的单元格的数量。

举例：=COUNTIF(B3: D3, ">=90")，计算 B3 到 D3 单元格区域中，数值大于等于 90 的单元格的数量。

8) SUMIF 函数

格式：=SUMIF(区域，条件，[求和区域])

功能：在给定的区域内，对满足条件并在数据求和区域中的数据求和。“[求和区域]”可以省略，省略后对区域内的数据求和。

举例：=SUMIF(E3:E5,"男",D3:D5)，计算 E3 到 E5 单元格区域中，性别是男的单元格对应数据之和(用于存放求和源数据的单元格区域在 D3:D5)。

9) RANK 函数

格式：=RANK(数值，引用，[排位方式])

功能：返回某一数值在一列数值中相对于其他数值的排名。数值是进行排名的数值或所在单元格地址；引用是所有进行排名的数字或所在的单元格区域；[排位方式]指定排名的方式，0 或忽略为降序，非零值为升序。

举例：=RANK(D3,D3:D5,0)，返回 D3 单元格中的数值在 D3 到 D5 单元格区域中的排名。

10) VLOOKUP 函数(纵向查找函数)

格式：=VLOOKUP(查找值，数据表，列序数，[匹配条件])

功能：根据查找值，到数据表中找到目标数据，然后根据列序数返回数据表中指定列的值。匹配条件指是否进行精确匹配，0 为精确匹配，1 或忽略为大致匹配。

举例：=VLOOKUP(H4,[工作簿 1.et]Sheet1! $B$4:$F$9,3)，根据 H4 单元格中的数据，到工作簿 1 的 Sheet1 工作表的 B4:F9 区域中，返回第 3 列中的数据内容。

3. 常见出错信息

在利用公式或函数计算过程中，常常会出现一些输入等方面的错误信息，导致公式不能执行，WPS 表格会显示相应的错误信息。常见出错信息及可能的原因如表 4-4 所示。

表 4-4　常见出错信息及可能的原因

出错信息	可能的原因
#DIV/0!	除数为 0
#N/A	无可用数值
#NAME?	名称错误
#NULL!	单元格区域的交集为空
#NUM!	使用了无效数字
#REF!	单元格引用无效
#VALUE!	类型错误

4.4.5　动手练习

一、实验目的

(1) 掌握 WPS 表格中公式的使用方法。

(2) 掌握 WPS 表格中常见函数的使用方法。

(3) 掌握 WPS 表格中公式和函数的复制方法。

(4) 掌握单元格相对引用和绝对引用的使用方法。

二、实验示例

1. 原始数据

实验所需原始数据如下。

学生成绩统计分析表

学号	姓名	性别	计算机	数学	外语	总分	平均分	总评	排名
2023666601	张毅	男	91	89	95				
2023666602	肖佳佳	女	71	90	92				
2023666603	王子	男	85	67	77				
2023666604	李阳	男	69	73	62				
2023666605	杜晓飞	男	70	68	70				
2023666606	王雪	女	66	74	62				
2023666607	徐庆	男	93	98	79				
2023666608	周大鹏	男	68	78	79				
2023666609	李帅	男	67	71	78				
2023666610	白露	女	86	60	95				
2023666611	张琪	男	72	66	67				
2023666612	刘艳	女	78	60	73				
2023666613	孙大蕊	男	61	81	68				
2023666614	张莹	女	94	71	74				
2023666615	陈宇	男	77	65	64				
各科最低分									
各科最高分									
各科优秀人数									

2. 实验要求

(1)打开 WPS Office，新建一个表格文件，输入原始数据，以文件名“实训-公式练习.et”或“实训-公式练习.xlsx”保存文件。

(2)计算总分。单击单元格 H3，输入公式“=E3+F3+G3”，利用公式完成总分的计算。拖动填充柄完成单元格区域 H4: H17 公式的复制。

(3)计算平均分。单击单元格 I3，输入公式“=AVERAGE(E3: G3)”，利用 AVEAGE 函数完成平均分的计算。拖动填充柄完成单元格区域 I4: I17 公式的复制。选中单元格区域 I3: I17，保留 2 位小数。

(4)计算总评。单击单元格 J3，输入公式“=IF(I3>=90,"优秀",IF(I3>=80,"良好",IF(I3>=70,"中等","一般")))”或输入公式“=IF(AND(I3>=60,I3<70),"一般",IF(AND(I3>=70,I3<80),"中等",IF(AND(I3>=80,I3<90),"良好","优秀")))”，拖动填充柄完成单元格区域 J4: J17 公式的复制。

(5)计算排名，单击单元格 K3，输入公式“=RANK(H3, $H$3: $H$17,0)”，因为单元格区域 I4: I17 在复制的过程中需要保持不变，故不能采用单元格的相对引用。

(6)计算各科的最低分和最高分，利用 MIN 和 MAX 函数完成。

(7)统计各科优秀的人数。单击单元格 E4，输入公式“=COUNTIF(E3: E17,">=90")”。

拖动填充柄完成单元格区域 F20: G20 函数的复制。统计也可通过“函数参数”对话框来完成，如图 4-19 所示。

(8) 利用条件格式将 K3: K17 单元格区域中排名前 5 的单元格设为红色，粗体。

(9) 为单元格区域 B2: K20 添加蓝色实线内部框线和外边框线。

(10) 保存文件。

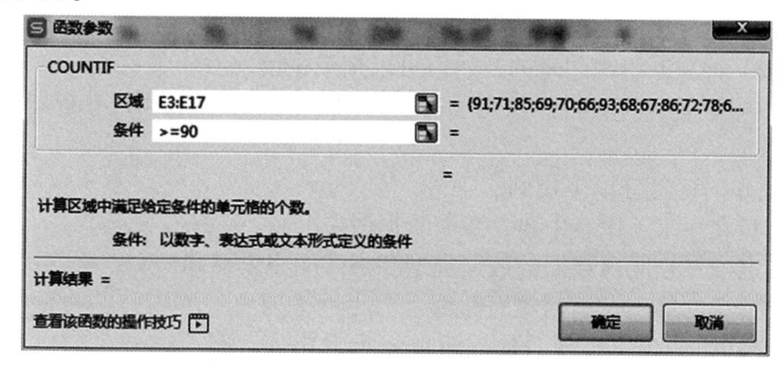

图 4-19 COUNTIF 函数详细参数设置

3. 实验结果

实验结果如图 4-20 所示。

	A	B	C	D	E	F	G	H	I	J	K
1		学生成绩统计分析表									
2		学号	姓名	性别	计算机	数学	外语	总分	平均分	总评	排名
3		2023666601	张毅	男	91	89	95	275	91.67	优秀	1
4		2023666602	肖佳佳	女	71	90	92	253	84.33	良好	3
5		2023666603	王子	男	85	67	77	229	76.33	中等	6
6		2023666604	李阳	男	69	73	62	204	68.00	一般	14
7		2023666605	杜晓飞	男	70	68	70	208	69.33	一般	11
8		2023666606	王雪	女	66	74	62	202	67.33	一般	15
9		2023666607	徐庆	男	93	98	79	270	90.00	优秀	2
10		2023666608	周大鹏	男	68	78	79	225	75.00	中等	7
11		2023666609	李帅	男	67	71	78	216	72.00	中等	8
12		2023666610	白露	女	86	60	95	241	80.33	良好	4
13		2023666611	张琪	男	72	66	67	205	68.33	一般	13
14		2023666612	刘艳	女	78	60	73	211	70.33	中等	9
15		2023666613	孙大蕊	男	61	81	68	210	70.00	中等	10
16		2023666614	张莹	女	94	71	74	239	79.67	中等	5
17		2023666615	陈宇	男	77	65	64	206	68.67	一般	12
18		各科最低分			61	60	62				
19		各科最高分			94	98	95				
20		各科优秀人数			3	2	3				
21											

图 4-20 实验效果图

4.5 WPS 表格数据处理

WPS 表格具有强大的数据分析和数据处理的功能，为用户提供了许多分析和处理数据的有效工具，主要包括排序、筛选、分类汇总、数据有效性、数据透视表等。

4.5.1 数据清单

在 WPS 表格中，排序与筛选记录需要通过数据清单来进行。数据清单是包含相似数据的带标题的一组数据行，可以将数据清单看成是数据库，其中列标题相当于数据库中的字段名称，行相当于数据库中的记录。数据清单是一种特殊的表格，必须包含表结构和纯数据。表中的数据是按某种关系组织起来的，所以可以把数据清单看作关系表。

数据清单中的第一行(标题行)数据称为表结构，WPS 表格利用这些标题名来进行查找、排序以及筛选等。

建立数据清单时应遵守以下规则。

(1)尽量避免在一张工作表中建立多个数据清单。

(2)列标题名唯一且同列数据的数据类型和格式应完全相同。

(3)在数据清单的第一行里创建列标题。

可通过“记录单”命令，实现对数据清单记录的添加、删除等操作。如果“记录单”命令不在功能区中，则可添加其到功能区，添加“记录单”命令的操作方法如下。

(1)选择“文件”→“选项”→“自定义功能区”→从“从下列位置选择命令”下拉列表中选择“不在功能区中的命令”，在下面的列表框中选择“记录单”。

(2)单击“新建选项卡”按钮，重命名新建的选项卡名称为“记录”。

(3)选择“新建组”，重命名为“记录单”。

(4)单击“添加”按钮。

对于一个已经建立了数据清单的工作表，选定数据清单内的任意单元格，单击“记录”选项卡中的“记录单”按钮，即可创建如图 4-21 所示的记录单。通过记录单可实现对数据清单记录的添加、删除等操作。

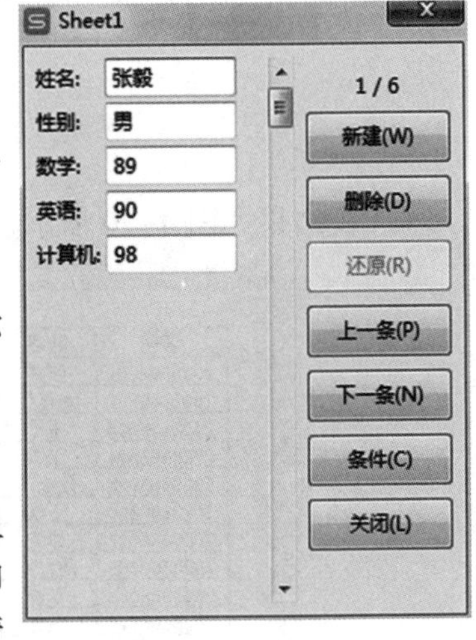

图 4-21 创建的记录单

4.5.2 数据排序

在数据清单中，记录是依照输入数据的先后顺序排列的。排序可以使用数据清单的一列或多列中的数据按升序或降序显示。数据排序中，有一个非常重要的概念——关键字。关键字是工作表进行排序的依据。

一般情况下，排序分为简单排序和复杂排序两种情况。

1. 简单排序

简单排序是在工作表中以一列单元格中的数据为依据，对工作表中的所有数据进行排序。简单排序的操作方法：确定排序关键字所在列，选定此列中的一个单元格，选择“数据”→“排序”→“升序”(或“降序”)命令，WPS 表格就会根据选中的单元格所在列的列标题自动排序。

升序的默认顺序如下。

(1)对于数字，按数值从小到大的顺序进行排序。

(2)对于文本，按音序表顺序进行排序。

(3)对于逻辑值，FALSE 较小，TRUE 较大。

2. 复杂排序

简单排序时，经常会遇到列的数据相同的情况。如果需要进一步排序，则需要再指定一列或多列为关键字。第一次排序的关键字为主要关键字，后面排序的关键字为次要关键字，具体的操作步骤如下。

(1)选中数据清单中的任意单元格。

(2)单击“数据”选项卡中的“排序”按钮，打开“排序”对话框。

(3)在“主要关键字”右边的下拉列表中，选择第一次排序的列，选择“排序依据”和“次序”，勾选“数据包含标题”复选框。

(4)可通过单击“添加条件”按钮添加次要关键字，在“次要关键字”右边的下拉列表中，选择第二次、第三次排序的列，如图 4-22 所示。

(5)可通过单击“删除条件”按钮删除关键字。

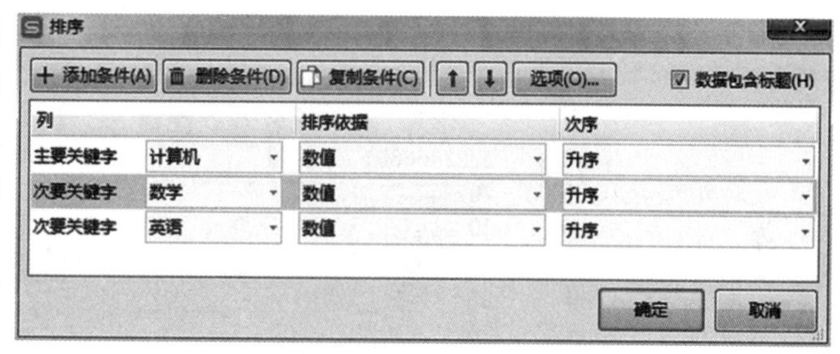

图 4-22 “排序”对话框

4.5.3 数据筛选

数据筛选指从数据清单中筛选出满足用户设定条件的记录，而不符合条件的纪录将被隐藏起来。WPS 表格中的数据筛选功能方便用户快速查看、管理数据量大的数据清单。WPS 表格提供了自动筛选和高级筛选两种筛选方式。

1. 自动筛选

自动筛选比较快捷，它能够根据用户设定的条件，快速筛选满足条件的数据，隐藏不满足条件的数据，操作过程如下。

(1)打开工作簿源文件“学生成绩表 . et”或“学生成绩表 . xlsx ”。

(2)单击工作表数据区任一单元格，在“数据”选项卡中单击“自动筛选”按钮，进入自动筛选状态，单元格列标题右侧会显示“筛选”按钮。

(3)找到“性别”列，在 D2 单元格中单击“筛选”按钮，在打开的下拉列表中，仅勾选“男”复选框，单击“确定”按钮，这样就筛选出男生的数据，如图 4-23 所示。

(4)可继续添加筛选条件，筛选出计算机成绩大于 70 分的数据。找到“计算机”列，在 E2 单元格中单击“筛选”按钮，选择“数字筛选”→“大于”命令，弹出“自定义自动筛选方式”对话框，输入“70”，这样就筛选出男生中计算机成绩大于 70 的数据，如图 4-24 所示。

	A	B	C	D	E	F	G
1							
2		学号	姓名	性别	计算机	数学	外语
3		2023666601	张毅	男	88	78	77
5		2023666603	王子	男	65	67	90
6		2023666604	李阳	男	90	73	88
7		2023666605	杜晓飞	男	70	68	70
9		2023666607	徐庆	男	83	55	66
10		2023666608	周大鹏	男	96	78	79
11		2023666609	李帅	男	67	71	78
13		2023666611	张琪	男	56	66	67
15		2023666613	孙大蕊	男	71	81	68
17		2023666615	陈宇	男	77	65	64

图 4-23　筛选男生数据

	A	B	C	D	E	F	G
1							
2		学号	姓名	性别	计算机	数学	外语
3		2023666601	张毅	男	88	78	77
5		20					90
6		20					88
7		20					70
9		20					66
10		20					79
11		20					78
13		20					67
15		20					68
17		20					64

自定义自动筛选方式

显示行:

计算机

大于　70

与(A)　或(O)

可用 ? 代表单个字符

用 * 代表任意多个字符

确定　取消

图 4-24　“自定义自动筛选方式”对话框

2. 高级筛选

高级筛选能够根据用户设定的条件来筛选数据，允许筛选出来的数据自动复制到工作表的其他区域，保护原数据区不发生变化。条件区域一般应与原数据区域间隔一行或一列。

如果希望“高级筛选”按钮独立出现在功能区中，则可添加其到功能区，添加“高级筛选”按钮的操作方法如下。

(1)选择“文件”→“选项”→“自定义功能区”→“从下列位置选择命令”，选择“不在功能区中的命令”，在下面的列表中选择“高级筛选”。

(2)单击“新建选项卡”按钮，重命名新建的选项卡名称为“高级”。

(3)选择“新建组”，重命名为“高级筛选”。

(4)单击“添加”按钮。

高级筛选的操作过程如下。

(1)打开工作簿源文件“学生成绩表 . et”或“学生成绩表 . xlsx ”。

(2)单击工作表数据区任一单元格，单击“数据”选项卡中的“高级筛选”按钮，弹出“高级筛选”对话框。

(3)选择“将筛选结果复制到其他位置”单选按钮，在“列表区域”选择整个数据清单，“条件区域”选择构造的条件，“复制到”选择 B22 单元格，如图 4-25 所示。

(4)单击“确定”按钮，显示高级筛选的结果，如图 4-26 所示。保存文件。

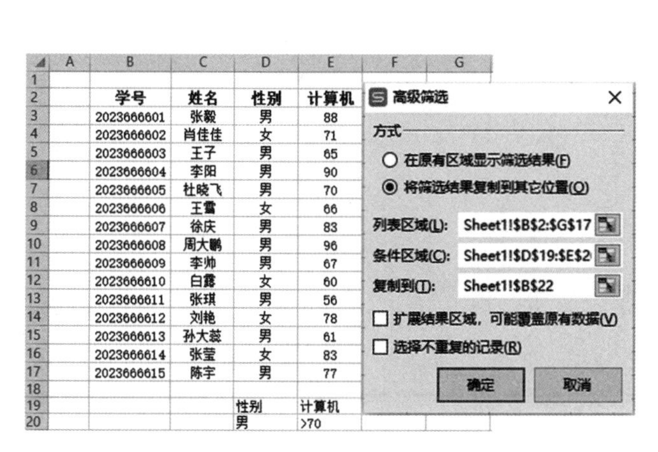
图 4-25　“高级筛选”对话框

图 4-26　高级筛选结果

4.5.4　分类汇总

WPS 表格具有很强的分类汇总功能。分类汇总是一种对工作表进行数据分析和计算的方法，能够使数据变得更加直观。进行分类汇总操作时，首先需要按照字段进行排序以完成分类，再将分类好的数据进行汇总计算。计算操作包括求和、计数、求平均值、求最大值、求最小值等。

1. 分类汇总操作过程

（1）打开工作簿源文件“学生成绩表 . et”或“学生成绩表 . xlsx ”，首先以“性别”为主要关键字进行升序排列，在“数据”选项卡中单击“排序”按钮。

（2）单击工作表数据区任一单元格，在“数据”选项卡中单击“分类汇总”按钮，弹出“分类汇总”对话框，如图 4-27 所示。

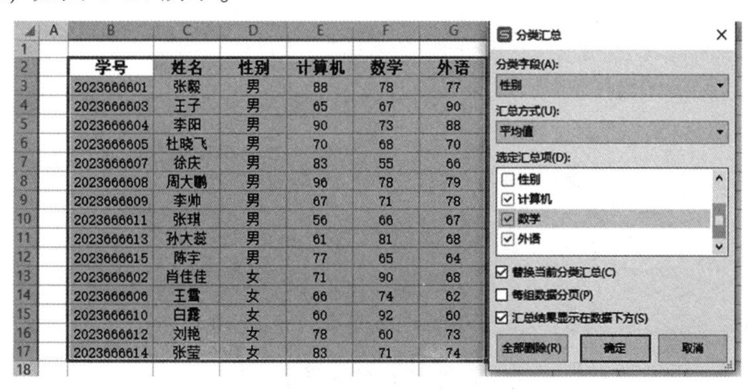
图 4-27　“分类汇总”对话框

（3）在“分类字段”下拉列表中选择“性别”，“汇总方式”下拉列表中选择“平均值”，“选定汇总项”列表框中选择“计算机”“数学”“外语”3 项。勾选“替换当前分类汇总”和“汇总结果显示在数据下方”复选框。这样就按照性别汇总出男生和女生计算机、数学和外语 3 门课的平均成绩，如图 4-28 所示。

学号	姓名	性别	计算机	数学	外语
2023666615	陈宇	男	77	65	64
2023666613	孙大蕊	男	61	81	68
2023666611	张琪	男	56	66	67
2023666609	李帅	男	67	71	78
2023666608	周大鹏	男	96	78	79
2023666607	徐庆	男	83	55	66
2023666605	杜晓飞	男	70	68	70
2023666604	李阳	男	90	73	88
2023666603	王子	男	65	67	90
2023666601	张毅	男	88	78	77
		男 平均值	75.3	70.2	74.7
2023666614	张莹	女	83	71	74
2023666612	刘艳	女	78	60	73
2023666610	白露	女	60	92	60
2023666606	王雪	女	66	74	62
2023666602	肖佳佳	女	71	90	68
		女 平均值	71.6	77.4	67.4
		总平均值	74.06666667	72.6	72.26666667

图 4-28 分类汇总结果

2. 分类汇总的几点说明

(1) 进行分类汇总操作之前，需要进行排序操作。

(2) 如果分类汇总数据区域内的数据发生变化，那么分类汇总值会自动重新计算。

(3) 数据表进行分类汇总后，数据将分级显示。在列标左侧有 1 2 3 3 个按钮，表示分类汇总数据分 3 级，可通过分别单击这 3 个按钮显示各级内容。

4.5.5 数据有效性

WPS 表格的数据有效性可以指定单元格数据的有效性规则，限制用户输入数据的范围和类型，降低出错的可能，提高效率。在数据有效性规则下，只有符合规则的数据才被允许输入，不符合规则的数据不被允许输入或提示用户输入数据错误。

设置数据有效性的操作如下。

(1) 打开工作簿源文件“学生成绩表 . et”或“学生成绩表 . xlsx ”。

(2) 选择数字区域 E3：G17，在“数据”选项卡中选择“有效性”→“有效性”命令，弹出“数据有效性”对话框。在“允许”下拉列表中选择“整数”，“数据”下拉列表中选择“介于”，输入最小值 0，最大值 100，如图 4-29 所示。这样就限定用户输入的数据只能是 0～100 之间的整数。输入错误会有错误提示。

学号	姓名	性别	计算机	数学	外语
2023666615	陈宇	男	77	65	64
2023666613	孙大蕊	男	61	81	68
2023666611	张琪	男	56	66	67
2023666609	李帅	男	67	71	78
2023666608	周大鹏	男	96	78	79
2023666607	徐庆	男	83	55	66
2023666605	杜晓飞	男	70	68	70
2023666604	李阳	男	90	73	88
2023666603	王子	男	65	67	90
2023666601	张毅	男	88	78	77
2023666614	张莹	女	83	71	74
2023666612	刘艳	女	78	60	73
2023666610	白露	女	60	92	60
2023666606	王雪	女	66	74	62
2023666602	肖佳佳	女	71	90	68

数据有效性
设置 输入信息 出错警告
有效性条件
允许(A): 整数
忽略空值(B)
数据(D): 介于
最小值(M): 0
最大值(X): 100
对所有同样设置的其他所有单元格应用这些更改(P)
全部清除(C) 确定 取消

图 4-29 “数据有效性”整数规则对话框

(3)选择性别区域 D3: D17，在“数据”选项卡中选择“有效性”→“有效性”命令，弹出“数据有效性”对话框。在“允许”下拉列表中选择“序列”，在“来源”文本框中输入“男,女”(注意，用半角逗号)这样就限定用户输入的数据只能是男和女，如图 4-30 所示。输入错误会有错误提示。

(4)设置违反规则的出错警告信息。选择性别区域 D3: D17，在“数据”选项卡中选择“有效性”→“有效性”命令，弹出“数据有效性”对话框，单击“出错警告”选项卡，在“标题”文本框中输入“性别输入错误”，“错误信息”文本框中输入“只能选择男或女”，单击“确定”按钮，如图 4-31 所示。

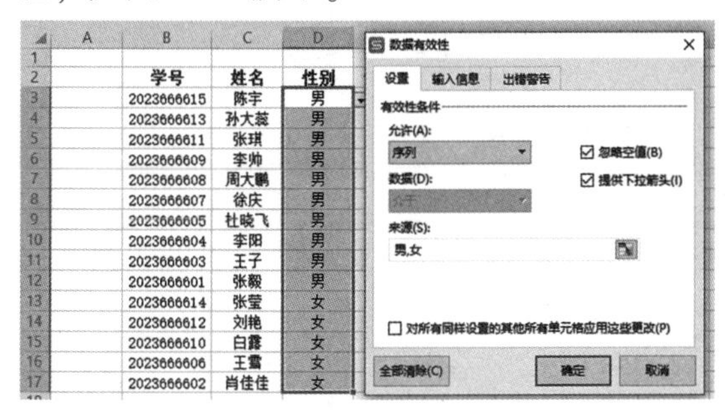

图 4-30　“数据有效性”序列规则对话框

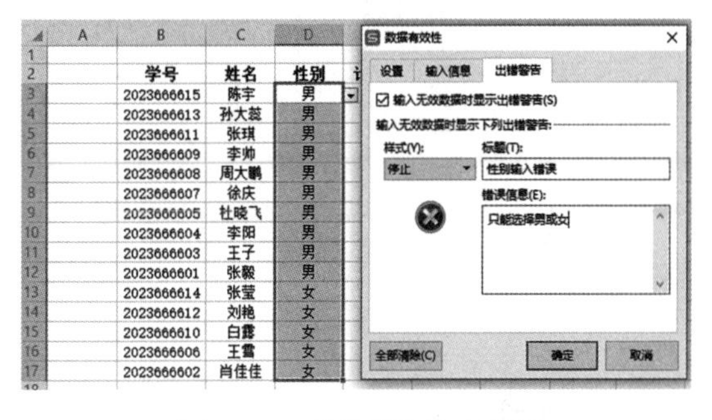

图 4-31　出错警告信息设置

4.5.6　数据透视表

数据透视表是一种可以从源数据清单中快速批量汇总信息的报表，能够使数据更加直观、清晰地显示出来。数据透视表支持按多列进行分类，而分类汇总只支持按单列分类。数据透视表能够帮助用户快速批量分析、显示数据。

使用数据透视表的操作过程如下。

(1)打开工作簿源文件“图书销售情况表 . et”或“图书销售情况表 . xlsx ”，在“插入”选项卡中单击“数据透视表”按钮，弹出“创建数据透视表”对话框。

(2)在“请选择单元格区域”选择区域 A2: D44，选择“现有工作表”单选按钮，选择单元格 F2，如图 4-32 所示，单击“确定”按钮。也可选择“新工作表”单选按钮，建立一个新工作表存放数据透视表。

(3)数据透视表创建好后，右侧会弹出“数据透视表”窗格。如果“数据透视表”窗格被隐藏，则右击刚刚插入的数据透视表，在弹出的快捷菜单中选择“显示字段列表”命令。

(4)拖动“销售部门”和“季度”到“行”区，拖动“图书类别”到“列”区，拖动“数量”到“值”区，如图 4-33 所示。

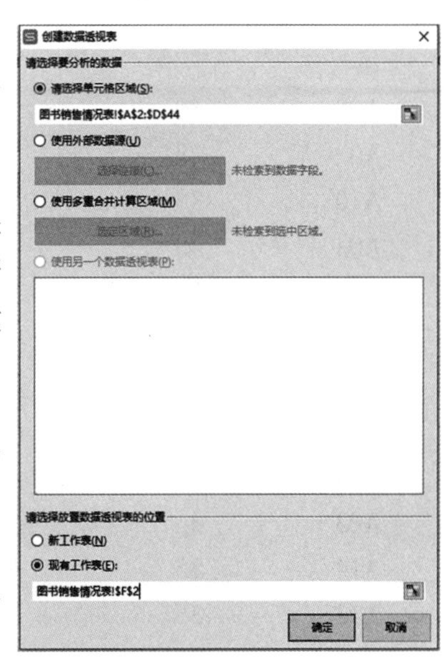

图 4-32　“数据透视表”对话框

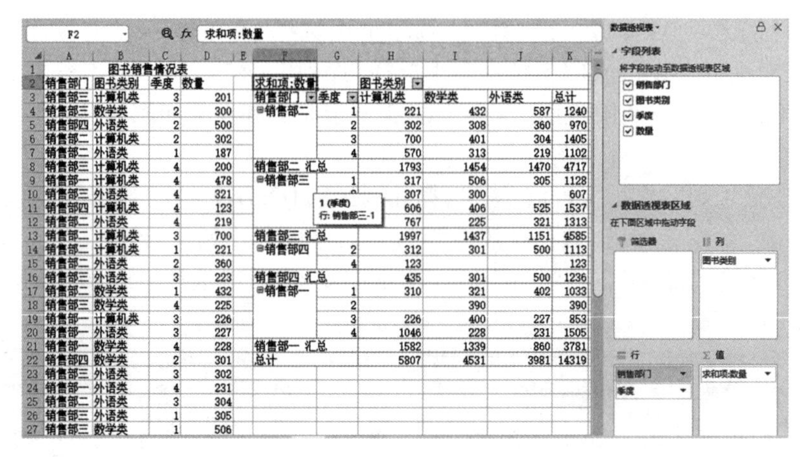

图 4-33　数据透视表效果图(部分内容)

4.5.7　动手练习

4.5.7 实训练习

一、实验目的

(1)利用 WPS 表格提供的数据管理功能，处理数据清单。

(2)练习数据排序、数据筛选和分类汇总功能的使用。

(3)练习数据透视表的使用。

二、实验示例

1. 原始数据

实验所需原始数据如下。

X 公司 2023 年工资表

编号	年龄	性别	学历	职称	工资
A08	30	男	硕士	工程师	3500
A02	28	男	硕士	工程师	4000
A10	35	女	本科	高工	4200
A04	40	女	硕士	工程师	3800
A05	50	男	本科	工程师	4200
A16	22	女	本科	助工	2800
A07	26	男	本科	工程师	3500
A01	50	女	博士	工程师	5800
A09	40	女	本科	高工	6000
A03	36	男	硕士	工程师	3700
A14	35	男	本科	高工	5500
A12	35	女	硕士	高工	5600
A13	35	男	本科	工程师	3600
A11	40	女	本科	工程师	2700
A15	25	男	本科	助工	2900
A06	23	女	硕士	高工	4300

2. 实验要求

（1）打开 WPS Office，新建一个表格文件，输入原始数据，以文件名“实训-数据处理 . et”或“实训-数据处理 . xlsx”保存文件。

（2）将“X 公司 2023 年工资表”复制 3 份，分别重命名为“排序与筛选”“分类汇总”“数据透视表”。

（3）排序。单击“排序与筛选”工作表数据清单任一单元格，单击“数据”选项卡中的“排序”按钮，打开“排序”对话框，将“排序与筛选”工作表中的数据按“编号”为主要关键字升序排序。注意，排序设置过程中，需勾选“数据包含标题”复选框。

（4）自动筛选。利用自动筛选功能从“排序与筛选”工作表中筛选出学历是本科、职称是工程师的记录。

（5）高级筛选。利用高级筛选功能从“排序与筛选”工作表中筛选出学历是本科、职称是工程师的记录。在“高级筛选”对话框中，选择“将筛选结果复制到其他位置”单选按钮，在“列表区域”选择 B2: G19，“条件区域”选择 E21: F22。

（6）分类汇总。首先将“分类汇总”工作表中的数据按“学历”为主要关键字升序排序，接下来进行分类汇总。按照“学历”汇总工资的平均值。在“分类汇总”对话框中，可勾选“替换当前分类汇总”和“汇总结果显示在数据下方”复选框。

（7）建立数据透视表。单击单元格 B21，插入一个数据透视表。数据透视表创建好后，右侧会弹出“数据透视表”窗格。如果“数据透视表”窗格被隐藏，则右击刚刚插入的数据透视表，在弹出的快捷菜单中选择“显示字段列表”命令。拖动“职称”到“行”区，拖动“工资”到“值”区，双击“值”区的“求和项：工资”，修改“值字段设置”→“值汇总方式”为“平均值”。

3. 实验结果

高级筛选效果如图 4-34 所示。

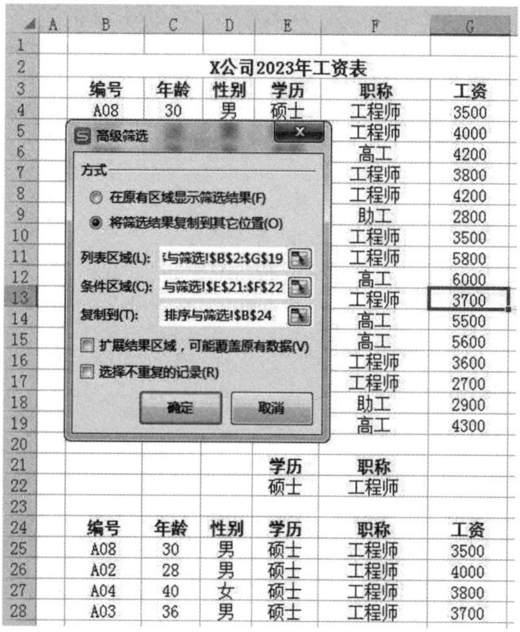
X公司2023年工资表
编号 年龄 性别 学历 职称 工资
A08 30 男 硕士 工程师 3500
高级筛选
方式
在原有区域显示筛选结果(F)
将筛选结果复制到其它位置(O)
列表区域(L): 与筛选!$B$2:$G$19
条件区域(C): 与筛选!$E$21:$F$22
复制到(T): 排序与筛选!$B$24
扩展结果区域，可能覆盖原有数据(V)
选择不重复的记录(R)
确定
取消
学历 职称
硕士 工程师
编号 年龄 性别 学历 职称 工资
A08 30 男 硕士 工程师 3500
A02 28 男 硕士 工程师 4000
A04 40 女 硕士 工程师 3800
A03 36 男 硕士 工程师 3700

图 4-34　高级筛选

分类汇总如图 4-35 所示。

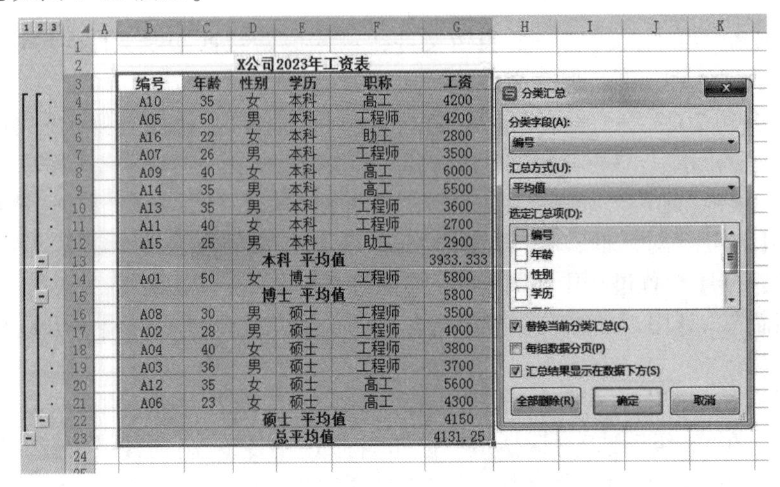

编号	年龄	性别	学历	职称	工资
A10	35	女	本科	高工	4200
A05	50	男	本科	工程师	4200
A16	22	女	本科	助工	2800
A07	26	男	本科	工程师	3500
A09	40	女	本科	高工	6000
A14	35	男	本科	高工	5500
A13	35	男	本科	工程师	3600
A11	40	女	本科	工程师	2700
A15	25	男	本科	助工	2900
			本科 平均值		3933.333
A01	50	女	博士	工程师	5800
			博士 平均值		5800
A08	30	男	硕士	工程师	3500
A02	28	男	硕士	工程师	4000
A04	40	女	硕士	工程师	3800
A03	36	男	硕士	工程师	3700
A12	35	女	硕士	高工	5600
A06	23	女	硕士	高工	4300
			硕士 平均值		4150
			总平均值		4131.25

图 4-35　分类汇总

数据透视表如图 4-36 所示。

编号	年龄	性别	学历	职称	工资
A08	30	男	硕士	工程师	3500
A02	28	男	硕士	工程师	4000
A10	35	女	本科	高工	4200
A04	40	女	硕士	工程师	3800
A05	50	男	本科	工程师	4200
A16	22	女	本科	助工	2800
A07	26	男	本科	工程师	3500
A01	50	女	博士	工程师	5800
A09	40	女	本科	高工	6000
A03	36	男	硕士	工程师	3700
A14	35	男	本科	高工	5500
A12	35	女	硕士	高工	5600
A13	35	男	本科	工程师	3600
A11	40	女	本科	工程师	2700
A15	25	男	本科	助工	2900
A06	23	女	硕士	高工	4300

职称	求和项:工资
高工	25600
工程师	34800
助工	5700
总计	66100

图 4-36　数据透视表

4.6　WPS 表格图表设计

4.6.1　图表简介

图表通过图的形式来显示表格的内容。使用图表可以使数据显示得更加清晰、直观。当工作表数据发生变化时，图表中的数据会自动更新。WPS 表格提供柱形图、折线图、饼图、条形图等多种类型的图表。

4.6.2　图表的创建与编辑

1. 创建图表

创建图表的操作过程如下。

(1) 打开工作簿源文件“学生成绩表.et”或“学生成绩表.xlsx”。

(2) 选中“姓名”“计算机”“数学”和“外语”4 列(选中不连续的单元格需要按〈Ctrl〉键)，选择“插入”→“全部图表”→“全部图表”→“柱形图”→“簇状柱形图”命令，即可创建一个簇状柱形图，如图 4-37 所示。

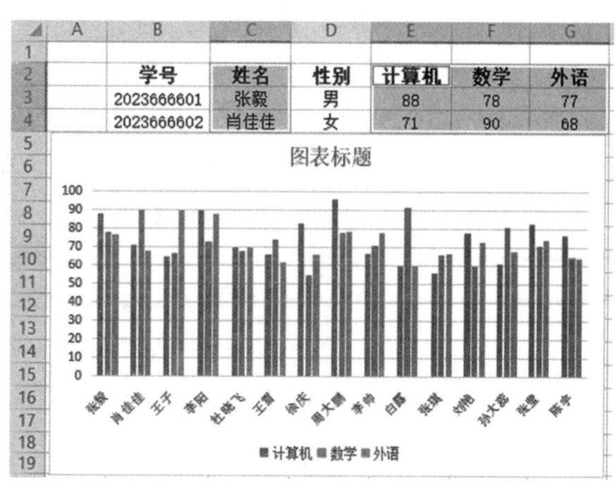

图 4-37　簇状柱形图

2. 编辑图表

图表创建好后，可通过“图表工具”选项卡修改图表的标题、图例、数据源、类型等内容。

1) 图表位置和大小的修改

(1) 将鼠标指针移到创建的图表上，当其变成时，按下鼠标左键，拖动鼠标即可调整图表的位置。

(2) 单击图表任一位置，其上会出现 6 个小圆点，这是图表的控制点。移动鼠标指针到图表四周边框中点间或四角的控制点时，指针变成双箭头，这时按下鼠标左键，拖动鼠标即可调整图表大小。

2) 图表标题的修改

(1) 选择“图表工具”→“图表标题”命令修改图表的标题为“学生成绩表”。

(2) 单击图表，选择“图表工具”→“设置格式”→“标题选项”→“填充”→“纯色填充”→“颜色”，设置成绿色。也可在“标题选项”中修改标题的其他选项，如图 4-38 所示。

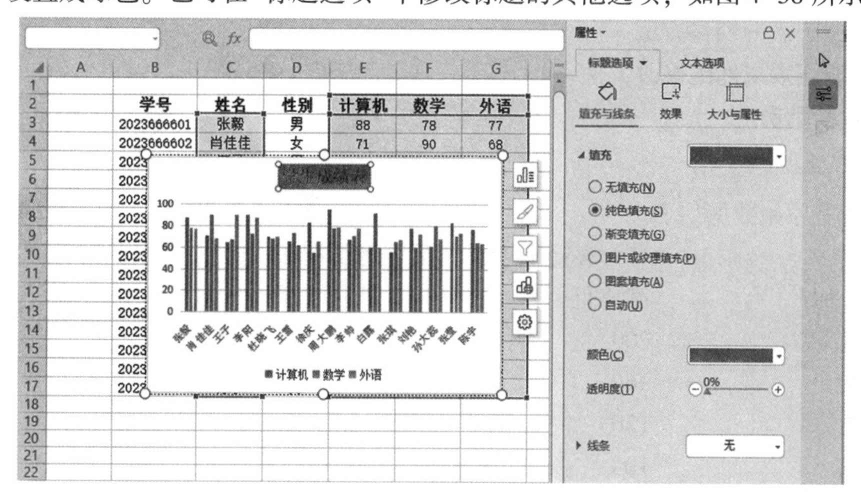

图 4-38　标题的修改

3) 图例的修改

选择“图表工具”→“图例”命令修改图例的格式及位置，这里可修改图例在右边显示。

4) 图表数据源的修改

选择“图表工具”→“选择数据”命令修改图表的数据源，这里可以删除“外语”列。

5) 图表类型的修改

选择“图表工具”→“更改类型”命令修改图表的数据源类型，这里修改图表的类型为“带数据标记的折线图”，如图 4-39 所示。

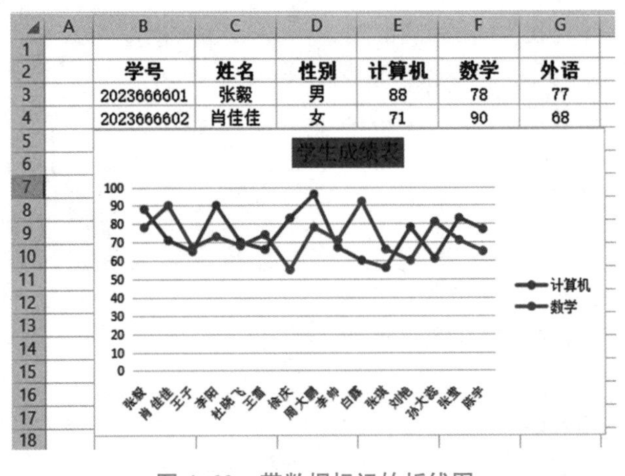

图 4-39　带数据标记的折线图

4.6.3　动手练习

一、实验目的

(1) 掌握 WPS 表格单元格格式的设置方法。

(2) 掌握 WPS 表格中公式的复制方法。

(3) 掌握单元格相对引用和绝对引用的使用方法。

(4) 掌握图表的创建方法。

(5) 掌握图表属性的修改方法。

二、实验示例

1. 原始数据

实验所需原始数据如下。

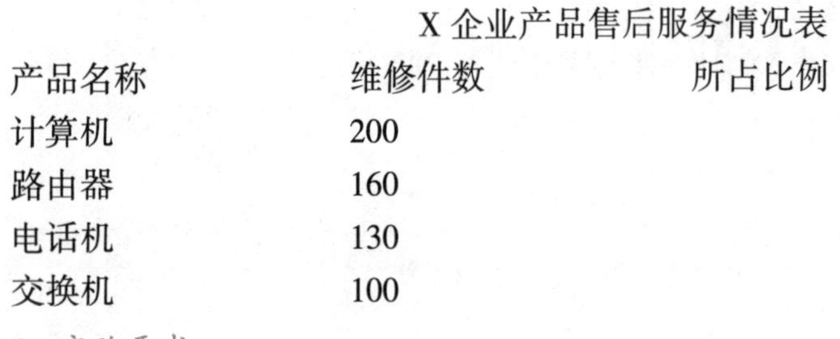

X 企业产品售后服务情况表

产品名称	维修件数	所占比例
计算机	200	
路由器	160	
电话机	130	
交换机	100	

2. 实验要求

(1) 打开 WPS Office，新建一个表格文件，输入原始数据，以文件名“实训-图表练习

. et”或“实训-图表练习 . xlsx”保存文件。

(2)计算所占比例。单击单元格 D4，输入公式“=C4/($C$4+$C$5+$C$6+$C$7)”，利用公式完成所占比例的计算。拖动填充柄完成单元格区域 D5: D7 公式的复制。

(3)设置单元格格式，设置单元格区域 D4: D7 的数字格式为“百分比”，保留 2 位小数。

(4)利用单元格区域 B3: B7 及 D3: D7 中的数据创建饼图(选择不连续的单元格需按〈Ctrl〉键)。

(5)修改图表标题为“售后比例”，加粗，15 号字，图例显示在右侧。

(6)设置数据标签格式，显示数据标签的值，标签包括系列名称和值。

(7)修改“交换机”数据系列格式，纯色填充，颜色为绿色。

(8)设置图表背景填充纹理为“横格纸纹”。

(9)将图表调整到 B8: F26 单元格区域内。

(10)保存文件。

3. 实验结果

实验结果如图 4-40 所示。

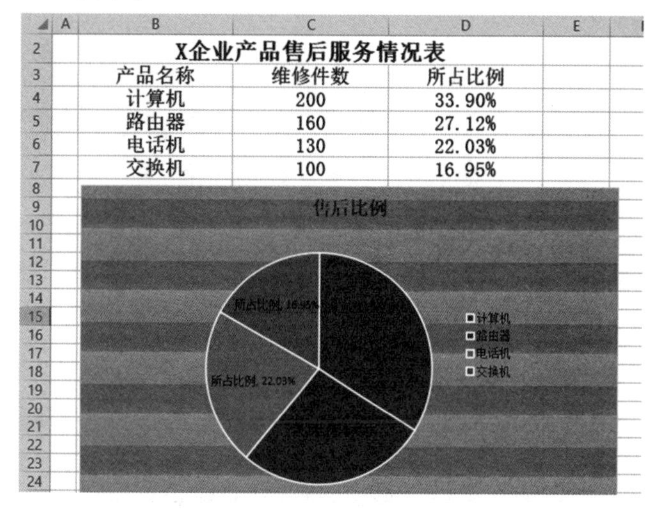

X企业产品售后服务情况表		
产品名称	维修件数	所占比例
计算机	200	33.90%
路由器	160	27.12%
电话机	130	22.03%
交换机	100	16.95%

图 4-40　实验效果图

4.7　打印工作表

在打印工作表之前，需要进行页面设置。合理设置页面能够打印出清晰且美观的工作表。

4.7.1　页面设置

页面设置可以设置页面方向、纸张大小、页边距、页眉/页脚和工作表等内容。合理设置页面能够打印出清晰且美观的工作表。页面设置操作过程如下。

单击“页面布局”选项卡中的“页面设置对话框启动器”按钮，弹出“页面设置”对话框，如图 4-41 所示。在该对话框中可以对页面进行详细设置。

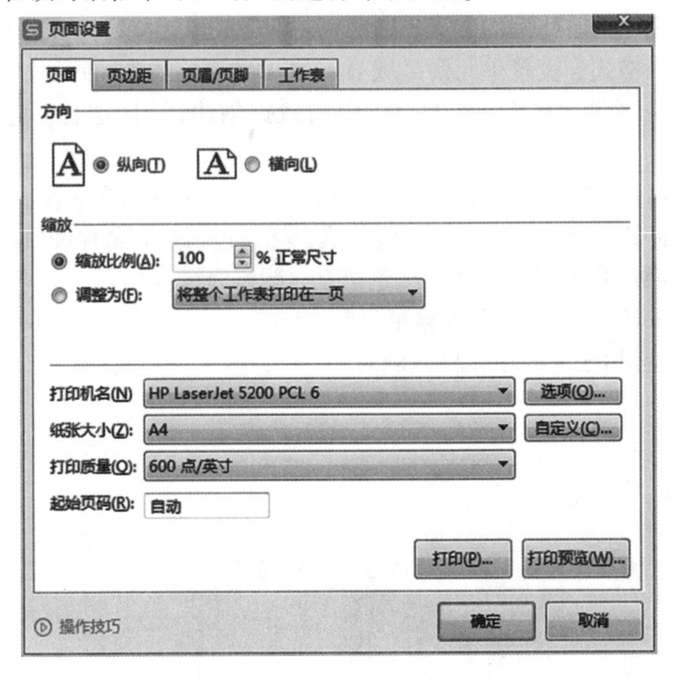

图 4-41 “页面设置”对话框

4.7.2 打印预览与打印

1. 打印预览

在打印工作表之前需要使用打印预览功能预览打印的效果，以便发现问题及时修改。打印预览操作过程如下。

选择“文件”→“打印”→“打印预览”命令，弹出“打印预览”窗口，这里可以预览工作表的效果，如果发现问题可及时修改。

2. 打印

打印工作表之前，需要选定打印机，设置打印页数、打印范围、打印份数等。打印操作过程如下。

选择“文件”→“打印”→“打印”命令，弹出“打印”对话框。在对话框中设置打印参数。

第5章　WPS 演示软件

WPS 演示是北京金山办公软件股份有限公司 WPS Office 中的一个重要组成部分。WPS 演示有 Windows、Linux、Mac OS、Android、iOS 多个平台版本，是专门用于制作和演示幻灯片的应用软件，能够制作出集文字、图像、动画、声音以及视频剪辑等多媒体元素于一体的演示文稿，广泛应用于学术报告、辅助教学、论文答辩、工作汇报、产品展示等场合。

WPS 演示 2019 具有一个被称为“功能区”的全新直观型用户界面，其可以更快更好地创建演示文稿。与其他版本相比，WPS 演示 2019 有了更强的移动平台与协同办公支持，还增加了诸多方便实用的智能组件，用户在播放视频过程中甚至可以使用手机进行遥控，从而可以更加轻松地共享演示文稿。为了叙述方便，以下将 WPS 演示 2019 称为 WPS 演示。

5.1　WPS 演示概述

通常人们把用 WPS 演示制作出来的各种演示材料统称为“演示文稿”。它是指人们在介绍组织情况、阐述计划及实施方案时，向大家展示的一系列材料。这些材料集文字、表格、图像、动画及声音于一体，并将其以页面的形式组织起来，在进行编排后向观众播放。由于演示文稿的播放形式像放映幻灯，所以习惯上将这样的页面称为“幻灯片”。

5.1.1　WPS 演示的基本功能

WPS 演示的功能强大，在日常工作中，可以用来制作多页式的演示文稿；也可以发挥想象力，将其作为一个简易的动画片制作平台，制作动画片；甚至可以将成品输出为视频。

5.1.2　WPS 演示的基本概念

WPS 演示以页面为文档组织形式，所有文字、图像、动画、声音等元素按一定逻辑，使用统一的版式有机的布置于各个页面，服务于要展示的主题。

1. 页面

页面是 WPS 演示的基本单位，习惯上也被称为幻灯片。演讲者将多种媒体对象、元素布置于页面向观众展示，用以辅助说明自己的观点，阐述自己的内容，吸引观众的注意力。

一般一个页面只呈现一个突出的中心要点，多个要点要分散于多个页面，整个文档服务于一个主题。

2. 版式

版式就是幻灯片上标题和副标题文本、列表、图片、表格、图表、自选图形和视频等元素的预置排列组织方式。按具体摆放内容的不同，可以区分为常见的“标题幻灯片”“标题和内容”“节标题”“两栏内容”“比较”“图片与标题”“内容”等不同的版式。

3. 母版

一份 WPS 演示文档往往由许多页面组成，版式、字体、字号、背景、配色方案的整体风格一致有助于带给观众更好的体验，这些布局元素的集合在 WPS 中称为母版。

4. 模板

一份精心打造的 WPS 演示文档，可以在类似的场景中复用到不同的内容载体上，以呈现不同的精彩，节省整体制作成本。在制作上，既可以用文档另存为简易的模板，也可以直接开发新的模板；在使用中，可以随时导入、套用设计库中的模板。

5. 节

对于大的文档，WPS 演示支持分节，以实现折叠与展开，便于排版制作。

6. 切换

如果说每张 WPS 演示文档页面就是一个小小的舞台场景，那么页的切换就是帷幕落下与开启的场景转换。在场景转换过程中，WPS 演示支持多种切换效果。

7. 动画

在 WPS 演示页面上的文字、表格、图像、声音甚至影片，都可以视为在这一页上的演员。使用动画功能，可以赋予这些演员精彩的表演本领。

5.2 WPS 演示基础

在开始介绍演示文稿的制作方法之前，首先介绍 WPS 演示的启动、窗口的组成等基本知识和基本技能。

5.2.1 WPS 演示的启动

在麒麟或其他视窗系统中，启动 WPS 演示的常见方法有 3 种：一是可以在“菜单”中的程序列表中选择 WPS 演示应用程序；二是可以在操作台命令窗口中运行“wpp”命令行启动 WPS 演示应用程序；三是利用桌面快捷方式来启动 WPS 演示应用程序。

5.2.2 WPS 演示的窗口组成

WPS 演示的窗口包括：标题栏、选项卡功能区、备注窗格、状态栏、浏览窗格、任务窗格和页面工作区，如图 5-1 所示。下面主要介绍标题栏、选项卡功能区、状态栏、页面工作区和状态栏中的视图切换按钮。

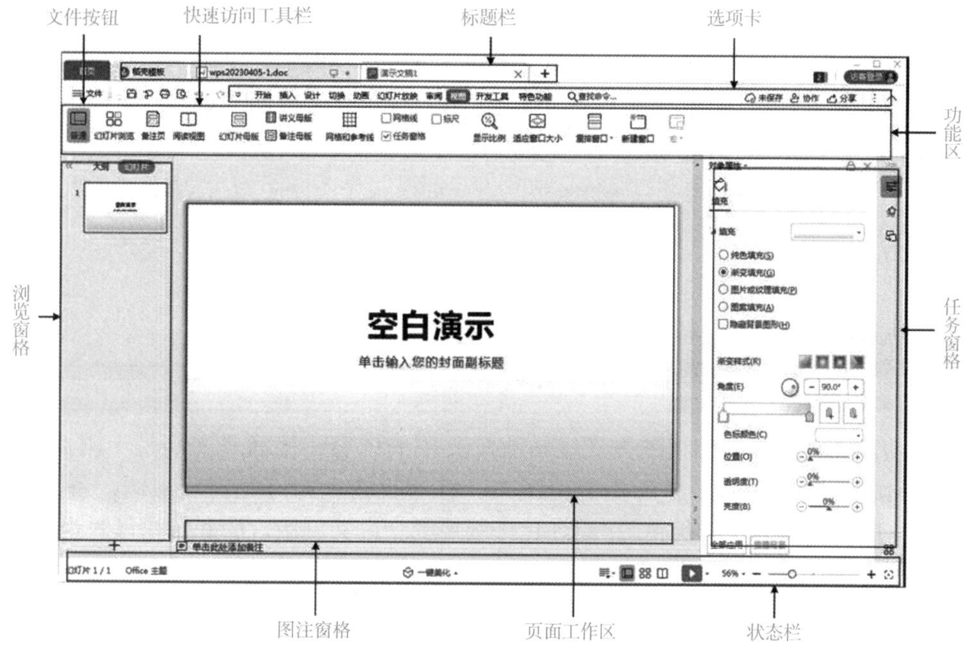

图 5-1　WPS 演示主窗口

（1）标题栏：用来显示当前制作或使用的文稿的标题。由 WPS 演示文档“首页”按钮、稻壳模板、打开的文档名，以及“最小化”按钮、“最大化”按钮、“还原”按钮、“关闭”按钮、联网账号登录按钮组成。

（2）选项卡功能区：相当于早期版本中的菜单栏和工具栏的组合，主要由“文件”菜单，“开始”“插入”“设计”“切换”“动画”“幻灯片放映”“审阅”“视图”“开发工具”“特色功能”10 个选项卡组成，也称为功能区。每个选项卡均与一种活动类型相关。例如，“插入”选项卡用于向幻灯片中插入各种媒体与对象；“动画”选项卡用于设置页面内对象的动画。选项卡下功能相近的命令被集中组织在逻辑组中，用户可以快速找到完成某个任务所需的命令。选项卡功能区如图 5-2 所示。

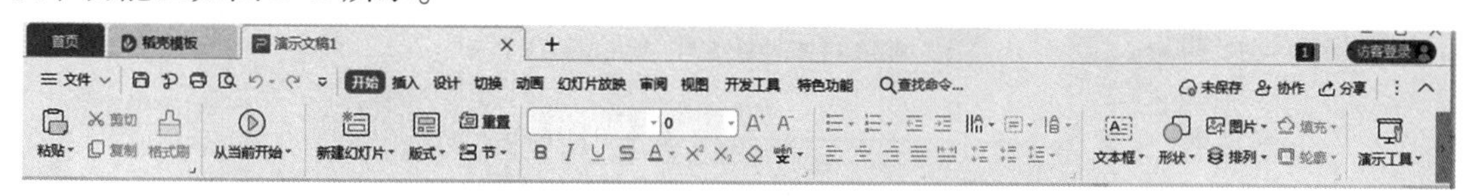

图 5-2　选项卡功能区

用户可以最小化选项卡功能区以增大屏幕中可用的空间。单击其最右侧的“隐藏功能区”按钮，可收起选项卡功能区，只显示菜单；单击ˇ形“显示功能区”按钮，可展开选项卡功能区。

在选项卡功能区最小化的情况下，用户仍然可以使用它。单击选项卡，对应功能区会自动展开，单击要使用的选项或命令后，其会自动收起。

（3）状态栏：在 WPS 演示窗口的底部，显示与当前演示文稿有关的一些信息，如幻灯片编号、主题名称、输入法状态、显示比例及视图切换按钮等。

(4)页面工作区：在 WPS 演示窗口的中间部分，显示的是文档窗口。文档窗口因所使用的视图不同而有较大的差异。普通视图下的文档窗口包括浏览窗格、幻灯片窗格、备注窗格 3 个部分。

(5)视图切换按钮：由 5 种视图方式切换按钮组成，如图 5-3 所示。在状态栏的右下角，从左到右依次为："隐藏或显示备注面板"按钮、"普通视图"按钮、"幻灯片浏览"按钮、"阅读视图"按钮和"幻灯片放映"按钮。

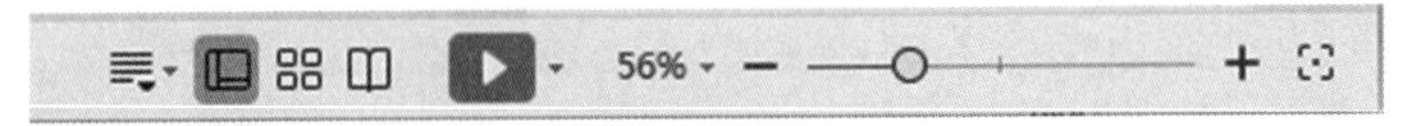

图 5-3　视图切换按钮

5.2.3　WPS 演示的视图方式

WPS 演示能够以不同的视图方式显示演示文稿的内容，使演示文稿易于浏览，便于编辑、打印和放映。WPS 演示中可用的视图有：普通视图、幻灯片浏览视图、备注页视图、阅读视图、演示者视图、母版视图(幻灯片母版视图、讲义母版视图和备注母版视图)。

1. 普通视图

普通视图是主要的编辑视图，可用于撰写和设计演示文稿。它将浏览窗格、页面工作区、任务窗格、备注窗格集成到一个视图中，既可以输入、编辑和排版文本，也可以输入备注信息，如图 5-4 所示。

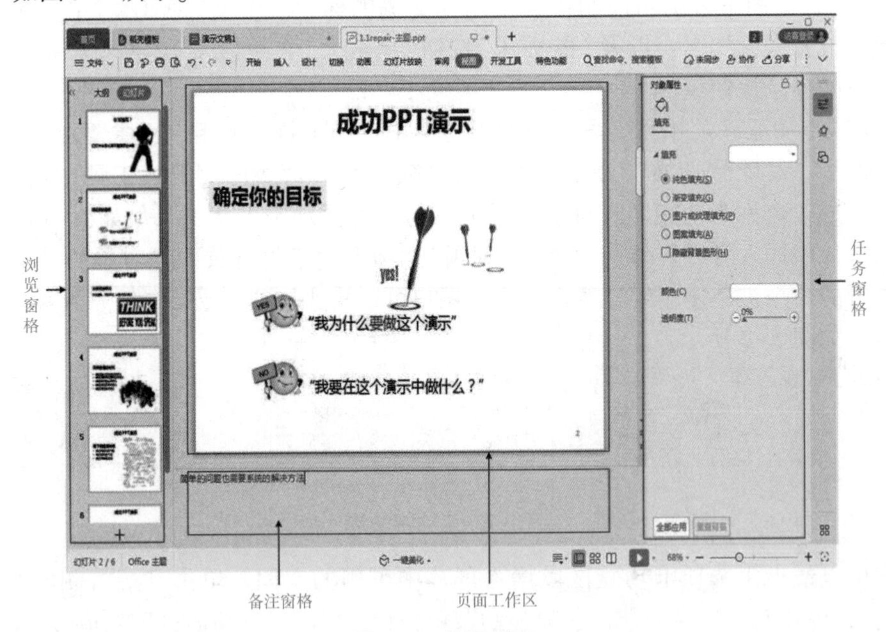

图 5-4　普通视图

(1)浏览窗格：提供"大纲""幻灯片"两种浏览方式。单击"大纲"选项卡，进入"大纲"浏览方式，显示幻灯片文本，可以组织和输入演示文稿中的所有文本，然后重新排列项目符号、段落和幻灯片；单击"幻灯片"选项卡，进入"幻灯片"浏览方式，用户在编辑时以缩略图大小的图像在演示文稿中观看幻灯片。使用缩略图能方便地显示演示文稿，并观看任何设计更改的效果，还可以轻松地重新排列、添加或删除幻灯片。

(2)页面工作区：WPS 演示的主要工作台，显示当前幻灯片的工作内容，可以在这里添加文本，插入图片、表格、图表、图形对象、智能图形、流程图、文本框、视频、音频、超链接和动画等。

(3)任务窗格：提供“对象属性”“自定义动画”“幻灯片切换”3 种工具选项卡。“对象属性”选项卡中提供了页面工作区内各种对象属性的快捷设置；“自定义动画”选项卡中提供了对象动画特技、智能动画以及动画的播放排序；“幻灯片切换”选项卡中提供了页面切换特效的添加修改功能。

(4)备注窗格：在页面工作区下面，可以输入要应用于当前幻灯片的备注。用户可以将备注打印出来并在放映演示文稿时进行参考，还可以将打印好的备注分发给观众。

在普通视图中，若要查看普通视图中的标尺、网格线，则可以打开“视图”选项卡功能区，勾选“标尺”“网格线”复选框即可。

2. 幻灯片浏览视图

在幻灯片浏览视图中，以缩略图的形式显示整个演示文稿的幻灯片，如图 5-5 所示。在此视图中，用户可以完成添加、移动、复制和删除幻灯片等基本操作。

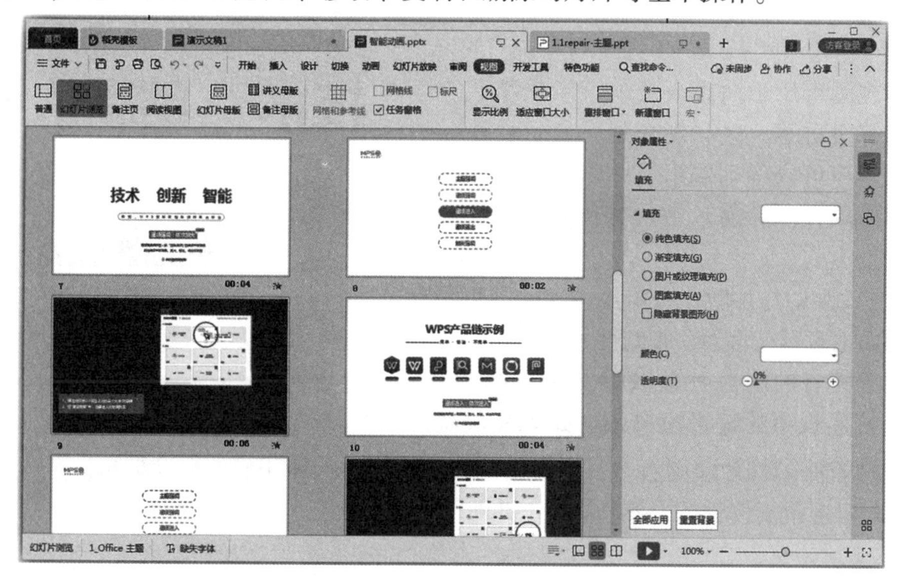

图 5-5　幻灯片浏览视图

3. 备注页视图

在备注页视图中，备注窗格位于窗口的下方，用户可以通过单击该方框来输入要应用于当前幻灯片的演讲者备注，也可以在普通视图中输入备注文字。用户可以将幻灯片备注打印出来并在放映演示文稿时进行参考，还可以将打印好的备注分发给观众。

(1)如果要以整页格式查看和使用备注，则可以在“视图”选项卡中单击“备注页”按钮，如图 5-6 所示。

(2)如果在备注页视图中无法看清楚输入的备注文字，则可以在“视图”选项卡中单击“显示比例”按钮，弹出“显示比例”对话框，选择一个较大的显示比例；或者在按住〈Ctrl〉键的同时使用鼠标滑轮进行显示缩放。

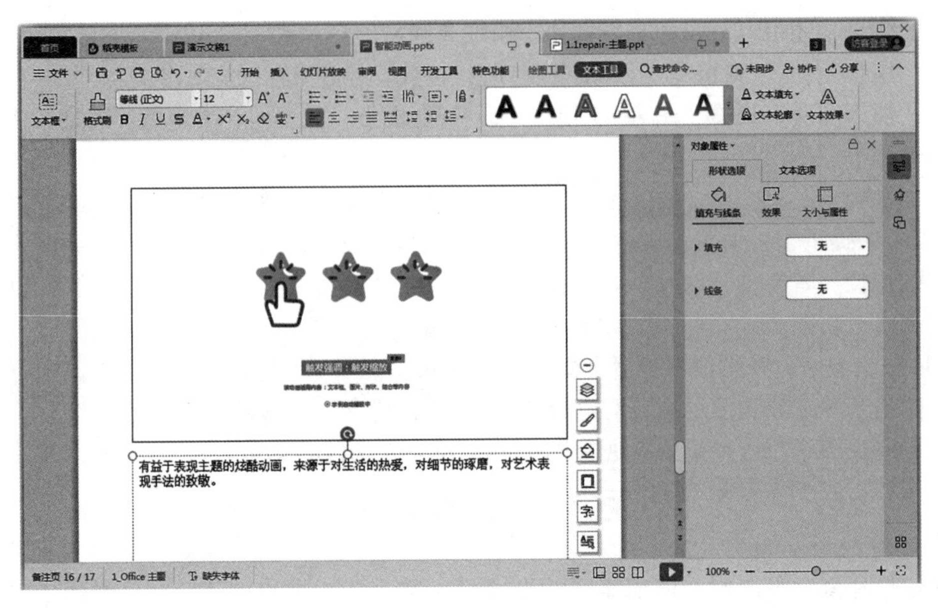

图 5-6　备注页视图

4. 阅读视图

阅读视图可用于向观众放映演示文稿，它会占据整个计算机屏幕，这与观众观看演示文稿时的效果一样。用户可以看到图形、图像、视频、动画效果和切换效果在实际演示中的具体效果，如图 5-7 所示。

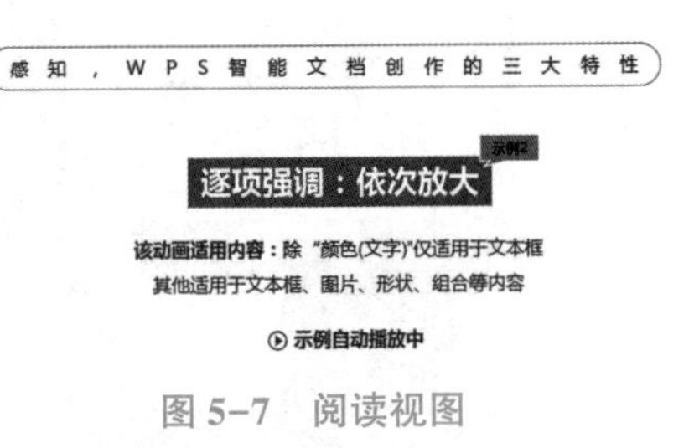

图 5-7　阅读视图

(1) 在放映幻灯片时，每单击一次，即可更换一个显示画面，直至显示下一张幻灯片。

(2) 当所有的幻灯片放映结束时，再次单击，则返回到普通视图的编辑窗口中。如果在放映过程中，要返回首张幻灯片，则右击，在弹出的快捷菜单中选择相应的命令即可。

(3) 若要退出阅读视图，则按〈Esc〉键即可。

5. 演示者视图

演示者视图是一种区分前、后台不同模式放映的视图。借助多台监视器，用户可以向观众展示前台的演示，而在后台运行其他程序、查看演示者备注。要使用演示者视图，应确保放映的计算机支持多路显示，并有效接驳多台输出监视器，操作步骤如下。

在“幻灯片放映”选项卡中单击“设置放映方式”按钮，弹出“设置放映方式”对话框，指定“幻灯片放映显示于”某台监视器。

6. 母版视图

母版视图包括幻灯片母版视图、讲义母版视图和备注母版视图。它们存储了有关演示文稿信息的主要格式信息，以版式为载体，包括了主题、效果、背景、颜色、字体、占位符的大小和位置。在幻灯片母版、备注母版或讲义母版上，可以对与演示文稿关联的每个幻灯片版式的备注页或讲义样式进行全局定义，这是母版视图的主要功能。

5.2.4　WPS 演示的基本操作

选择模板、创建演示文稿、组织页面、添加内容对象、保存演示文稿是 WPS 演示的基本操作。

1. 使用“根据模板”按钮创建演示文稿

模板(.dpt 文件)是包含一组演示文稿的主题、版式和其他元素信息的文件，由 WPS 演示的专业人员设计出来供用户使用。在模板中包括预先定义好的页面结构、标题格式、配色方案、图形元素、效果、样式以及版式。

在制作演示文稿时，设计和美化演示文稿往往花费用户大量的时间。WPS 演示提供海量模板库，在联网的情况下，用户可以在新建页面选择合适的模板创建出精美且风格统一的演示文稿，可大大减少用户设计和美化所花费的时间和精力。

用户可以应用 WPS 演示的内置模板、自己创建并保存到计算机中的模板、从互联网的“稻壳商城”中下载的模板。另外，WPS 演示提供了良好的兼容性，可以完美兼容 Microsoft PowerPoint 模板文件(.potx)、Microsoft PowerPoint 97-2003 模板文件(.pot)。

筛选模板的方式有以下 3 种。

(1)选择“文件”→“新建”命令，在“推荐模板”中单击“新建空白文档”按钮，然后在“设计”选项卡下，选择需要套用的模板。

(2)选择“文件”→“新建”→“本机上的模板”命令，使用已经安装到本地驱动器上的模板。

(3)筛选模板，单击 WPS Office 首页中的“新建”按钮，打开“推荐模板”页面，可以通过左侧标签进行各品类的搜索；通过“根据行业”面板进行行业的搜索；通过上方搜索栏可进行关键字搜索模板，如图 5-8 所示。

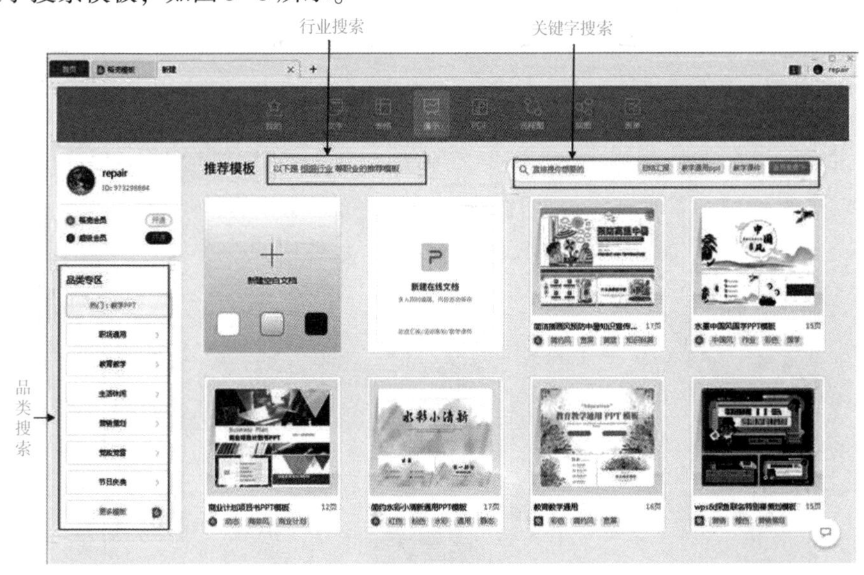

图 5-8　筛选模板的 3 种方式

2. 使用“新建空白文档”创建演示文稿

在默认情况下，WPS 演示对新的演示文稿应用空白演示文稿模板，空白演示文稿是 WPS 演示中最简单、可自由发挥的模板。

新建基于空白演示文稿模板的演示文稿，操作步骤如下。

启动 WPS Office，在其首页中单击“新建”按钮，单击“演示”选项卡中的“新建空白文档”按钮，如图 5-9 所示，就生成了一份标题为“空白演示”的文档。

图 5-9　使用“新建空白文档”创建演示文稿

3. 使用文字文档创建演示文稿

通常情况下，用户在编写演示文档的文字内容时会选择文字组件进行编写，编写完成后再将内容复制至演示文稿。此时可以通过 WPS 文字组件中的“输出为 PPTX(X)”功能一键将文字文档中的内容转换为演示文稿，操作步骤如下。

选择“文件”→“输出为 PPTX(X)”命令，弹出“输出为 pptx”对话框，设置“输出至”路径，单击“开始转换”按钮，如图 5-10 所示。

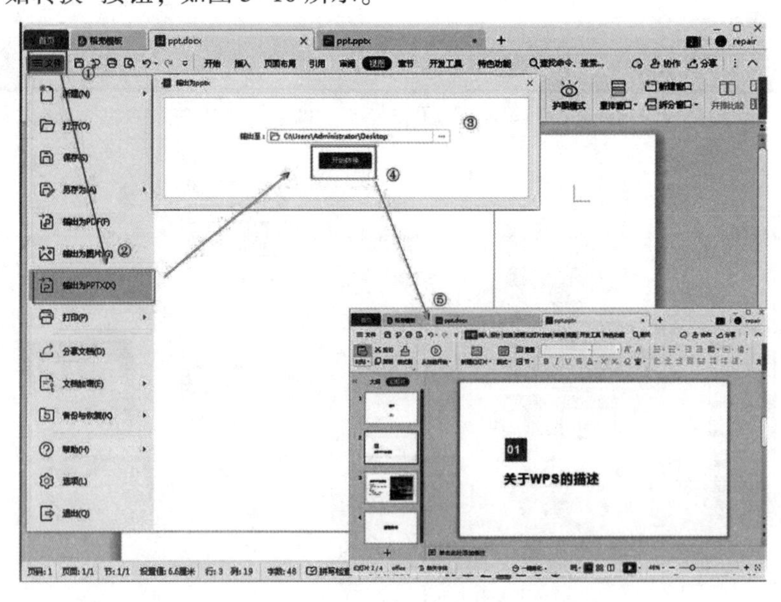

图 5-10　使用文字文档创建演示文稿

4. 向幻灯片中输入文本

在 WPS 演示中，将文本添加到幻灯片中的方法有两种，分别是在占位符中添加文本、在文本框中添加文本。

1) 在占位符中添加文本

在使用自动版式创建的新幻灯片中有一些虚线方框，它们是各种对象(如幻灯片标题、文本、图像、表格、公式、结构图和艺术字等)的占位符。在幻灯片标题和文本的占位符中，添加标题文本的操作方法：在占位符内单击，然后输入文本。

2) 在文本框中添加文本

用户可以利用文本框在新建的空白幻灯片中布置心仪的独特布局，或者在已有的布局占位符之外添加文本。文本框是一种可移动、可调大小的容器。使用文本框，可以在一页上放置数个文字块，或者使文字按不同的方向排列。

在文本框中添加文本的操作方法如下：

(1) 选择“插入”→“文本框”→“横向文本框”(或“竖向文本框”)命令，来设置文本框为水平或垂直排版方式，也可以联网选用精美的预设文本框。

(2) 单击幻灯片，然后拖动鼠标来绘制文本框，预设文本框会直接应用于页面。

(3) 在普通视图中，单击该文本框内部区域，直接输入或粘贴文本，如图 5-11 所示。

图 5-11　在文本框中添加文本

5. 处理幻灯片

一个演示文稿通常由多张幻灯片组成，因此需要了解如何处理演示文稿中的幻灯片。下面介绍幻灯片的基本操作，包括选定、添加、删除、复制幻灯片，重新排列幻灯片的顺序，为幻灯片设置节，隐藏或显示幻灯片。

1) 选定幻灯片

在 WPS 文稿中，可以选定单张幻灯片、多张连续的幻灯片、多张不连续的幻灯片和所有幻灯片，具体的操作步骤如下。

(1) 选定单张幻灯片：在幻灯片浏览视图中，单击该幻灯片即可。

(2) 选定多张连续的幻灯片：在幻灯片浏览视图中，可以先单击第一张幻灯片的缩略图，使该幻灯片的周围出现橙色的边框，然后按住〈Shift〉键，再单击最后一张幻灯片的缩略图。

(3) 选定多张不连续的幻灯片：在幻灯片浏览视图中，可以先单击第一张幻灯片的缩略图，然后按住〈Ctrl〉键，再分别单击要选定的幻灯片缩略图。

(4)选择所有幻灯片：在幻灯片浏览视图中，按〈Ctrl+A〉组合键。

2)添加幻灯片

在制作演示文稿的过程中，可以随时添加新的幻灯片，具体的操作步骤如下。

(1)在“视图”选项卡中单击“幻灯片浏览”按钮，打开幻灯片浏览视图。

(2)选定要插入新幻灯片的位置，可以先选定一张幻灯片，则新的幻灯片将插入该幻灯片的后面；也可以单击两张幻灯片之间的空白位置，则新的幻灯片将插入这两张幻灯片之间。

(3)在“插入”选项卡中单击“新建幻灯片”下拉按钮，在展开的下拉列表中选择所需的幻灯片版式布局，即可向当前演示文稿中插入一张具有所选布局的新幻灯片，如图 5-12 所示。

(4)双击新插入的幻灯片，即可进入普通视图，这时可以向该幻灯片中输入文本或者插入图片等对象。

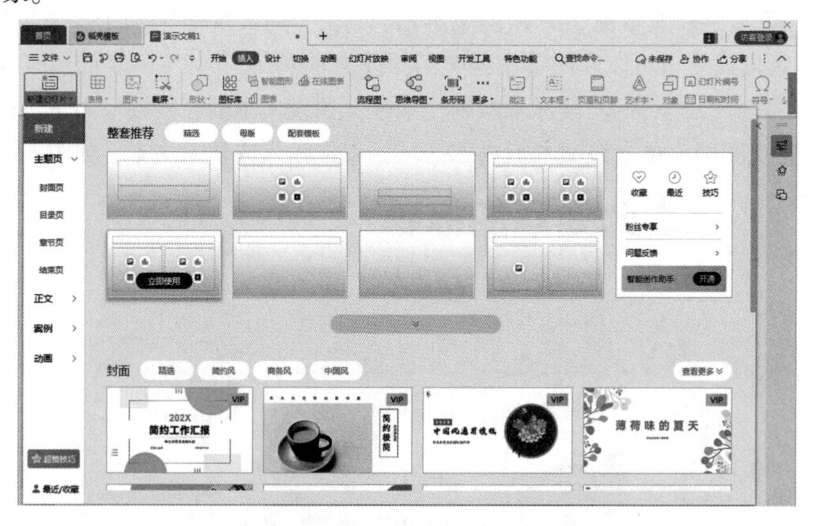

图 5-12　选择幻灯片版式布局并插入幻灯片

3)删除幻灯片

删除某张幻灯片，具体的操作步骤如下。

(1)在“视图”选项卡中单击“幻灯片浏览”按钮，打开幻灯片浏览视图。

(2)选中一张幻灯片，按〈Delete〉键；或者右击要删除的幻灯片，然后在弹出的快捷菜单中选择“删除幻灯片”命令。

(3)删除多张连续的幻灯片：单击要删除的第一张幻灯片，在按住〈Shift〉键的同时，单击要删除的最后一张幻灯片；或者右击已选择的任意幻灯片，在弹出的快捷菜单中选择“删除幻灯片”命令。

(4)删除多张不连续的幻灯片：单击要删除的第一张幻灯片，在按住〈Ctrl〉键的同时，单击要删除的每张幻灯片，右击已选择的任意幻灯片，在弹出的快捷菜单中选择“删除幻灯片”命令。

4)复制幻灯片

在制作演示文稿的过程中，可能有几张幻灯片页面的版式和背景等都是相同的，只是其中的部分文本不同而已。这时，可以插入该幻灯片页面的副本，然后在副本上做进一步的修改，具体的操作步骤如下。

(1)在普通视图的浏览窗格中单击“幻灯片”选项卡，右击要复制的幻灯片，在弹出的快捷菜单中选择“复制”命令。

(2)在“幻灯片”选项卡中右击要添加幻灯片的新副本的位置，在弹出的快捷菜单中选择“粘贴”命令。

5)重新排列幻灯片的顺序

重新排列幻灯片的顺序的操作步骤如下。

(1)在普通视图的浏览窗格中单击“幻灯片”选项卡。

(2)选择要移动的幻灯片，然后将其拖动到所需的位置。

排列幻灯片顺序的操作，也可在幻灯片浏览视图中完成，如图5-13所示。

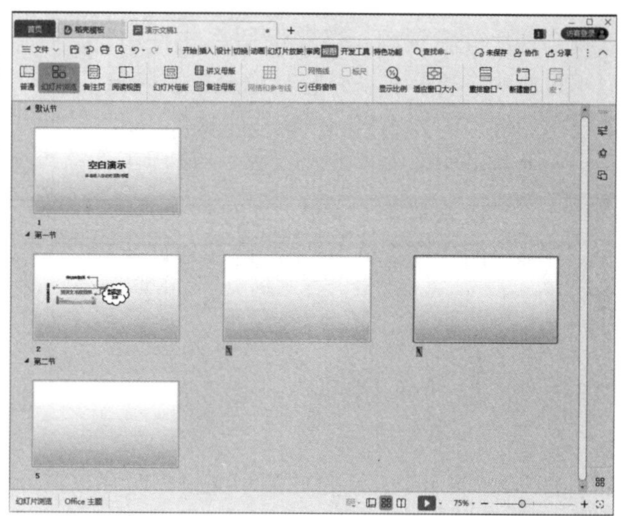

图5-13 在幻灯片浏览视图中调整幻灯片的顺序

6)为幻灯片设置节

当幻灯片页面较多，为了方便用户编辑内容、处理文档，WPS演示提供了以节分组的功能。通过设置节、节的折叠与节的展开，可以将文档页面分组，在若干组中，节只是一种标记，可以定义节的名称。节的使用不影响幻灯片正常的放映顺序，具体的操作步骤如下。

(1)在普通视图的浏览窗格中单击“幻灯片”选项卡，右击两张幻灯片之间的空白位置，在弹出的快捷菜单中选择“新增节”命令，如图5-14所示。

(2)右击节名称，在弹出的快捷菜单中选择“重命名”命令，可以对节重新命名，如图5-15所示。

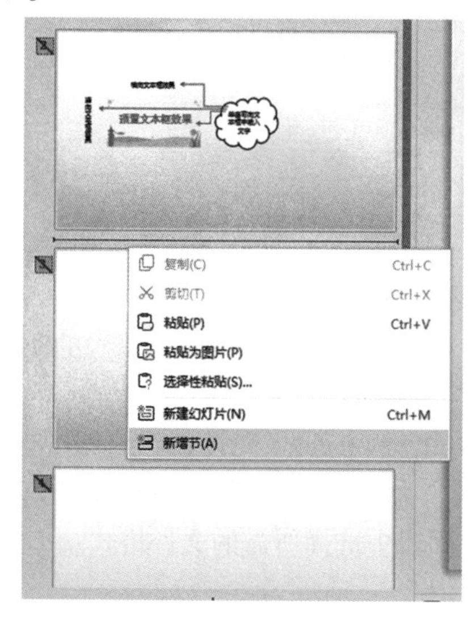

图5-14 新增节

图5-15 节的重命名

7)隐藏或显示幻灯片

如果需要将某一张幻灯片放在演示文稿中，却不希望它在幻灯片放映时出现，则可以隐藏该幻灯片。例如，某位观众可能要求更详细地解释一个项目，在这种情况下，可以显示包含相关详细信息的幻灯片。但是，如果时间有限并且观众能够领会演讲者所讲述的概念，那么可以将包含这些辅助信息的幻灯片隐藏起来，以便继续演示而不让观众看到演讲者跳过了这些幻灯片。

幻灯片被隐藏后，仍然保留在文件中，只不过放映该演示文稿时它是隐藏的，隐藏或显示幻灯片的方法相同，操作步骤如下。

在普通视图的浏览窗格中单击“幻灯片”选项卡，右击要隐藏(或显示)的幻灯片页面，在弹出的快捷菜单中选择“隐藏幻灯片”命令。

幻灯片页面被隐藏后，该页面编号将被标记，如图 5-16 所示。

图 5-16　隐藏的幻灯片页面

6. 保存演示文稿

在 WPS 演示中，新建的演示文稿临时存放在计算机的内存中，当退出 WPS 演示或关闭计算机之后，就会丢失存放在内存中的信息，因此必须将演示文稿保存到磁盘上。

1)保存未命名的演示文稿

首次保存某份演示文稿时，需要给它指定一个名称，并且要指定保存的位置。保存未命名的演示文稿的操作步骤如下。

(1)在“文件”菜单中单击“保存”按钮；或者按〈Ctrl+S〉组合键；或者在快速访问工具栏上单击“保存”图标，都会打开“另存文件”对话框，如图 5-17 所示。

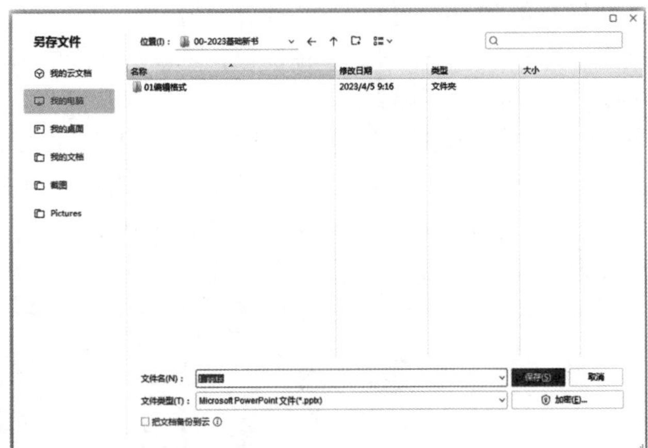

图 5-17　“另存文件”对话框

(2)在“文件名”文本框中输入新的文件名。如果用户熟悉文件夹的路径，则可以在“文件名”文本框中，直接输入带有路径的文件名。

(3)如果要在不同的文件夹中保存演示文稿，则可在导航栏中，选择不同的驱动器或其他文件夹，单击“保存”按钮，即可将演示文稿保存到相应的位置。

默认情况下，WPS 演示将文件保存为“Microsoft PowerPoint 文件(*.pptx)”兼容模式，也可以将其保存为“WPS 演示文件(*.dps)”格式，为了打印需要还可以将其另存为“PDF 文件格式(*.pdf)”，具体可以在“文件类型”下拉列表中选择所需的文件格式。

2)保存已命名的演示文稿

给演示文稿命名之后，可以继续对其进行操作。然而，用户所做的修改依然存储在内存中，在退出 WPS 演示之前，必须对其进行保存。保存已命名的演示文稿的操作步骤如下。

(1)在“文件”菜单中单击“保存”按钮；或者按〈Ctrl+S〉组合键；或者在快速访问工具栏上单击“保存”图标，WPS 演示就会保存当前的演示文稿进度，并且可以继续编辑文稿。在操作的过程中，用户要养成经常存盘的好习惯。

(2)如果要将该演示文稿保存到另外一个位置进行备份，则在“文件”选项卡中单击“另存为”按钮弹出“另存文件”对话框，输入新的文件名或选择新的保存位置，单击“保存”按钮。

7. 打开演示文稿

为了编辑已保存的演示文稿，需要将其打开，操作步骤如下。

(1)在“文件”菜单中单击“打开”按钮，打开“打开文件”对话框；或者按〈Ctrl+O〉组合键，弹出“打开文件”对话框，如图 5-18 所示。

(2)在“文件类型”下列表框中，选择所要打开的文件类型，单击“打开”按钮。

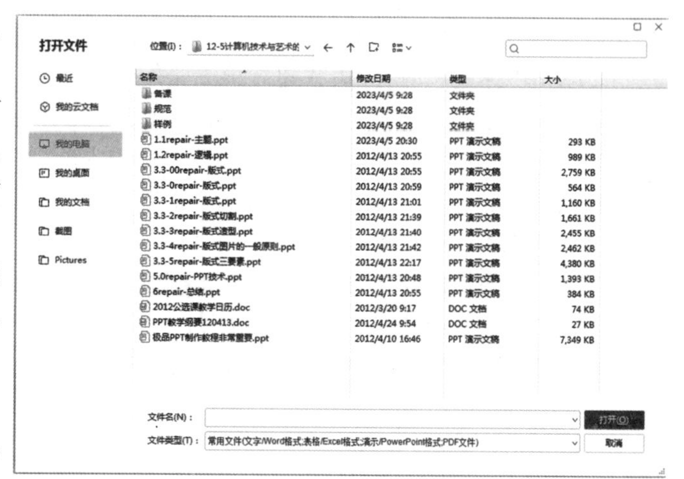

图 5-18　“打开文件”对话框

8. 关闭演示文稿

创建一个演示文稿，在编辑结束前，应先保存，然后关闭。关闭该演示文稿的操作步骤如下。

(1)单击标题栏中文档名称右侧的“关闭”按钮；或者按〈Alt+F4〉组合键，可以关闭当前激活的演示文稿。

(2)如果用户对演示文稿进行了修改，但在单击“关闭”按钮之前没有保存演示文稿，则关闭该演示文稿时，会弹出对话框显示“是否保存对(演示文稿)的更改”，如图 5-19 所示，单击“是”按钮，即可保存对演示文稿的修改；单击“否”按钮，放弃此次对演示文稿的修改。

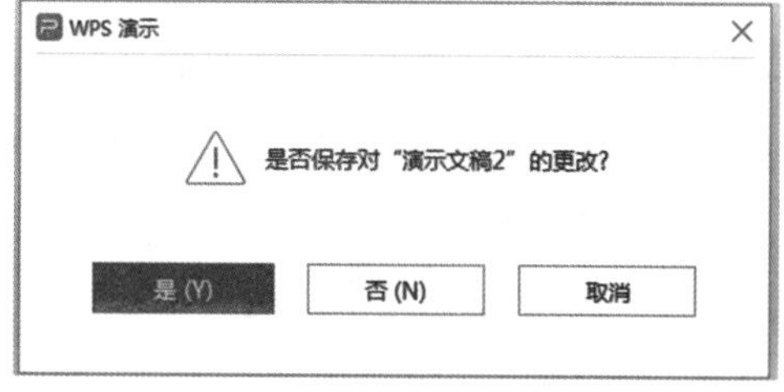

图 5-19　确认是否保存对“演示文稿”的更改

5.2.5　动手练习

一、实验目的

(1)学习在演示文稿中对幻灯片应用默认模板中的各种不同版式的方法。

(2)熟悉在演示文稿中对文字及表格进行处理的方法。

二、实验示例

1. 示例

利用创建空白演示文稿的方法建立一个新的演示文稿“个人简历 . pptx”，如图 5-20 所示。

个人简历

XX大学XX届XX专业毕业生

个人简介

姓名		性别		照片
出生日期		民族		
家庭住址				
毕业学校		专业		
联系电话		邮箱		

个人资料

➢个人爱好
➢个人专长
➢个人特点
➢喜欢颜色
➢曾参加何种社团
➢让自己感动的事情

图 5-20 个人简历(示例)

2. 实验要求

(1)使用“标题幻灯片”版式建立第一张幻灯片；幻灯片主标题为“个人简历”，副标题为“××大学××届××专业毕业生”。

(2)使用“标题和内容”版式建立第二张幻灯片；主标题为“个人简介”。

表格样式选择“无样式 网格型”，外框线 3.0 磅，并在表格中输入对应文字。文字水平对齐方式和垂直对齐方式都为居中，如图 5-20 中第二张幻灯片所示。

提示：通过“表格工具”→“设计”标签下的各种组来设置表格框线；“布局”标签下的“对齐方式”组来设置表格中文字的对齐方式。

(3)使用“两栏内容”版式建立第三张幻灯片；在标题和左、右栏中输入对应文字，并设置“➢”项目符号，如图 5-20 中第三张幻灯片所示。

(4)保存演示文稿。在“文件”菜单中单击“保存”按钮，打开“另存文件”对话框，设置文件名为“个人简历 . pptx”。

5.3 幻灯片对象

制作一个好的幻灯片不是简单的文本或图片罗列，它是一个有主题、有风格的舞台剧。要借助丰富的媒体展示手段来辅助演讲者对观众进行冲击，以达到演讲的目的。

向幻灯片中插入各种对象，包括图片、表格、图表、结构图或音频、视频等多媒体对象，是 WPS 演示的基本功能，综合利用这些功能，能够大大增强幻灯片的视听效果。

5. 3. 1 插入图片

第一张幻灯片的默认版式为“标题幻灯片”，后续幻灯片的版式默认是“标题和内容”版式。新建的幻灯片可以通过“开始”→“版式”命令，切换需要的主题版式，如图 5-21 所示。

在“标题和内容”版式的内容区，单击“插入图片”占位符，弹出“插入图片”对话框，选择要插入的图片，即可完成操作，如图 5-22 所示。

插入图片后，单击该图片，可以对其进行大小、位置调整。WPS 演示提供了功能强大的图片处理功能，在被激活的“图片工具”选项卡中可以对图片进行更为细致的操作。

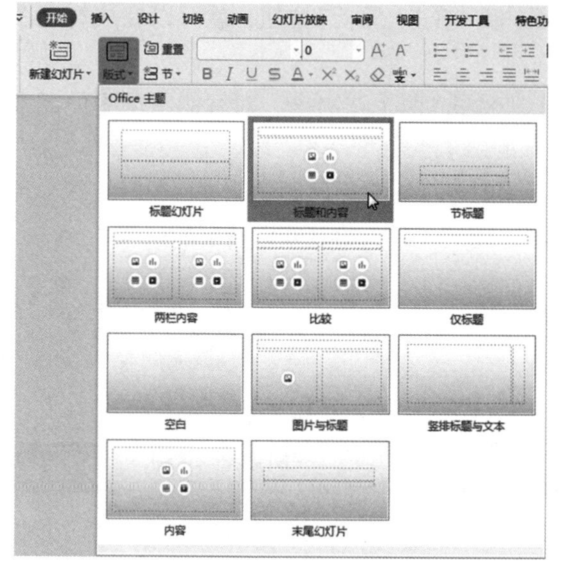

图 5-21　“版式”下拉列表

图 5-22　在幻灯片中插入图片

5.3.2　插入表格

在 WPS 演示中插入表格的方法与在 WPS 文字中插入表格的方法类似，即通过在“插入”选项卡中单击“表格”下拉按钮，在下拉的提示栏中选中行、列数；或者选择“插入表格”命令；或者选择稻壳内容型表格，都可以完成初步制表工作。

单击插入的表格，可以激活“表格工具”选项卡，进行边框样式、颜色、对齐方式、表格属性等的设置。在 WPS 演示中，表格作为一种特殊的对象可以进行层次排列、美化外观、强调内容、动画设置。

WPS 演示除了支持内建表格，也可以在 WPS 文字、WPS 表格中复制整张表格或表格的一部分，然后粘贴到 WPS 演示。

5.3.3　插入图表

在 WPS 演示中插入、制作图表的方法与在 WPS 文字、WPS 表格中利用已创建的表格制作图表的方法类似，选择“插入”→“图表”→“图表”命令，弹出“插入图表”对话框，选择需要的类型，单击“插入”按钮，就可以完成图表的初步制作。

单击初步插入的图表，可以激活“图表工具”选项卡，进行添加元素、快速布局、更改颜色、调换样式、选择数据、编辑数据的设置。

5.3.4　智能图形

在 WPS 演示中使用智能图形(也称为结构图)与在 WPS 文字、WPS 表格中制作的方法类似，但在使用中，WPS 演示的智能图形表现得更有冲击力。选择“插入”→“智能图形”命令，弹出“智能图形”对话框，选择需要的逻辑结构，单击“插入”按钮，就可以完成智能图形的初步制作。

单击初步插入的智能图形，可以激活“设计”“格式”两个选项卡，对智能图形中的元素进行更多的设置。

智能图形在页面中，可以有效地将散落的页面对象、元素通过图形化进行逻辑组织，可以更好地突出中心要点，更好地明晰对象、元素之间的关系，给观众以清晰的认识。

5.3.5 插入音频

为了增强演示文稿的效果，可以在演示文稿中插入音频，在幻灯片放映时播放声音，以增加幻灯片的声光演示效果。在“插入”选项卡中单击“音频”下拉按钮，在打开的下拉列表中选择音频的插入方式，然后在弹出的“插入音频”对话框选择需要使用的音频，就可以完成音频的插入，如图 5-23 所示。

图 5-23　在幻灯片中插入音频

在幻灯片中插入音频时，将显示一个表示音频文件的图标。单击该图标，可以激活“音频”选项卡，对插入的音频进行更多的设置。可以将音频设置为在显示幻灯片时自动开始播放，在单击时开始播放，可以循环连续播放媒体直至停止播放，甚至可以跨幻灯片播放。

嵌入的音频文件会被存储在演示文稿中，播放时不再需要源文件；而链接的音频在复制、打包 WPS 演示文稿时需要将音频源文件一并带走。当使用的音频数量较多时，可以使用链接方式插入音频，演示文稿体积较小，打开、播放文件较快。

5.3.6 插入视频

演示文稿中动态的视频要比呆板的静态文字、图片更能吸引观众的注意力。WPS 演示文稿支持插入众多格式的视频。在“插入”选项卡中单击“视频”下拉按钮，在展开的下拉列表中选择视频的插入方式，如图 5-24 所示，然后在弹出的“插入视频”对话框中选择需要使用的视频，就可以完成视频的插入。通过“视频”下拉列表，完成在第一张幻灯片中插入开场动画操作。

图 5-24　“视频”下拉列表

单击插入幻灯片后的视频，可以激活“视频工具”选项卡，对插入的视频进行裁剪、设置播放模式、设计视频的封面。

视频的嵌入与链接操作规则与音频相同。

5.4 演示文稿中的动态设计

优秀的演示文稿是一场主题鲜明、角色突出的戏剧。在 WPS 演示文稿中除前面介绍的视频、音频、智能图形、图表外，还可以为页面上的对象创建超链接、创建动作按钮、设计动画效果、为页面的切换做转场特技。

5.4.1 创建超链接

在 WPS 演示中，超链接功能可以在同一演示文稿中从一张幻灯片转到另一张幻灯片的连接，也可以在不同的演示文稿中从一张幻灯片转到另外的演示文稿中的另一张幻灯片，或者转到电子邮件地址、网页或文件的连接。可以从文本或对象(如图片、图形、形状或艺术字)中创建超链接。

单选需要创建超链接的页面元素，在“插入”选项卡中单击“超链接”按钮，弹出“插入超链接”对话框，选择“原有文件或网页”“本文档中的位置”“电子邮件地址”完成操作，如图 5-25 所示。

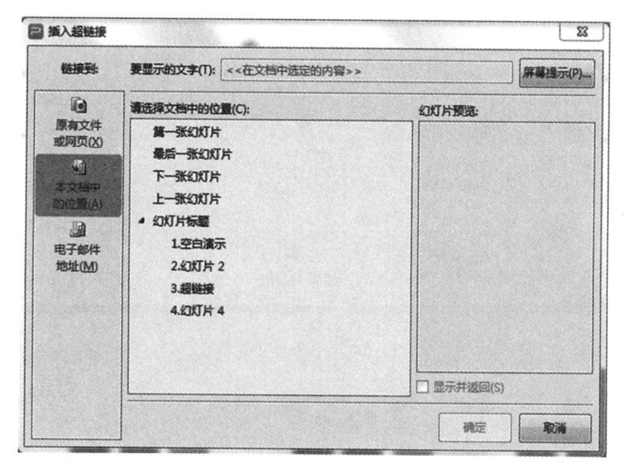

图 5-25 “插入超链接”对话框

5.4.2 创建动作按钮

在 WPS 演示文稿中，用户还可以对页面上的对象设置一个操作，当单击此对象或用鼠标移动到此对象上方时执行该操作。

既可以使用普通页面对象，如一个文本框、一张图片、一个表格，使用“插入”选项卡→“动作”命令，进行动作设置；也可以使用“插入”选项卡→“形状”下拉按钮→“动作按钮”插入一个动作按钮，插入后会自动激活“动作设置”对话框，如图 5-26 所示。

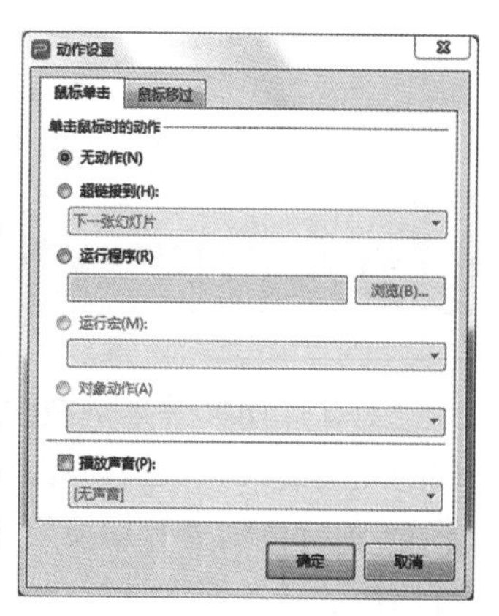

图 5-26 “动作设置”对话框

5.4.3 设计动画效果

放映幻灯片时，可以为幻灯片中的对象设计动画效果，提高演示文稿的趣味性，提高观众对演示文稿的兴趣，引起观众的注意。按页面对象进入页面、停驻页面、退出页面的时间线，WPS 演示中有以下 4 种不同类型的动画效果，如图 5-27 所示。

(1)“进入”效果：对象进入页面，逐渐淡入焦点、从边缘飞入幻灯片或跳入视图中。

(2)“强调”效果：对象进入页面后，对其进行缩小或放大、更改颜色或沿着其中心旋转。

(3)“退出”效果：有时需要将页面对象飞出幻灯片、从视图中消失或从幻灯片旋出。

(4)“动作路径”效果：指定对象或文本沿行的路径，它是幻灯片动画序列的一部分。使用这些效果可以使对象上下、左右移动或沿着星形或圆形图案移动。

可以单独使用其中一种动画效果，也可以将多种动画效果组合在一起。例如，可以对一行文本应用“飞入”进入效果及“放大/缩小”强调效果，使它在从左侧飞入的同时逐渐放大。

当页面中许多对象可以动作后，用户需要使用“自定义动画”任务窗格，进行对象的动画排序、动画的效果管理，如图 5-28 所示。

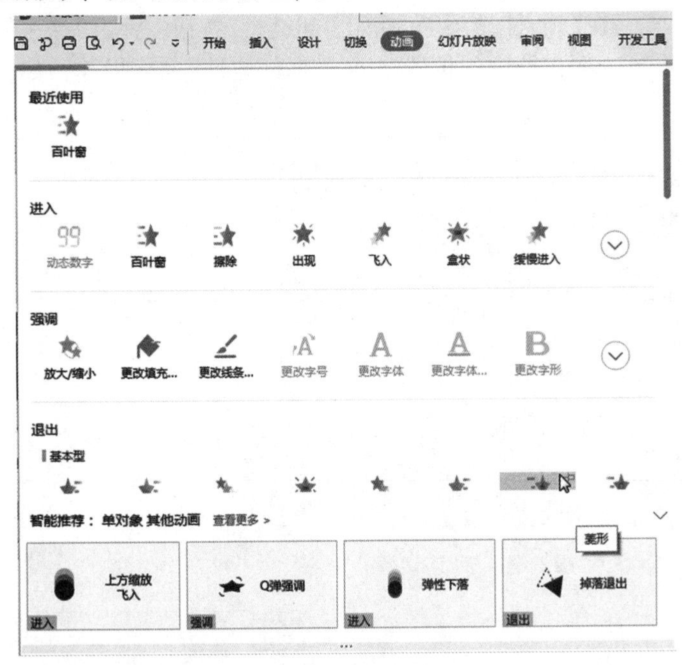

图 5-27 动画效果的类型(部分截图)

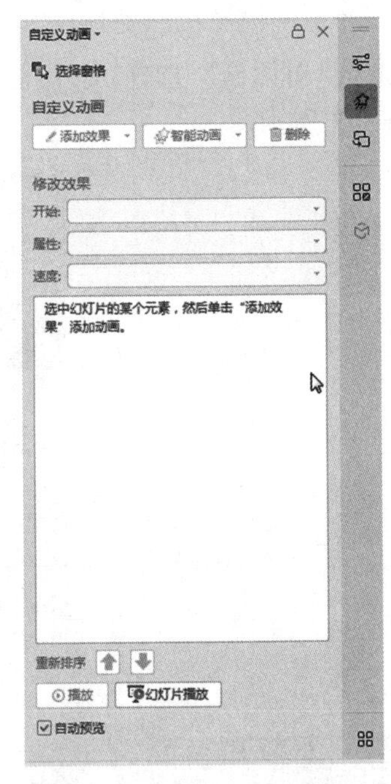

图 5-28 “自定义动画”任务窗格

5.4.4 幻灯片切换效果

幻灯片切换效果是在演示期间从一张幻灯片移到下一张幻灯片时在幻灯片放映视图中出现的动画效果。添加幻灯片切换效果可以使页面之间的切换变得自然流畅，WPS 演示提供了 17 种特色幻灯片切换效果。动画效果包括控制切换效果的速度、添加声音，甚至还可以对切换效果的属性进行自定义，如图 5-29 所示。

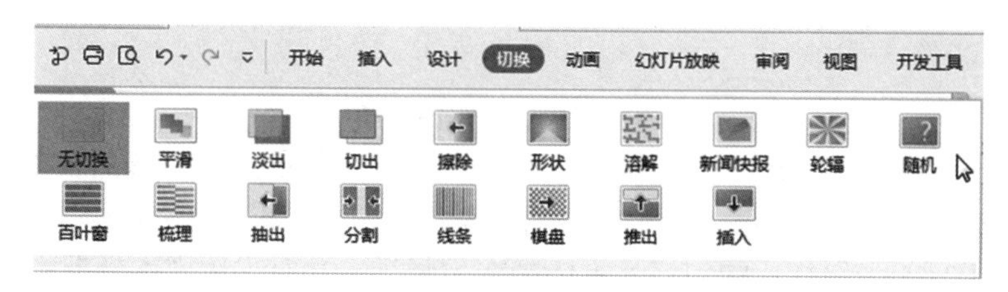

图 5-29 幻灯片切换效果

5.4.5 动手练习

一、实验目的

(1)学习使用主题设置演示文稿的背景的方法。

(2)学习在演示文稿中设置动画的方法。

(3)学习设置幻灯片切换方式的方法。

(4)学习在演示文稿中创建超链接、动作按钮的方法。

二、实验示例

1. 示例

利用创建空白演示文稿的方法，建立一个新的演示文稿，以“多彩的四季 . pptx”文件名保存，如图 5-30 所示。

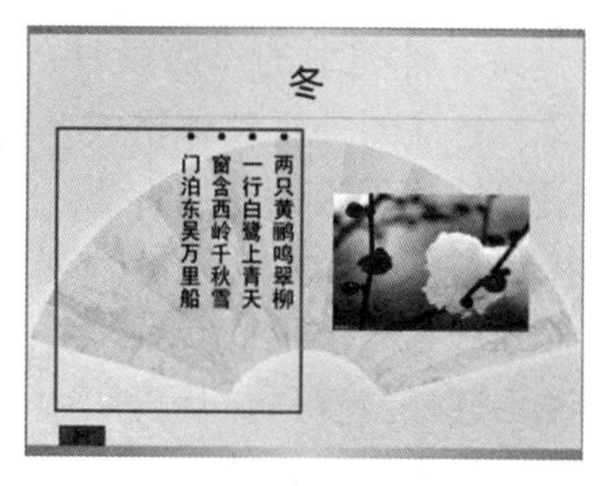

图 5-30 “多彩的四季”样张

2. 实验要求

(1)设置幻灯片主题；将幻灯片主题改为“暗香扑面”。

(2)插入版式为“标题幻灯片”的新幻灯片作为演讲文稿的封面，该封面的主标题为“多彩的四季”，字体为隶书、红色、60号，副标题为“春 夏 秋 冬”，字体为黑体、32号。

(3)设置第2~5张幻灯片的幻灯片主体文本为竖排，并对主体文本外框添加3磅红色双实线边框线。每张幻灯片左文本框中输入对应文字，右文本框中插入对应图片。

提示：切换到幻灯片母版视图，设置幻灯片版式为“两栏内容”的母版，选中主体文本，切换至“开始”选项卡，在“段落”分组中单击“文字方向”下拉按钮，在展开的下拉列表中选择“竖排”。选择主体文本框，右击，在弹出的快捷菜单中选择“设置形状格式”命令，设置线条颜色和线形。

(4)创建动作按钮。在第3、4张幻灯片的左下角添加“后退”动作按钮，按钮的尺寸为高1 cm、宽2 cm，单击时超链接到上一张幻灯片。

(5)在第5张幻灯片的左下角添加“结束”动作按钮，按钮的尺寸为高1 cm、宽2 cm，设置鼠标移过该按钮时结束放映。

(6)创建超链接。对幻灯片副标题中“春 夏 秋 冬”4个文字分别设置超链接，链接到对应的第2~5张幻灯片上。对第5张幻灯片右侧图片设置超链接，单击后链接到第1张幻灯片上。

(7)设置幻灯片动画效果。第1张标题幻灯片中的主标题设置动画效果为“缩放”，副标题设置动画效果为“翻转式由远及近”。

(8)设置幻灯片切换效果。将所有幻灯片设置为单击时“从右下部”以“涟漪”的切换效果展现。

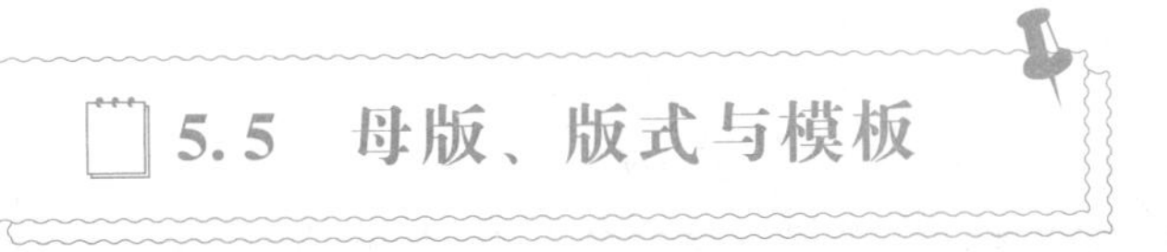

5.5 母版、版式与模板

为了充分表现演讲者的创意和观点，需要设置演示文稿的外观，如幻灯片的风格、背景、配色方案、幻灯片版式等。幻灯片中固定的页面布局、配色方案、页面元素的组成，用版式来定义；各种不同的版式的集合构成了母版；承载有母版的演示文稿页面可以打包成为模板。

5.5.1 使用母版

WPS演示中支持3种类型的母版设计：幻灯片母版、讲义母版及备注母版，分别用于控制幻灯片、讲义、备注的外观整体格式。讲义母版和备注母版的操作方法简单且不常用，所以下面主要介绍幻灯片母版的使用方法。

幻灯片母版控制了整个演示文稿的外观，是由不同的版式组合而成的。在制作演示文稿时可以通过母版整体规划每个页面版式，并由不同的页面版式全局控制每张具体的幻灯片版式页面。也就是说，通过设置幻灯片母版中的某一版式，就可以使整个演示文稿中应用了这一版式的所有页面统一得到了修改。

在打开的演示文稿中，通过“视图”→“幻灯片母版”命令，可以激活“幻灯片母版”选项卡，并进入幻灯片母版编辑视图，如图 5-31 所示。

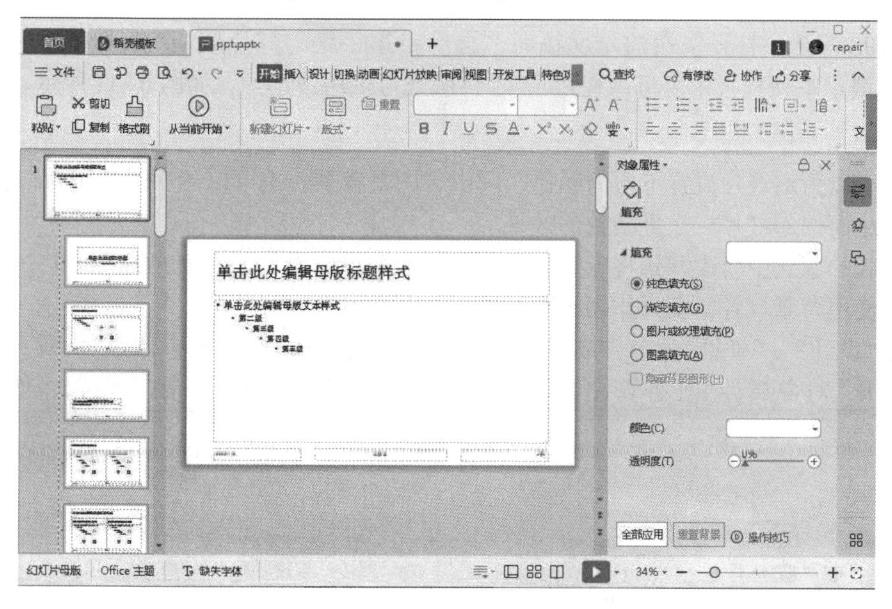

图 5-31　幻灯片母版编辑视图

左上角有数字标识的大图标是母版版式，树形结构之下的所有版式都是基于母版版式进行设计的。WPS 演示文稿支持一个多幻灯片母版，演示文稿内的系统自动以数字进行母板命名。

在幻灯片母版版式中，包含 5 个占位符(由虚线框所包围)，分别是：标题区、文本区、日期区、幻灯片编号区和页脚区。用户可以像对待图片那样，改变这些占位符的大小和位置。例如，当用户改变标题占位符的位置后，所有幻灯片中的标题位置将发生改变。

5.5.2　幻灯片版式

版式是指幻灯片上标题和副标题文本、列表、图片、表格、图表、自选图形和视频等元素的占位符位置、排列方式和格式设置，包括幻灯片的主题颜色、字体、效果和背景等设置。占位符是版式中的容器，可容纳如文本、表格、图表、智能图形、影片、声音、图片及剪贴画等内容。版式的构成如图 5-32 所示。

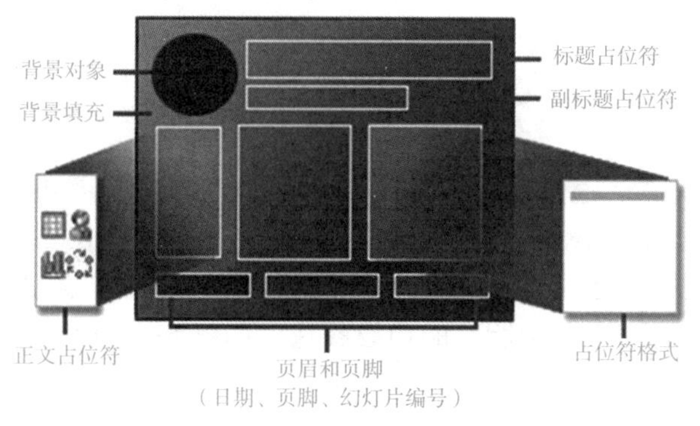

图 5-32　版式的构成

1. 对幻灯片应用版式

在 WPS 演示中打开空白演示文稿时，自动将第一张幻灯片应用“标题和内容”默认版式，WPS 演示默认模板中的母版提供了 11 种版式可供用户选择，如图 5-33 所示。

2. 设置幻灯片的背景

用户可以为幻灯片设置不同的颜色、阴影、图案背景，也可以使用图片作为幻灯片背景或水印，从而使幻灯片产生更精致的效果。

在母版的版式中修改背景将应用到整篇演示文稿中使用了这个版式的页面中。而在单独的页面中使用背景设置，则只作用于本页。

通过“设计”→“背景”命令，或者右击页面，在弹出的快捷菜单中选择“设置背景格式”命令，打开“对象属性”任务窗格，即可完成背景的颜色、图案、图片设置，如图 5-34 所示。

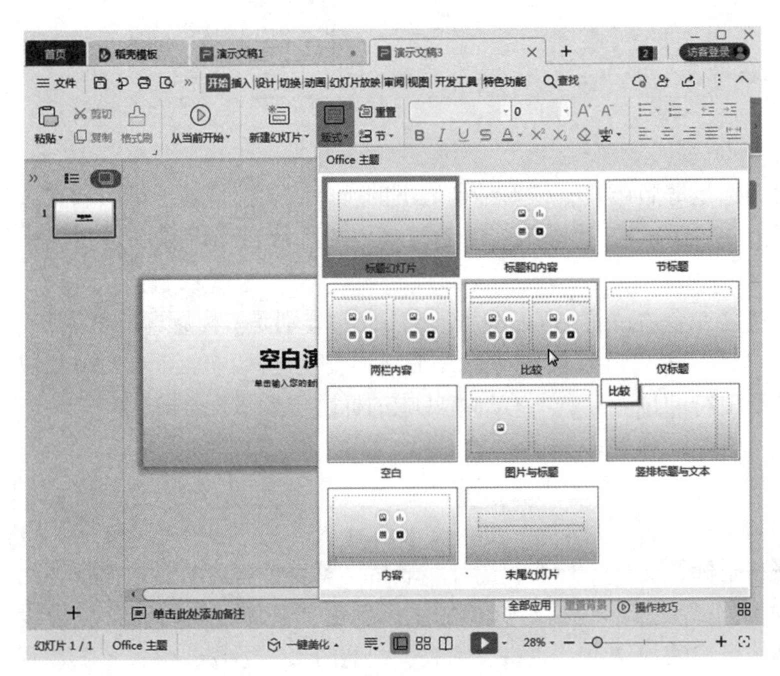

图 5-33　版式列表

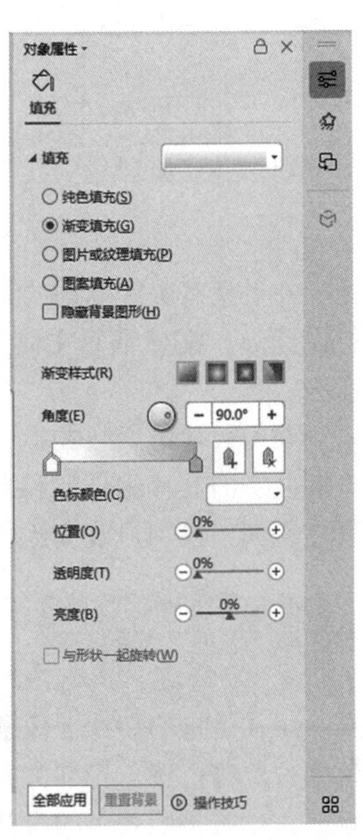

图 5-34　“对象属性”任务窗格

5.5.3　WPS 演示主题与配色方案

一组统一的设计元素，通过使用颜色、字体和图形来设置文档的外观，在幻灯片母版编辑视图中被称为“主题”，如图 5-35 所示，它作用于版式，所有使用同一版式的页面将使用相同的主题；而在 WPS 演示文稿的页面的普通视图中被称为“配色方案”，在“设计”→“配色方案”中，可以看到主题中所有的预设颜色，如图 5-36 所示，它作用于当前页面。

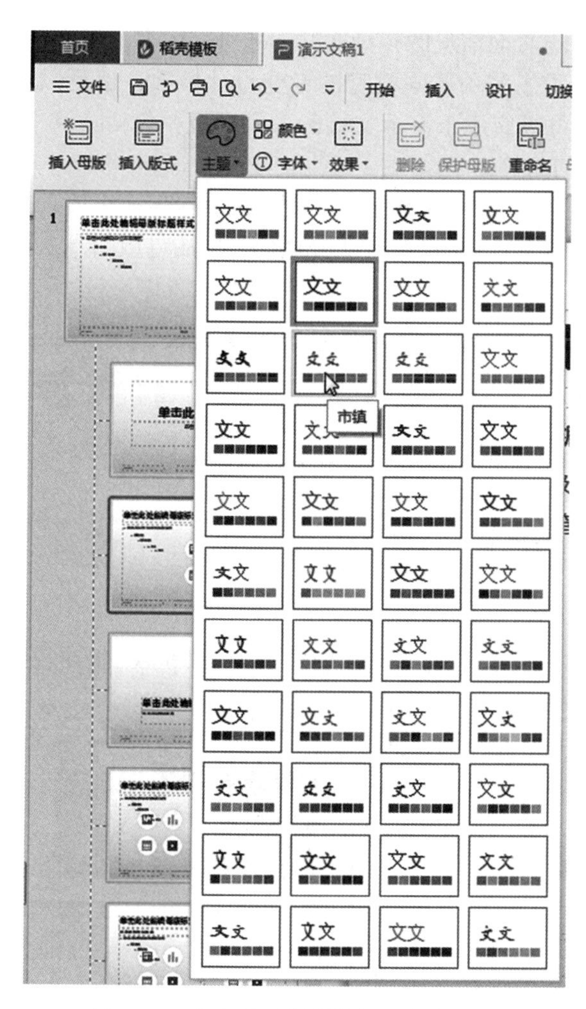

图 5-35 幻灯片母版编辑视图中的主题

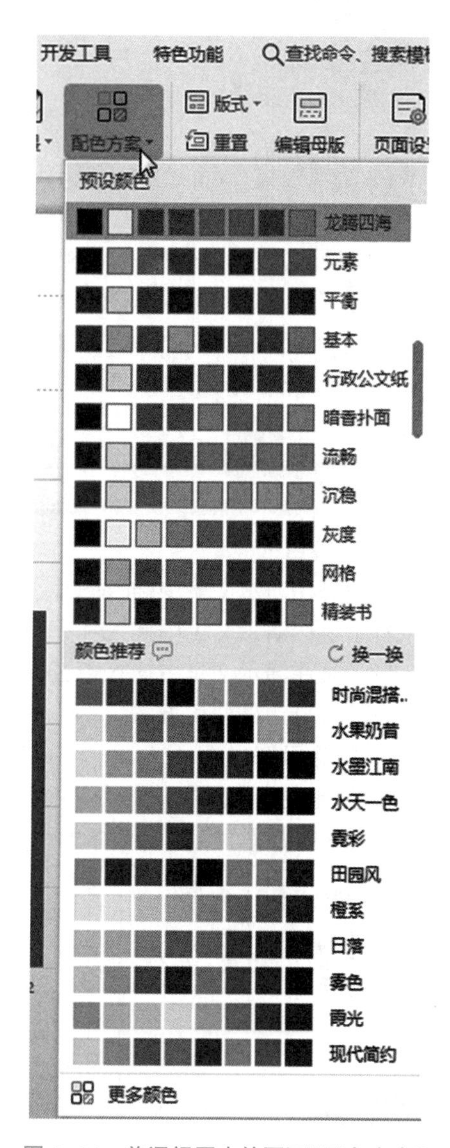

图 5-36 普通视图中的页面“配色方案”

一个主题由主题颜色、主题字体和主题效果构成。主题颜色是文件中使用的颜色的集合。主题字体是应用于文件中的主要字体和次要字体的集合。主题效果是应用于文件中元素的视觉属性的集合。

使用主题可以简化高水准演示文稿的创建过程，避免颜色组合冲突。在 WPS 演示中，甚至可以通过变换不同的主题来使幻灯片的版式和背景发生显著变化。当某个主题应用于演示文稿时，如果用户喜欢该主题呈现的外观，则通过一个单击操作即可完成对演示文稿格式的重新设置。如果要进一步自定义演示文稿，则可以更改主题颜色、主题字体或主题效果。

WPS 演示提供了多种设计主题的方案，包含协调配色方案、背景、字体样式和占位符位置。使用预先设计的主题，可以轻松快捷地更改演示文稿的整体外观。在默认情况下，WPS 演示会将普通 Office 主题应用于新的空白演示文稿。用户可以通过应用不同的主题来轻松地更改整个演示文稿的外观。

5.5.4 使用设计模板

WPS 演示模板(.dpt 文件)是承载有母版与页面信息的存盘文件，即可以由普通 WPS 演示文稿另存，也可以单独开发。WPS 演示内置了多种不同类型的专业设计模板，也可以在“稻壳模板”社区或其他合作伙伴网站上获取可以应用于演示文稿的各种模板，包括：议程、奖状、小册子、预算、名片、日历、贺卡、信封等模板。

模板可以在新建文档时使用，此时如果模板中存在页面信息，则可以直接生成页面；也可以在编辑时套用模板，但此时只能以设计方案、应用风格方式套用模板中的母版信息。

5.5.5 动手练习

一、实验目的

(1)学习在演示文稿中插入图片、艺术字、图形、图表等的方法。

(2)学习在演示文稿中插入和编辑表格的方法。

(3)学习在演示文稿中插入声音，实现多媒体效果。

(4)学习母版的使用方法。

二、实验示例

利用创建空白演示文稿的方法，建立一个新的演示文稿以“索契冬奥会 . pptx”文件名保存，如图 5-37 所示。

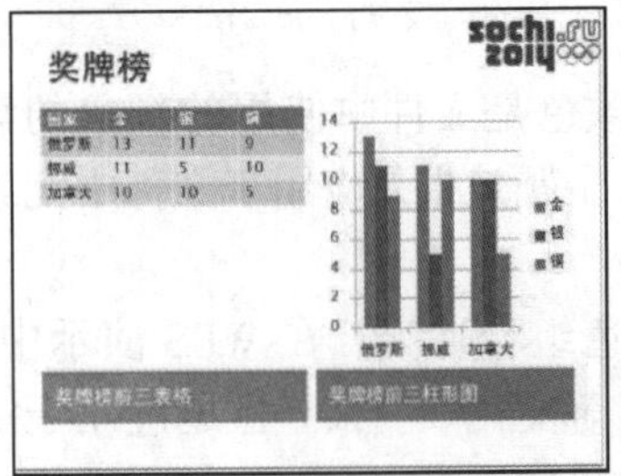

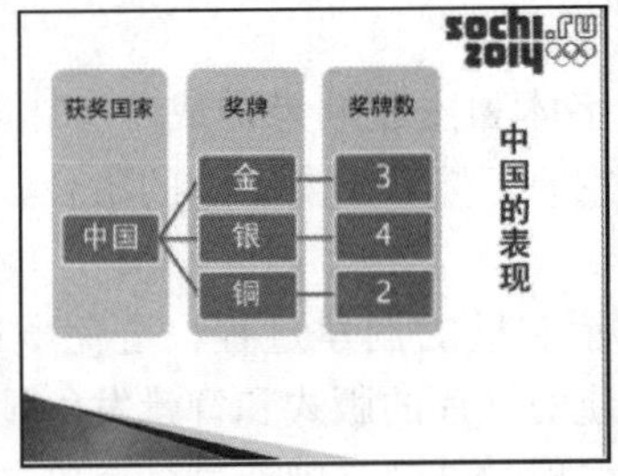

图 5-37 索契冬奥会(示例)

5.6 演示文稿的放映、打包与打印

使用 WPS 演示创建的演示文稿，除了可以直接在屏幕上演示，还支持放映方式的选择，如隐藏幻灯片、排练计时、手机遥控、屏幕录制等，也支持打包、打印等拓展功能。

5.6.1 放映演示文稿

选择“幻灯片放映”选项卡→“设置放映方式”命令，打开“设置放映方式”对话框，如图 5-38 所示。

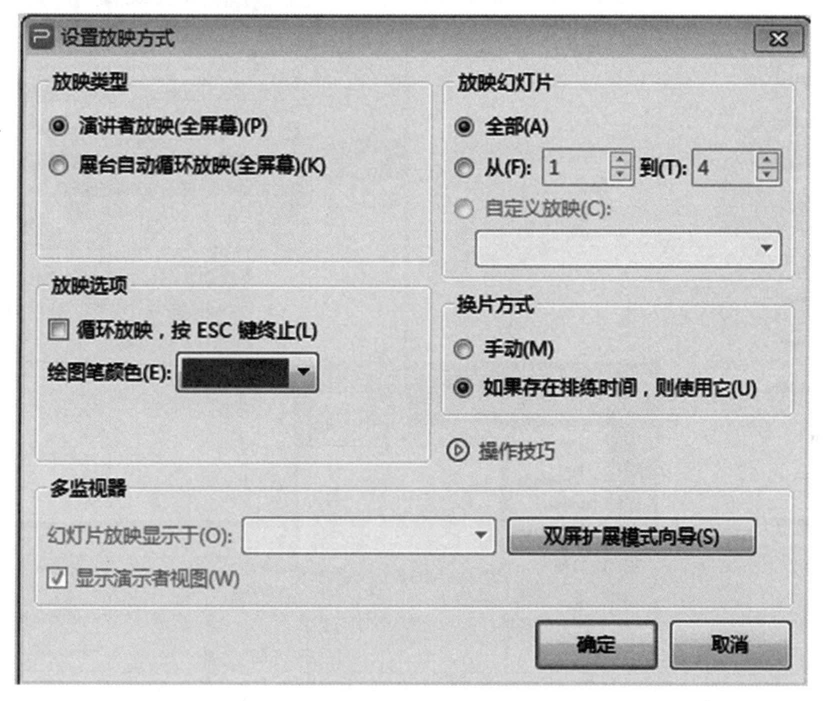

图 5-38 “设置放映方式”对话框

在“放映类型”区域中，有以下 2 种放映方式。

(1)演讲者放映(全屏幕)：演讲者具有完整的控制权，可以采用自动或人工的方式放映演示文稿；能够将演示文稿暂停，或者使用绘图笔在幻灯片上涂写进行讲解。

(2)在展台自动循环放映(全屏幕)：幻灯片以自动的方式运行，在展览会场或会议中经常使用这种方式。幻灯片的放映只能按照预先计时的设置进行放映，需要时按〈Esc〉键进行中断操作。

5.6.2 打包演示文稿

WPS 演示文稿为了减小体积，保证播放速度，常常会以链接方式插入音频、视频等文件，在幻灯片更换播放设备后，这些链接因为路径被改变就会失效，从而导致幻灯片文件无法正常播放。为了避免这种情况发生，可使用 WPS 演示中的文件打包功能将演示文稿中的音频、视频等文件一起打包保存到同一文件夹或压缩包中，需要移动时，直接移动文件夹或压缩包即可，操作步骤如下。

打开目标演示文稿，选择“文件”→“文件打包”→“将演示文稿打包成文件夹”命令，打开“演示文稿打包”对话框，输入文件夹名称和设置保存路径，勾选“同时打包成一个压缩文件”复选框，单击“确定”按钮，弹出“已完成打包”对话框，单击“打开文件夹”按钮，打包文件夹，如图 5-39 所示。

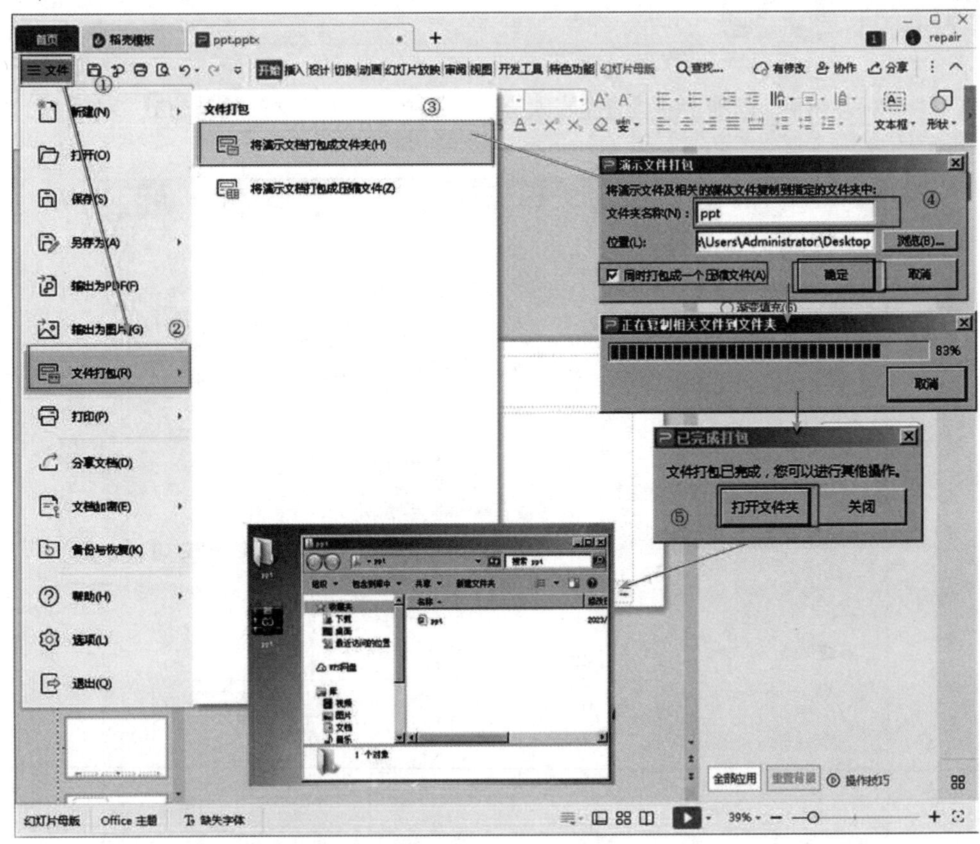

图 5-39　打包演示文稿

5.6.3　打印演示文稿

在 WPS 演示中，多数演示文稿均设计为以彩色模式显示，使用黑白激光打印机输出，以灰度模式打印时，彩色图像将以介于黑色和白色之间的灰色色调打印。打印幻灯片时，WPS 演示 将设置演示文稿的颜色，使其与所选打印机的功能相符。用户可以调整幻灯片的大小及打印方向以适合不同的纸张，还可以打印演示文稿的其他部分，如讲义、备注页视图或大纲视图中的演示文稿。

5.6.4　动手练习

一、实验目的

学习设置幻灯片放映方式，实现演示文稿的多媒体放映效果。

二、实验示例

(1)为 5.4.5 小节中制作的演示文稿按照不同的场合设定不同的放映方式，包括自定义放映、排练计时、隐藏幻灯片等。

(2)将 5.4.5 小节中制作的演示文稿打包成压缩包，使其在未安装 WPS 演示软件的计算机上也能够使用，如图 5-40 所示。

图 5-40　打包后的文件夹内容

第 6 章　WPS 的云服务与移动办公应用

随着互联网应用的不断普及，以及平板电脑、智能手机的广泛使用，移动办公的理念已经深入人心。WPS 提供了诸多基于互联网的云服务与多平台的移动办公应用，极大地方便了广大用户。

6.1　WPS 云办公云服务

WPS 提供了强大的云办公云服务功能，用户只需登录 WPS 账号，就能享受到各种云服务，包括多人协作编辑、团队共享文件、文件多设备同步、一键分享文件。

6.1.1　WPS 云空间

用户注册 WPS 账号后，将自动获得个人专属的云空间，根据用户所享有的特权类型为用户配置相应容量的云空间，以使用户能进行文档上传、保存、下载等操作。目前，普通用户可以免费使用 1 GB 云空间，会员可以免费使用 100 GB 云空间，超级会员可以免费使用 365 GB 云空间。用户登录 WPS 账号后，在 WPS 首页文档导航栏的底端可以查看当前账号个人云空间的使用情况，如图 6-1 所示。

单击“我的云文档”按钮，可以访问当前账号下存储在 WPS 云空间的所有文件。当用户在其他设备(手机、计算机等)登录相同的 WPS 账号后，也可以访问存储在云空间的文件。云空间的文件只有在用户登录 WPS 账号后才能被访问，保证了账号下存储文件的安全。

1. 将计算机中的文件添加到云空间

将计算机中的文件添加到云空间的方法有以下两种。

(1)选择“我的云文档”→“添加文件到云”→“添加文件”或“添加文件夹”命令。在弹出的对话框中选择“我的电脑”中需要添加到云空间的文件或文件夹，单击“打开”按钮，选择需要添加的文件或文件夹，如图 6-2 所示，将选定的文件或文件夹添加到“我的云文档”中，此时，添加到云空间的文件或文件夹显示在“我的云文档”列表中。当在其他设备登录相同的 WPS 账号时，在“我的云文档”中可以查看添加到云空间的文件或文件夹。

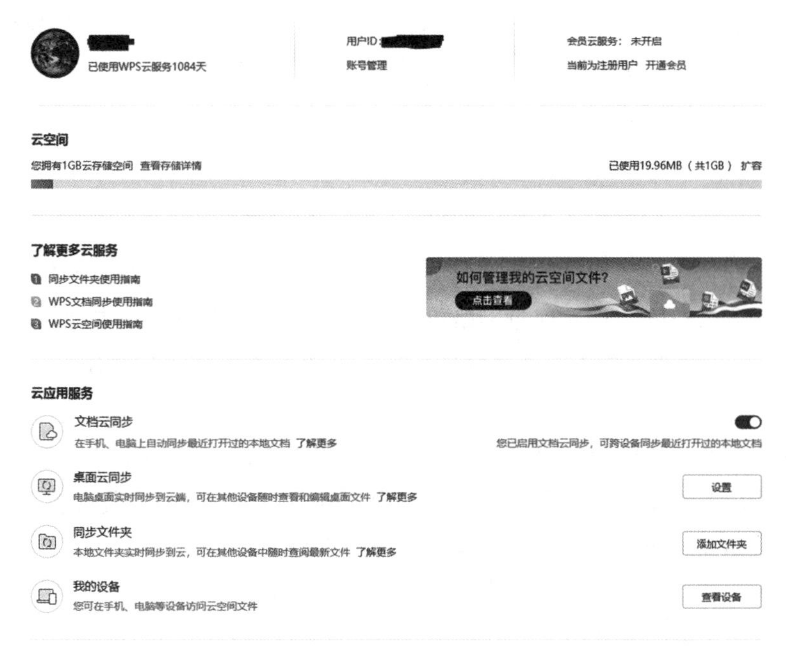

图 6-1　账号个人云空间

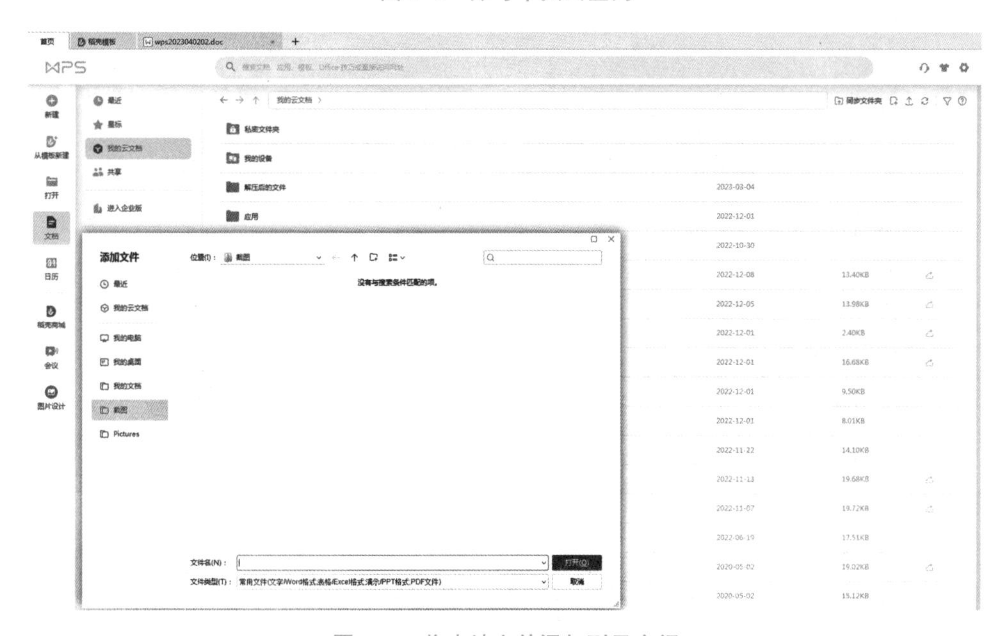

图 6-2　将本地文件添加到云空间

（2）单击“我的云文档”按钮，按住鼠标左键将计算机中的文件或文件夹拖动到“我的云文档”列表中，出现“复制文件到我的云文档”字样，松开鼠标，即将拖动的文件或文件夹添加到当前云文档列表中，这是将文件添加到云空间最便捷的方法。

2. 新建文件到云空间

新建文件到云空间的方法有以下两种。

（1）单击“我的云文档”→“新建”按钮，在打开的列表中可选择新建文件夹/文字/表格/演示到云空间。

(2)打开文件，选择“文件”→“保存”(首次保存新文件)或“文件”→“另存为”命令，在弹出的对话框中选择“我的云文档”，输入文件名，选择文件类型，单击“保存”按钮，可将当前文件保存到云空间中。

6.1.2 云同步

云同步就是保持云端数据和终端数据完全一致，包括上传和下载。使用云同步的方法：首先把文件上传到云空间，然后通过网络可以随时随地将文件下载到本地终端(计算机、手机或平板电脑等)，最后更新了本地文件后，又将其更新上传到云端保存。

1. 文档云同步

开启文档云同步，可将文档自动保存到云端，用户可以邀请好友进入自己的云端文档，实现多人同时编辑一个文档，还可以查看文档内的成员编辑记录，恢复文档历史版本，随时预览或直接恢复所需的版本。文档云同步的设置步骤如下。

(1)登录 WPS 账号，在 WPS 首页单击右上角的“设置”按钮，选择“设置”命令，进入“设置中心”界面，如图 6-3 所示。

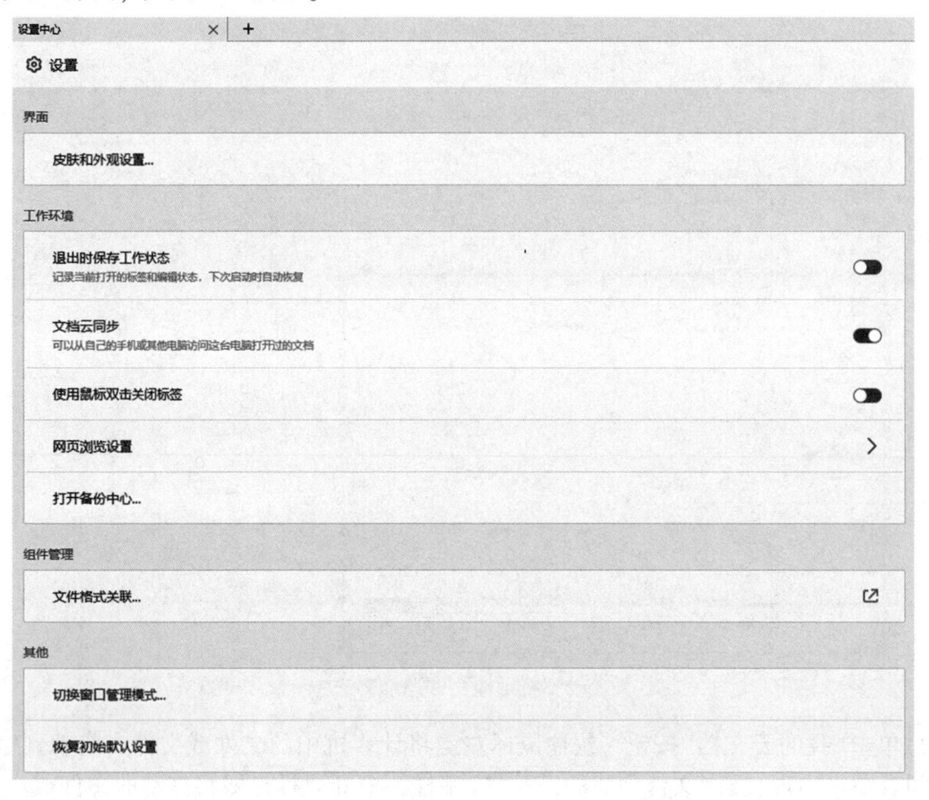

图 6-3 “设置中心”界面

(2)打开“文档云同步”开关，所有使用 WPS 打开并编辑的文档会自动存储到当前使用的 WPS 账户的云空间中。当在其他设备登录相同的 WPS 账号后，也可对云同步文档进行访问、编辑、保存、下载等操作。用户在其他设备上对云同步文档所进行的操作立即同步到云空间，其在云空间看到的内容与在计算机中看到的内容完全一致。

2. 同步文件夹

利用WPS云文档能够将计算机中的文件夹同步到WPS云空间，同步后用户在其他设备(计算机、手机或平板电脑等)上登录相同的WPS账号，也可以查看计算机文件夹里存储的所有内容。

将计算机中的文件夹同步到WPS文字文档，该文件夹中的所有文件改动、文件增加/删减，或者新增文件夹，将会实时同步到云空间。同时，用户在其他设备上对同步文件夹所进行的编辑、修改，将同步更新到计算机上的文件夹，为远程办公、跨设备办公提供了便利。设置同步文件夹的方法如下。

在计算机中找到需要同步的文件夹，右击，在弹出的快捷菜单中选择"自动同步文件夹到'WPS文档'"命令，此文件夹与WPS云空间中的文件夹是一样的。

3. 桌面云同步

若要使多台计算机的桌面保持一致，方便用户随时随地在不同计算机上工作，可以利用WPS云服务提供的桌面云同步功能，将多台计算机的桌面文件保持完全一致，设置步骤如下。

(1)在任务栏右侧托盘区域中单击"显示隐藏的图标"按钮，在打开的列表中单击"WPS办公助手"图标，弹出"WPS办公助手"对话框，如图6-4所示。

图6-4 "WPS办公助手"对话框

(2)单击"桌面云同步"按钮，打开"WPS桌面云同步"对话框，单击"开启桌面云同步"按钮，将当前设备的桌面同步到WPS云空间。

(3)在其他设备登录相同的WPS账号，可以在云空间的"桌面"文件夹中找到云同步桌面的文件，文件更新后自动同步到计算机桌面。

若在登录相同WPS账号的多台设备中都开启桌面云同步，则在任一设备的桌面上增删、更改文件，将自动同步到其他设备的桌面，达到多设备桌面文件一致的效果。

6.1.3 WPS 网盘

WPS 网盘是 WPS 云服务在 Windows 操作系统上提供的用于文件管理的云盘工具。WPS 网盘中的文件默认存储在云空间中，不占用计算机的磁盘空间，用户利用 WPS 网盘可以使用和管理存储在 WPS 云空间中的文件。

1. 打开 WPS 网盘

WPS 网盘入口如图 6-5 所示，双击“WPS 网盘”图标，进入 WPS 网盘，双击网盘中的文件，文件将自动从云空间中下载到本设备后打开。

图 6-5 WPS 网盘入口

2. 删除 WPS 网盘

单击任务栏右侧托盘区域的“显示隐藏的图标”按钮，在“WPS 办公助手”图标上右击，在弹出的快捷菜单中选择“同步与设置”命令，进入云服务设置入口，打开“云服务设置”对话框，关闭“在我的电脑显示‘WPS 网盘’”开关。

6.1.4 历史版本管理与恢复

历史版本是 WPS 云保护文档数据的一个功能。用户编辑过的文档版本都会按时间顺序自动保存在历史版本中，方便用户随时恢复之前编辑过的版本。使用历史版本预览或恢复所需版本的步骤如下。

(1) 在 WPS 首页文档列表中右击某个文档，在弹出的快捷菜单中选择“历史版本”命令，弹出“历史版本”对话框。

(2) 在“历史版本”对话框中显示了文档每个版本的生成时间、大小、更新的用户名、可进行的操作。

(3) 单击“预览”按钮，打开所选的版本进行查看。

(4) 若想恢复某一版本，则将鼠标指针指向页面右侧的扩展按钮，在打开的列表中选择“恢复”选项，即可将文档恢复到当前所选的版本。

6.1.5 云回收站

云回收站用于存放用户删除的云文档。当用户删除了云空间的文件或文件夹后，删除的文件或文件夹自动放入云回收站。用户登录 WPS 账号后，单击 WPS 首页导航栏中的“回收站”按钮，打开云回收站，可查看当前账号删除的文件或文件夹。

还原：在回收站列表中，右击某个文件或文件夹，在弹出的快捷菜单中选择“还原”命令，可将选定的文件或文件夹还原到删除前的位置。

彻底删除：右击某个文件或文件夹，在弹出的快捷菜单中选择“彻底删除”命令，可将选定的文件或文件夹从云回收站中彻底删除，且不可恢复。

6.2　云共享与协作

6.2.1　与他人分享文档

在 WPS 云办公服务中与他人分享文档是以链接的形式实现的，且操作方式简单，具体的操作步骤如下。

(1) 在文档列表中单击“分享”按钮；或者在要分享的文档上右击，在弹出的快捷菜单中选择“分享”命令；或者在文档窗口中单击右上角的“分享”按钮，进入分享的流程。

(2) 单击“创建并分享”按钮。如果是首次分享，那么需要先设置分享权限和创建分享链接。

(3) 在弹出的对话框中设置分享权限和复制链接。单击“任何人可编辑”下拉按钮，在打开的下拉列表中选择分享的权限。若选择“任何人可查看”选项，则获得分享文档的人只能阅读；若选择“任何人可编辑”选项，则可赋予获得分享文档的人编辑权限。

(4) 单击“永久有效”下拉按钮，在打开的下拉列表中设置链接的有效时间。单击“复制链接”按钮并将链接发送给其他人，即可实现文档的共享，或者将鼠标指针指向“二维码”，打开二维码，扫码发送给其他人也可以实现文档的共享。

6.2.2　利用团队管理与组织文档

团队成员在协作办公时，通常通过团队管理与组织文档。一方面，团队文档需要更高级的安全和权限管控能力；另一方面，需要更好的组织管理能力支持团队协作办公场景下文档的使用。

1. 创建企业和团队

在创建团队之前，首先要创建一个企业。创建企业和团队的操作步骤如下。

(1) 在 WPS 首页，选择“文档”→“进入企业版”命令，可以看到创建企业的入口，如图 6-6 所示，单击“免费创建”按钮。

图 6-6　创建企业的入口

(2) 在弹出的窗口中输入企业名称和

个人姓名，勾选“我已阅读并同意《WPS+云办公服务使用协议》”复选框，单击“下一步”按钮，在打开的窗口中输入相关信息，单击“创建”按钮，即可完成企业的创建。

(3)在企业中创建团队，输入团队的名称，单击“下一步”按钮，打开“进入企业”窗口，单击窗口右上角的“+”按钮，或者在团队的名称上右击，在弹出的快捷菜单中选择“添加成员”命令，弹出“团队成员”对话框。

(4)在“团队成员”对话框中添加成员的方式有 3 种：一是邀请 QQ、微信好友加入，将邀请链接发送给 QQ、微信好友，单击即可加入团队；二是二维码邀请，将二维码发送给要加入团队的成员，扫描二维码即可加入团队；三是从联系人中添加，在联系人列表中选择要加入团队的成员，添加到团队即可。

添加团队成员后，成员之间拥有一个共同的云办公空间，他们可以在云办公空间上传、下载和使用团队内的文档，使在线协作办公更加便捷与高效。

2. 设置成员权限

团队的创建者拥有最大的权限，既可以增删团队成员，又可以设置文档权限。成员可以访问团队中有权限的文档。

6.2.3 多人同时编辑文档

开启多人协作编辑，团队文档可通过多人协作编辑，其内容自动保存、实时更新，也可以发起或参与远程会议。

1. 开启多人协作编辑

开启多人协作编辑的步骤如下。

(1)在需要协作编辑的文档名称上右击，在弹出的快捷菜单中选择“进入多人编辑”命令，打开文档并进入多人协作编辑模式。

(2)其他成员可通过相同的方式，同时编辑同一份文档。

2. 查看协作人员和协作记录

1)查看协作人员

在协作编辑文档的右上角显示该文档的在线协作人员，当鼠标指针指向协作人员的头像时，即可显示协作人员的姓名和文档的协作状态。

2)查看协作记录

单击协作编辑文档右上角的“历史记录”下拉按钮，在打开的下拉列表中选择“协作记录”选项，可查看文档的协作记录。

3. 远程会议

在 WPS 首页找到会议入口，单击进入金山会议。若是会议发起人，则单击“新会议”按钮，预定新会议的主题、邀请参会人、预定会议时间等。

在远程会议中，如果要演示文档，则单击会议界面右下角的“共享文档”按钮，在弹出的对话框中可以从云文档中选择共享文档，或者扫码共享其他账号的云文档，即可在会议中进行演示。

在远程会议时，如果要进行指定演示者、移交主持人、将成员移出会议等操作，那么会议发起人可单击会议界面右下角的“成员”按钮，在打开的任务窗格中单击成员右侧的扩展按钮，根据需要设置成员会议权限；或者单击会议界面右下角的“会议管控”按钮，在打开的任务窗格中进行设置。在该任务窗格中若打开“锁定会议”开关，则禁止其他人加入会议，适用于参会人已经到齐、不再允许其他人进入会议的情况。

6.3 金山 WPS Office 移动版简要介绍

金山 WPS Office 移动版是由北京金山办公软件股份有限公司推出的、运行于移动平台上的办公软件，国内同类产品排名第一，用户遍布世界 200 多个国家和地区，兼容桌面办公文档，支持 DOC/DOCX/WPS/XLS/XLSX/PPT/PPTX/TXT/PDF 等 23 种文件格式；支持查看、创建和编辑各种常用 Office 文档，方便在智能手机和类书平板上使用，满足用户随时随地办公的需求。

6.3.1 软件特色

金山 WPS Office 移动版支持本地和在线存储文档的查看和编辑。其编辑功能包括常用的文字编辑、格式处理、表格、图片对象等功能。用户通过手指触屏即可操控，直观快捷，容易上手，随时随地享受办公乐趣！

金山 WPS Office 移动版强大的邮件集成可让用户轻松编辑并发送附件，文档附件瞬时送达。

支持多种文档格式，管理文档更方便。金山 WPS Office 移动版完美支持多种文档格式，如 DOC、DOCX、WPS、XLS、XLSX、ET、PPT、DPS、PPTX 和 TXT 文档的查看及编辑。内置文件管理器可自动整理用户的办公文档，让文档管理更轻松。

集成金山快盘，“云存储”让一切更简单。金山 WPS Office 移动版在 Android 上可以对云存储上的文件进行快速查看及编辑保存，文档同步、保存、分享将变得更加简单。

6.3.2 软件优势

金山 WPS Office 移动版功能完全，永久免费；兼容性好；运行稳定，界面美观，操作方便；提供丰富的文档编辑功能；内置文件管理器，文档管理更加便捷有序；随时随地发送办公文档；支持访问金山快盘及 WebDAV 协议的云存储服务。

6.3.3 软件下载方法

用户可通过安卓端和 iOS 端下载金山 WPS Office 移动版。

安卓端：可通过各大手机品牌自带的“应用商店”搜索“WPS”进行下载。

iOS 端：可通过手机“APP Store”搜索“WPS”即可下载。

6.3.4 特色功能使用技巧

当一部手机连接上网络后，就能与世界实现连接。下面介绍 9 个金山 WPS Office 移动版的功能使用技巧。

1. 图片转表格

如果没有源文件，当一张表格图片需要编辑时，如何快速将其转换成电子表格文档呢？

打开金山 WPS Office 移动版，单击右下方的“+”按钮，选择“拍照扫描”，拍摄或导入表格图片，WPS 就能直接将表格图片转换成电子表格文档。除此之外，用户还可以直接提取文字、转换为文字文档。

2. 行走的 U 盘

对于手机编辑过的文档，如何快速将其传送到计算机上继续编辑呢？

打开金山 WPS Office 移动版，选择“我”→“WPS 云服务”，开启“文档云同步”开关后，文档便能自动同步。

用户在计算机上打开 WPS，选择“首页”，登录账号，选择文档，启用云文档同步功能，即可查看手机编辑过的文档，继续编辑，实现内容实时同步。开启“文档云同步”开关后，手机就是行走的 U 盘，用户可以用手机随时查看图片、文档等常用格式资料，随用随取。

3. 表格转图表

用手机查看的表格文档，其实也能被切换成可视化的图表。

在金山 WPS Office 移动中打开表格文件，选中需要生成图表的单元格，接着在菜单栏中单击“工具”下拉按钮，在下拉列表中选择“插入”命令，在弹出的对话框中选择要插入的图表样式即可。

4. 做一份 PPT

用计算机制作 PPT 要进行插入文本框、图片，排版等设置。但在手机上制作 PPT 不需要这些操作。

打开金山 WPS Office 移动版，单击右下方的“+”按钮，选择“超级 PPT”，新建一份空白演示文稿即可按页面板式快速输入 PPT 内容。内容输入完毕后，WPS 会自动完成排版，并且支持一键智能美化 PPT 模板。

5. PDF 标注与转换

PDF 格式是日常工作中很常见的文档格式，金山 WPS Office 移动版也为此做了许多功能优化。

我们在阅读 PDF 文件时，金山 WPS Office 移动版支持批注、高亮等标注功能。安卓版本的 WPS 还支持一键导出标注内容，方便笔记整理。当将需要 PDF 文件转换为其他格式时，金山 WPS Office 移动版支持一键转换为 Word 文档、图片，快速且高效。

6. 思维导图

思维导图是近年来备受欢迎的文档格式，在金山 WPS Office 移动版上也能制作思维导图。它能直观地梳理出重点，利于科学整理、方便回顾。

在金山 WPS Office 移动版中，单击右下方的“+”按钮，选择“思维导图”即可创建或导入一份思维导图。

考虑到用户使用手机制作思维导图的不方便性，WPS 还专门根据手机尺寸推出了“大纲模式”，用户仅需输入文字，单击右下方的“大纲”按钮，即可切换常规的脑状图。

7. 善用文档投影

金山 WPS Office 移动版支持文档投影功能，当与智能电视连接同一 Wi-Fi 时，手机能通过该功能实现无线投影。连接方式不仅支持 AirPlay、投影宝，还支持数字生活网络联盟（DIGITAL LIVING NETWORK ALLIANCE，DLNA）。用户仅需在金山 WPS Office 移动版中打开文档，单击菜单栏中的文件选择投屏即可。无须连接计算机、线缆，开会演讲时只需一部手机就能轻装上阵。

8. 证件类扫描

我们在办理银行卡、手机 SIM 卡时需要各类证件复印件。但往往通过扫描仪扫描出来的文件不能绝对横平竖直，而且若不注意保管，则还会存在信息泄露和被人冒用的风险。为了解决上述问题，金山 WPS Office 移动版支持“证件扫描”功能，可自动精准识别，一键生成高清扫描件。此外，“证件扫描”功能还支持添加水印，提升证件安全性，防止他人冒用。

在金山 WPS Office 移动版中，单击右下方的“+”按钮，选择“拍照扫描”→“证件照”即可。

9. 优质的简历

求职时，简历的好坏，在很大程度上决定我们是否可以获得心仪的岗位。金山 WPS Office 移动版也支持“简历助手”功能，它拥有海量的简历模板，可以帮助求职者实现简历美化和内容撰写，高效完成一份优质的简历。

第 7 章　计算机网络应用和网络安全

计算机网络也称计算机通信网，是计算机技术与通信技术高度发展、紧密结合的产物。计算机网络起源于 20 世纪 50～60 年代，经过几十年的高速发展，计算机网络已经无处不在，它对人们的日常生活、工作产生了较大的影响。

7.1　网络现状

当代网络按传输方式可分为有线网络和无线网络两种形式。

7.1.1　有线网络

有线网络是通过使用金属导线或光纤作为介质来传输信息的计算机网络。例如，语音信号通过调制解调技术在电缆中进行传送；图文信息经过图文转换及其他技术处理在线缆中进行的端到端、点对点的传输。有线网络具有引导传输介质的特点，它需要一个特定的传输介质，通常使用电线或光纤作为通信介质，为远程有线通信提供一个纵横交错的信息通道。有线网络的范围大，距离远，安全性高，先进技术带来强大的通信保密行，不易受电磁干扰。

1. 双绞线

双绞线是一对绝缘线，它们缠绕在一起有助于降低来自外源的噪声，但是这些电缆仍然很容易受到外界噪声的影响。在这三种电缆中，双绞线价格便宜，易于安装和使用，具有较好的性价比，但也带来了较低的带宽和较高的衰减。

双绞线有以下两种类型。

(1)非屏蔽双绞线(Unshielded Twisted Pair，UTP)。非屏蔽意味着无屏蔽层来阻止干扰。非屏蔽双绞线通常用于住宅和商业。

(2)屏蔽双绞线。屏蔽双绞线是指用铝箔外套屏蔽消除任何外部干扰，通常用于大型企业的高端应用和可能暴露在环境因素中的外部电缆。

2. 光纤

光纤是传输电缆技术的最新形式。这些电缆不是用铜线传输数据，而是用光纤光波传输数据。每根光纤单独涂上塑料层，包裹在保护管中，能够抵抗外部干扰。其传输容量比双绞线高 26 000 倍，但成本也高。

光纤也有以下两种类型。

单模光纤：纤芯直径很小，一次只能传播一种模式的光，所以当光线反射穿过其核心时，反射的数量会减少，使数据可以传播得更快、更远，常用于电信、电视网络、大学中。

多模光纤：纤芯直径较大，可传播多种模式的光线。当光线反射穿过其核心时，反射的数量增加，使更多的数据能够通过。由于其具有高分散性，所以在传输过程中具有较低的带宽、较高的衰减，常用于短距离通信，如 LAN、安全系统和通用光纤网络。

7.1.2　无线网络

主流的无线网络有通过移动通信网实现的无线网络(如 5G、4G 和 3G)和 Wi-Fi 两种方式。

1. Wi-Fi

Wi-Fi 是一种可以将个人计算机、手机等终端以无线方式互相连接起来的技术，是无线局域网(Wireless Local Area Network，WLAN)的重要组成部分。它是一种短程无线传输技术，通过无线路由把有线网络信号转换成无线信号。

现今的 Wi-Fi 协议主流为 Wi-Fi 6，即 IEEE802. 11. ax 协议技术，该无线技术的工作频段为 2. 4/5 GHz，最高速率为 9. 6 Gbit/s，达到了真正的千兆接入。以前的 Wi-Fi 协议的无线接入点(Access Point，AP)一次只能与一台设备“会话”。但是 Wi-Fi 6 让无线接入点具备与多台设备同时发送和接收数据的能力。与 Wi-Fi 5 所采用的正交频分复用技术(Orthogonal Frequency Division Multiplexing，OFDM)技术不同，Wi-Fi 6 采用的正交频分多址(Orthogonal Frequency Division Multiple Access，OFDMA)技术可以支持多个终端同时并行传输，该技术最多支持路由器同时与 8 台设备通信，而不是一次进行通信，不必再排队等待，提升效率的同时降低延时，从而提升整个无线系统的性能和容量。所有这些技术的目的都是解决大容量设备连接到网络导致的网络拥堵问题，解决这个问题对我们非常重要。

2. 5G 网络

“5G”的全称为 5th Generation Mobile Communication Technology，即第五代移动通信技术，其中，Generation，也就是代的意思。移动通信延续着每十年一代技术的发展规律，已历经 1G、2G、3G、4G 的发展，如图 7-1 所示。每代移动通信网络的传输速率、实现技术等都是不同的。5G 网络的传输速率可达每秒 10 Gbit，一部 1 GB 超高画质电影可在 3 s 之内完成下载。

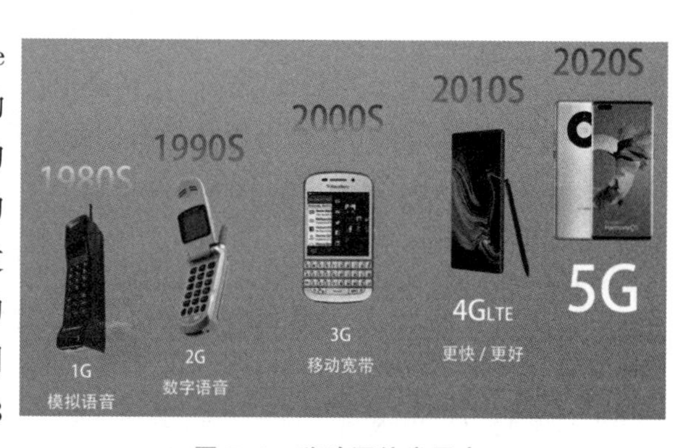

图 7-1　移动通信发展史

按道理说，4G 网络的传输速率已经很快了，已经能够满足我们日常需求了，为什么还要 5G 网络呢？其实，目前对于 4G 网络来说有一个很大的缺点：网络拥塞。随着每个人平均拥有的移动设备数量的增多，以及越来越多的设备接入云端，网络拥堵已经成为我们所需要面对的问题。例如，人群比较密集的地方网络会出现瘫痪。要想实现万物互联，就必须跨过4G网络阻塞这一道难关。而针对4G网络的网络拥塞，5G网络带来的解决方法就是加大带宽，利用毫米波、大规模多进多出(Multiple Input Multiple Output，MIMO)，3D波束成型、小基站等技术，实现比4G网络更快的传输速度、更低的时延和更大的带宽，可以同时连接千亿台设备。其最高传输速率可达10 Gbit/s，具有高速率、低时延、大容量、高可靠、海量连接等特点。

因为5G网络在更高的C波段和毫米波段上部署，加之其具有的物理特性，所以“天生”就比4G网络的穿墙能力弱一些。此时，在室内用Wi-Fi6来弥补5G信号的覆盖问题是一个非常好的互补方案。搭载Wi-Fi6技术的无线路由器还将成为家中的“智能网关”，可支持家中门铃、冰箱、热水器、电灯等多个智能家电的无线接入。所以说，Wi-Fi6与5G网络不仅不会相互替代，而且是一种相辅相成的关系。

7.2 网络安全

7.2.1 网络安全概述

习近平总书记在2014年2月中央网络安全和信息化领导小组第一次会议中强调“没有网络安全就没有国家安全，没有信息化就没有现代化”(来源：人民网)，将网络安全提升到国家层面，开拓了网络强国建设的大格局。

我们在日常学习生活中，也都能够切身体会到各类网络信息系统给我们的生活带来的便携，同时，个人信息泄漏、电信诈骗等网络安全问题也层出不穷。因此，我们在合理使用网络的同时，也应该掌握一些基本的网络安全知识。

7.2.2 账号和密码安全知识

目前，随着移动互联网的普及，除传统PC端应用外，出现了大量的移动端APP，在登录这些APP的方式中，除使用传统的账号登录外，还支持使用手机号码、微信账号、邮箱账号登录等，但是密码仍然是配合账号进行验证身份的主要手段之一，下面是一些关于密码的安全知识。

创建一个安全性高的密码，应考虑以下因素：

(1)密码长度应该达到8位及8位以上，目前建议达到12个字符长，密码长度越长越好；

(2)密码应该由大写字母、小写字母、数字及特殊符号中的3种组合而成；

(3)不要使用英语单词，也不要使用人名、角色、产品或组织的名称及有关身份证号、生日、电话号、手机号；

(4)多个系统不要使用相同的口令；

(5)不要选择不易记忆的口令；

(6)无论密码多复杂，都不要长期使用同一个密码；

(7)更换新密码时，不要与之前用过的密码相同。

面对众多的网络应用系统，我们应该怎样记住用户名和密码呢？建议采取分级管理的办法来区别，以下规则适用于普通用户。

首先，起一个好记并且尽可能避免和其他互联网用户重复的用户名，然后各类应用系统的用户名都尽可能使用这个名称作为账号名，这样便于记忆，这里不过多描述，下面我们主要介绍密码的分级管理。

我们可以根据自身情况，将密码设置为不重要、重要、非常重要3个级别，然后来分别设置。

1)不重要级别

这类应用系统往往不涉及太多个人信息，如果我们想访问这样的系统，则必须要先注册。如我们在网上查询一些资源，下载时网站要求先注册，而我们日后又不太可能会访问这个网站，这样的网站我们就可以设置一个固定的、简单好记的密码，例如我们的姓名拼音首字母+生日的月日+身份证的后两位等，原则就是在这类系统中的账号就算丢失也不会对我们造成什么影响。通常这类系统是一些不知名的网站等。

2)重要级别

这类应用系统是指我们日常学习生活中实际使用的系统。例如，在学校中使用的教务系统、学工系统、邮件系统，社会上公用的QQ平台、淘宝平台等重要系统，里面均包含与个人密切相关的重要信息。

这类系统是我们使用频率较高的系统，我们设计好一个密码规则，然后记住这个规则，各系统按这个规则设置密码，这样对于再多的系统，我们也能“记住”密码了。建议的规则如下。

自己喜欢的任意字母组合(固定的)+特殊符号(固定的一个或多个)+所用应用系统的标识符号(因系统而不同)+4位数字(固定的)，总长度在8位以上。

我们假设某同学的相关信息如下：

姓名：张三，出生日期：2000年11月21日，身份证后4位：1053，居住地：辽宁沈阳。

结合我们设计的密码规则，张三同学密码规则中的部分数据取值如下。

自己喜欢的任意字母组合(固定的)：SanZhang，这里我们简单按姓名拼音逆序输入，且每个字的拼音首字母大写；

特殊符号(固定的一个或多个)：这里我们使用一个“#”作为特殊符号。

所用应用系统的标识符号：这部分因系统不同而不同，由具体系统确定。

4位数字(固定的)：我们可以取出生日期(21)和身份证后两位(53)。

本例中，密码总长度一定满足8位以上。

依据以上选择，针对不同的应用系统，张三同学可以构建以下一组密码。

QQ聊天软件：SanZhang#qq2153，“qq”作为QQ聊天软件的标识字符。

网易免费邮箱：SanZhang#wy2153，其中“wy”即“网易”。

学校的教务系统：SanZhang#jwxt2153，“jwxt”即“教务系统”。

以上规则对于普通用户来说，其安全性已经基本满足日常生活中对密码安全的要求，当然，也存在一定的不足，即泄漏多个密码后，容易被非法者找出规律，从而造成更多的密码被猜测到。我们知道，没有绝对的安全，只有相对的安全。因此，对于密码安全有更高要求的情况，我们需要考虑更多因素，使我们设计的密码更加“强悍”，这里我们不再深入讨论。

3)非常重要级别

这类应用系统往往涉及大量人员数据、大额度金融数据、公司和企业的商业数据等，对于普通用户来说，大多是指银行账号密码等系统。我们这里以银行账号密码的使用场景为例，来进行说明。

银行账号通常涉及取款密码和网上银行(手机银行)的密码。取款密码主要应用在ATM或柜台服务窗口的场景，就目前来说，其仍然由长度为6位的纯数字组成，这主要是从方便记忆并具备一定的安全性角度决定的，虽然是纯数据，但是银行的业务系统都有输入错误次数的限制，所以也是比较安全的，建议把几个信息进行组合，例如基于上述张三同学的信息，他的取款密码可以设置为“024053”，即沈阳的固话区号+身份证后3位。

密码的设置并没有统一的标准，我们这里只是给出一种思路，希望读者从中有所收获，根据自己对密码安全的要求参考上面的思路进行调整，使其更便于记忆或安全性更高，最后应用到自己的日常学习生活中去，提高在使用各类信息系统时的安全性。

7.3 网络安全实践

7.3.1 Windows系统账户管理

账户管理是Windows的基本安全控制功能，在这项功能中，可以对当前登录的账户进行一些个性化的设置、创建或修改密码等，操作步骤如下。

(1)在“开始”菜单中选择“设置”，打开Windows设置窗口，也可以按〈Win+I〉组合键，打开“设置”窗口，单击“帐户”按钮，即进入账户管理界面，如图7-2所示。

(2)界面左侧有相关的设置，较常用的功能有：通过“登录选项”可以修改或添加用户密码，“其他用户”中可以将其他人添加到这台计算机，相当于增加用户，其他功能这里不再赘述，如图7-3所示。

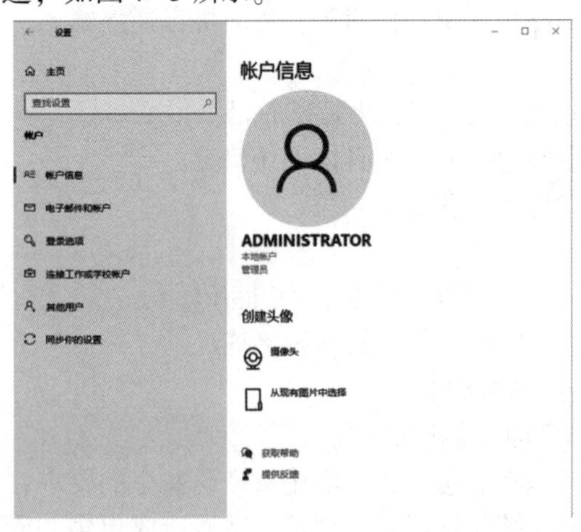

图7-2　账户管理界面

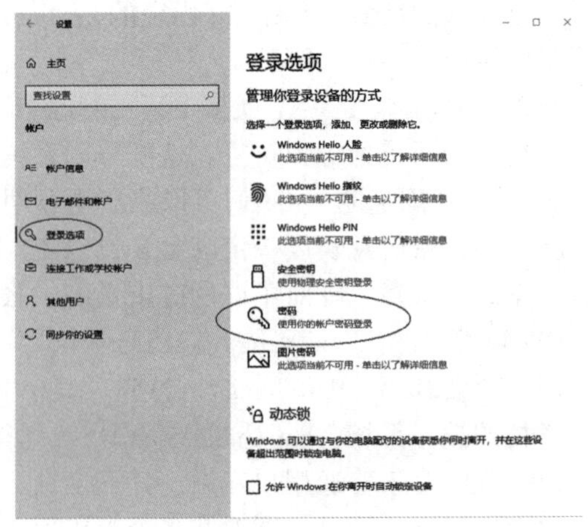

图7-3　修改密码

7.3.2　Windows 的驱动器加密

Windows BitLocker 驱动器加密是一项数据保护功能，它与操作系统集成，用于解决来自丢失、被盗或销毁不当的计算机的数据被盗或泄露的威胁。

丢失或被盗计算机上的数据易遭到未经授权的访问的攻击，途径是运行软件攻击工具对其进行攻击或将该计算机的硬盘转移到其他计算机，然后读取其中的数据信息。Windows BitLocker 通过增强文件和系统保护，帮助减少未经授权的数据访问。当受 Windows BitLocker 保护的计算机被解除授权或回收时，Windows BitLocker 还可帮助计算机使数据不可访问，以达到数据机密性的目的，操作步骤如下。

(1)在“开始”菜单中选择“设置”，打开 Windows 设置窗口，也可以按〈Win+I〉组合键，打开“设置”窗口，在搜索栏中输入“bit”，在出现的下拉列表里选择“管理 BitLocker”，如图 7-4、图 7-5 所示。

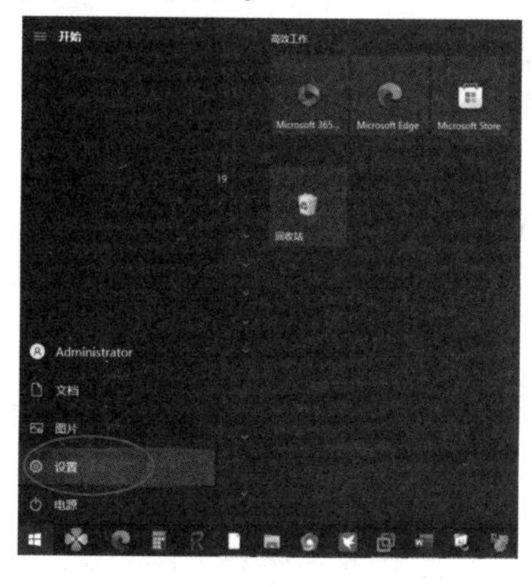

图 7-4　设置菜单项

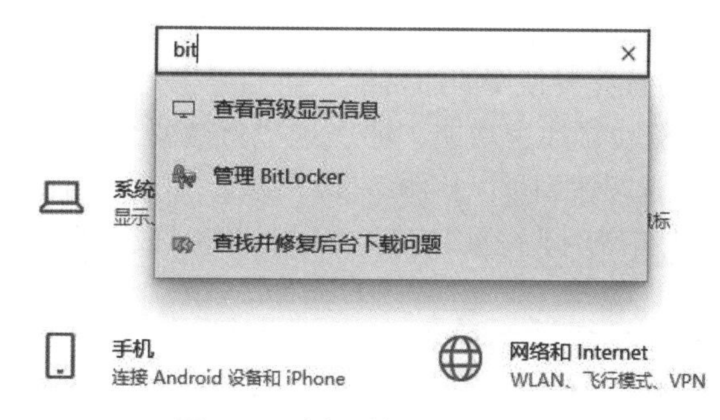

图 7-5　选择“管理 BitLocker”

(2)单击要进行加密的驱动器盘符右侧的“启用 BitLocker”选项，通常 C 盘为系统盘，不建议大家加密，一般加密用户存储重要数据的数据盘，数据盘里可能存放一些重要文件或商业机密文件等，如图 7-6 所示。

(3)对于普通用户，可以勾选“使用密码解锁驱动器”复选框，输入密码(8 位以上)，单击“下一页”按钮，如图 7-7 所示。

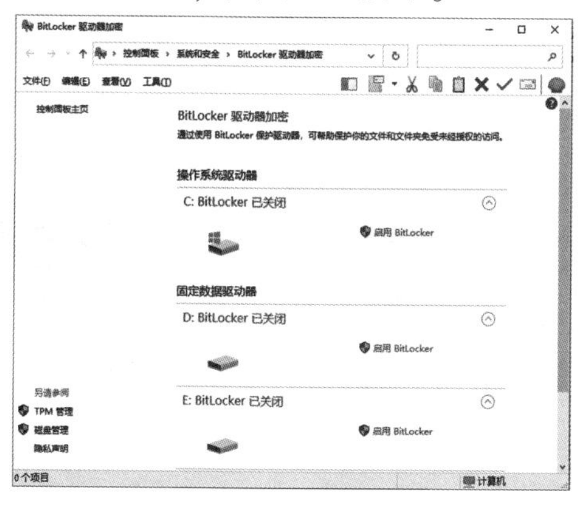

图 7-6　驱动器列表

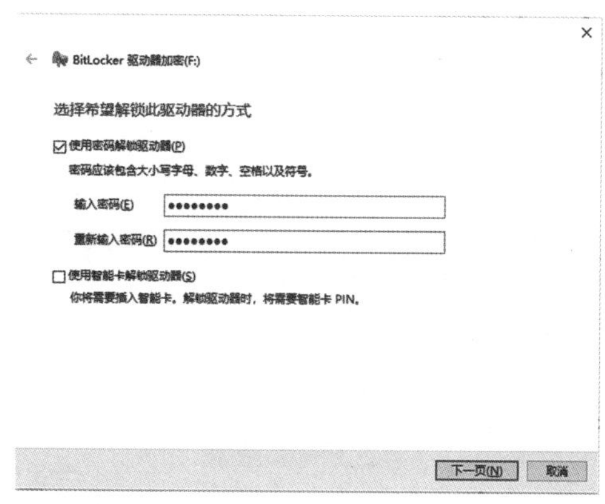

图 7-7　设置密码

(4)将恢复密钥保存到文件。指定一个位置对密钥进行保存，这个密钥用来在我们忘记密码时使用，这个密钥一定要注意保密，如图 7-8 所示。

(5)通常驱动器加密最好是新驱动器上应用，这样速度会比较快，如果在一个已经存在大量数据的驱动器上启用加密功能，则加密时间会比较长，如图 7-9 所示。

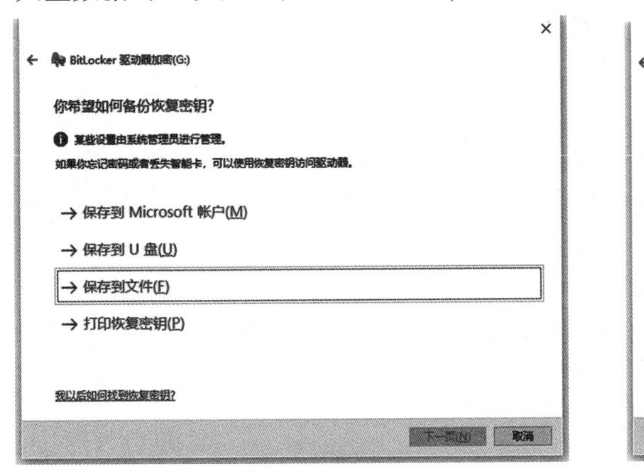

图 7-8　保存位置

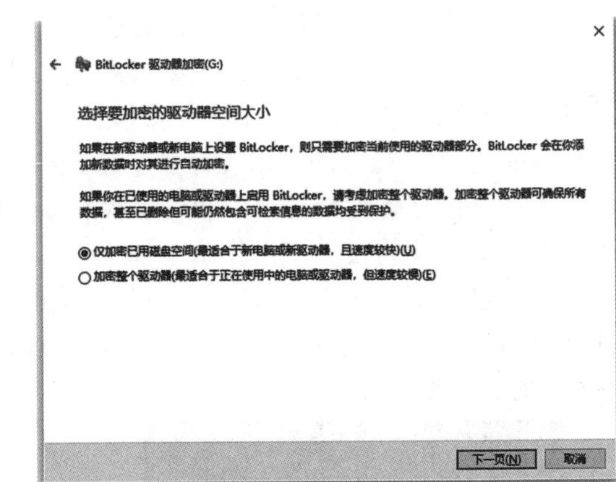

图 7-9　仅加密已用空间

(6)选择要使用的加密模式。如果主要在新版本的 Windows 10 系统及 Windows 11 系统上使用驱动器加密功能，那么这里就选择“新加密模式(最适合用于此设备上的固定驱动器)”单选按钮即可，如图 7-10 所示。

(7)单击“下一页”按钮，开始加密，根据驱动器中的数据量大小，等待一定时间后，加密完成。

(8)以后每次开机后，驱动器的图标上就多了“一把锁”的图标，当访问这个加密的驱动器的时候，就会提示输入密码，只有输入正确的密码后才能访问驱动器中的资源，如图 7-11 所示。

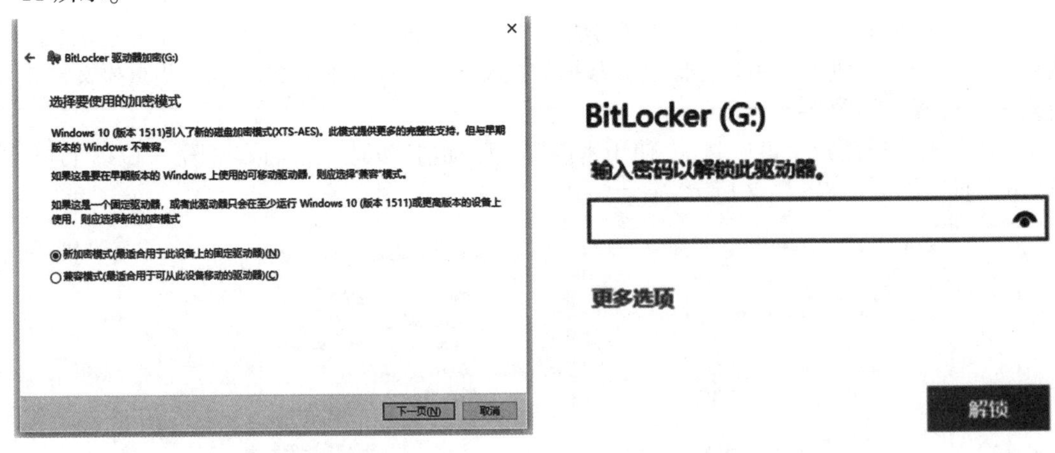

图 7-10　选择加密模式

图 7-11　访问驱动器时输入密码

7.3.3　安装使用杀毒软件

在日常的计算机使用及上网过程中，使用 U 盘交换文件、上网收发邮件、下载安装各类软件、使用即时通信程序进行交流等操作，无时无刻面临着病毒和木马的威胁，对于普通用户来说，最有效的方法是在计算机中安装启用防病毒程序。本小节将简单介绍目前比较流行的杀毒软件。

1. Windows 安全中心

在“开始”菜单中选择“设置”，打开 Windows 设置窗口，选择“更新和安全”→“Windows 安全中心”，打开 Windows 安全中心，其中包含防火墙状态提示，杀毒软件状态提示，自动更新提示以及杀毒、防火墙相关功能操作等系统基本安全相关内容，是 Windows 自带的安全功能，可以完成用户对安全的基本需要。如果要进一步做好安全防护，一般用户都安装以下第三方杀毒工具软件。

2. 火绒安全软件

2011 年 9 月，火绒安全公司成立。2012 年，火绒安全推出免费个人产品，凭借“专业、干净、轻巧”的特点收获良好的用户口碑，火绒杀毒软件主界面如图 7-12 所示。除基本的防病毒、查杀病毒功能外，在火绒安全“安全工具”中，还有很多实用的工具，如“弹窗拦截”“漏洞修复”以及适用于安全专业人士使用的“火绒剑”工具，如图 7-13 所示，是一款值得推荐给普通用户使用的安全产品。

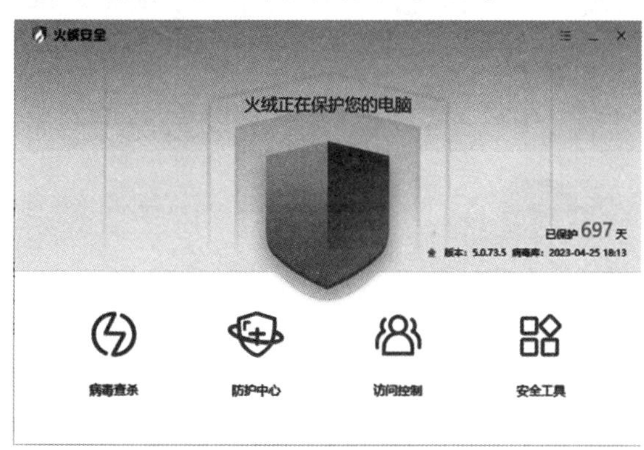

图 7-12　火绒杀毒软件主界面

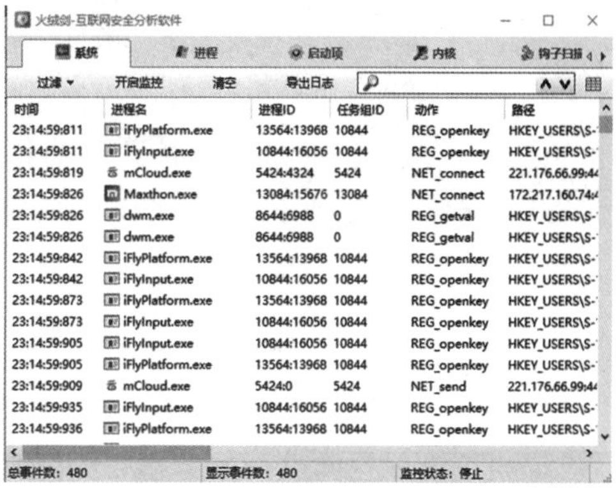

图 7-13　“火绒剑”工具

3. 360 安全软件

北京奇虎科技有限公司(以下简称奇虎 360)创立于 2005 年 9 月，旗下产品包括 360 安全卫士、360 安全浏览器、360 极速浏览器、360 杀毒、360 软件管家、360 压缩等系列软件。作为国内最先提供免费杀毒软件的厂商，奇虎 360 依托免费策略，迅速占领了安全软件的市场，其 360 安全卫士和 360 杀毒两款主要的安全软件被普通大众所使用，提供病毒、木马的防范和查杀。

360 安全卫士主要针对的是木马程序，其主界面如图 7-14 所示，另外“功能大全”面板(如图 7-15 所示)中附带了多种实用的“工具软件”，可全面对计算机的安全和设置进行管理，解决我们日常使用计算机遇到的各类问题。

图 7-14　360 安全卫士主界面

图 7-15　“功能大全”面板

360 杀毒主要针对计算机病毒的防范和查杀，其主界面如图 7-16 所示，满足普通用户对日常病毒防护的需求，实时监控文件系统病毒、U 盘病毒、宏病毒等安全威胁，如图 7-17 所示。

图 7-16　360 杀毒主界面

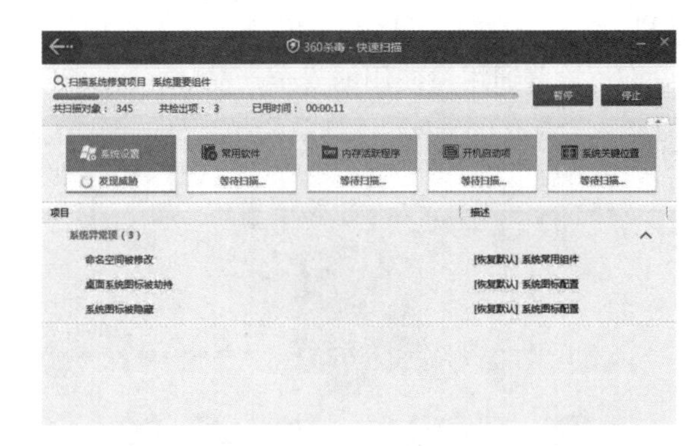

图 7-17　防御状态

奇虎 360 的这两款产品都采取免费的市场策略，因此在安装这两款软件时会弹出广告或被推荐安装其他 360 产品，因此建议用户在安装后，对这两款软件进行详细的设置，合理关闭一些不需要的提醒、功能，避免对我们日常的工作造成干扰。

除以上介绍的 3 款常用的杀毒软件外，还有腾讯管家、金山毒霸等，对于普通用户而言，只需在计算机上安装一款主流的杀毒软件即可，日常确保杀毒软件处于运行状态，有更新提示或每周、每月定期手动更新病毒代码库或核心程序，在怀疑计算机存在病毒威胁的情况下主动执行病毒查杀操作，以便发现存在的病毒。另外，不要同时安装并运行多个安全厂商的杀毒软件，因为它们的技术类似，有时会争夺系统的同一个资源，从而导致计算机运行缓慢或出现意想不到的问题。

7.3.4　家用路由器的安全设置

路由器作为一般家庭接入互联网最常见的网络设备，如果我们家中的路由器一直都没有调整过安全设置，那么设备将存在非常大的安全隐患。实际应用中，一台路由器往往都是同时为多台设备提供上网服务的，这也将同时导致多台设备受到安全影响。由于家用路由器主要使用无线 Wi-Fi，有时候被别人“蹭网”了，作为路由器的主人还没有任何察觉，所以对于家用路由器，也应该做一些适当的安全设置，这样才没有后顾之忧。对家用路由器进行安全设置的方法如下。

1）修改默认的管理员口令

通常，路由器首次安装使用后都有默认的用户名和密码，如果保持默认值继续使用，这是非常危险的，因此，我们必须修改默认的用户名和密码，方法是登录路由器的后台管理系统，一般在“系统设置”菜单项内可以找到如图 7-18 所示的类似界面，进行修改。

图 7-18　修改登录密码

2）MAC 地址过滤（不同品牌的路由器中的称呼不同）

可以启用路由器中的 MAC 地址过滤功能进行路由器的安全设置。MAC 即终端设备的网卡地址，启用路由器中的“白名单”功能，将家里的终端设备的 MAC 地址逐一添加到“白名单”中，这样，只有“白名单”中的终端设备才能连接并通过家里的路由器上网，可以有效避免“蹭网”的情况的出现，就算其他人知道连接这台路由器 Wi-Fi 的用户名和密码，也是无法上网的，如图 7-19 所示。

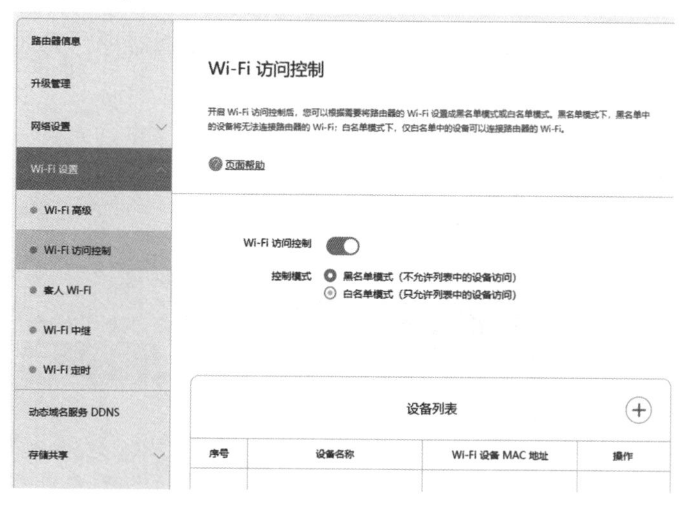

图 7-19　Wi-Fi 访问控制（MAC 地址过滤）

3)隐藏无线网络 SSID(隐藏 Wi-Fi 网络不被发现)

SSID 也就是我们在家里连接 Wi-Fi 时，查找到的“无线网络名称”，全称为 Service Set Identifier。常见路由器的 Wi-Fi 设置中都有“隐藏 SSID”这个选项，当我们启用“隐藏 SSID”后，在连接 Wi-Fi 时，就需要手动输入 SSID 的名称，不知道无线网络 SSID 的普通用户就无法连接到这个 Wi-Fi，甚至连尝试输入密码的机会都没有，从而起到防止非法接入的安全目的。

不同厂商的路由器还有一些具有自己特点的安全相关设置，这里不再赘述，请读者根据自己使用的路由器进行相关学习、配置，以提高家庭无线网络的安全性。

7.4 动手练习

7.4.1 家庭组网

一、实验目的

(1)认识家庭网络设备。

(2)组建一个家庭网络。

二、实验内容

(1)了解家庭网络设备的组成。

(2)如何组建家庭网络。

三、实验步骤

(1)家庭网络包括我们入户的光纤、光调制解调器，路由器，计算机、电视机、手机、平板、智能网关等终端设备。

(2)家庭组网：从我们入户的光纤连接到调制解调器，再从调制解调器的网络接口连接到我们的无线路由器的 WAN 接口，最后无线路由器的 LAN 接口连接我们的计算机、电视机等终端设备，我们的手机、平板等终端设备则通过无线路由器进行无线连接，如图 7-20 所示。

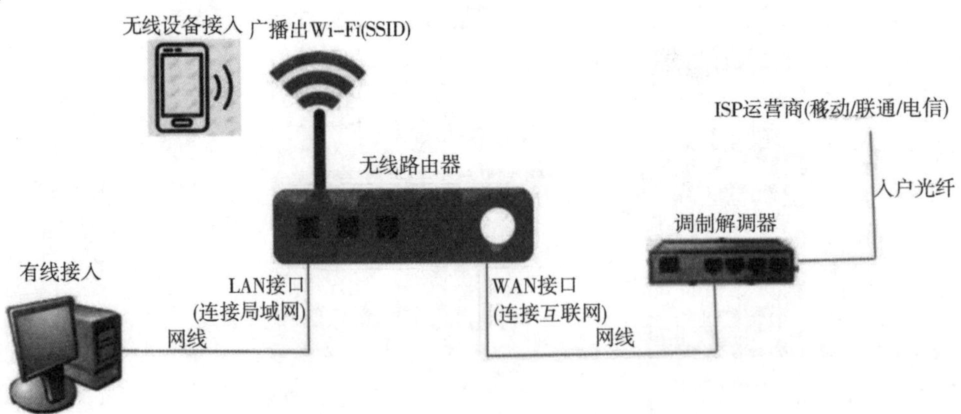

图 7-20　家庭组网

7.4.2 浏览器的设置与使用

一、实验目的

(1)了解浏览器的种类。

(2)掌握 Microsoft Edge 浏览器的默认访问主页、安全级别、下载存储位置等的设置。

二、实验内容

(1)按要求学习了解现今流行的浏览器种类，包括浏览器的图标、内核以及对应关系。

(2)按要求分别设置 Microsoft Edge 浏览器的默认访问主页，安全级别为中，下载存储位置调整到指定位置。

三、实验步骤

(1)浏览器是网页显示、运行的平台。五大主流浏览器包括 Microsoft Edge、Opera、Safari、火狐(Firefox)、Google Chrome 等。

Microsoft Edge 是微软公司旗下的浏览器，是目前国内用户使用最多的浏览器，使用 Trident 作为内核。

Opera 是挪威欧普拉软件公司(Opera Software ASA)旗下的浏览器，使用 Blink 作为内核。

Safari 是苹果公司旗下的浏览器，使用 WebKit 作为内核。

Firefox 是 Mozilla 公司旗下的浏览器，使用 Gecko 作为内核。

Chrome 是谷歌公司旗下的浏览器，使用 Blink 作为内核。

(2)Microsoft Edge 的设置。

双击打开桌面上的 Microsoft Edge 图标，在右上角的"..."中选择"设置"。

①设置默认访问主页。在"设置"界面中选择"开始、主页和新建标签页"，选择"打开以下页面"单选按钮添加新页面，输入"http://www.baidu.com"，则今后打开 Microsoft Edge 浏览器时，就会自动进入设置的网站，如图 7-21 所示。

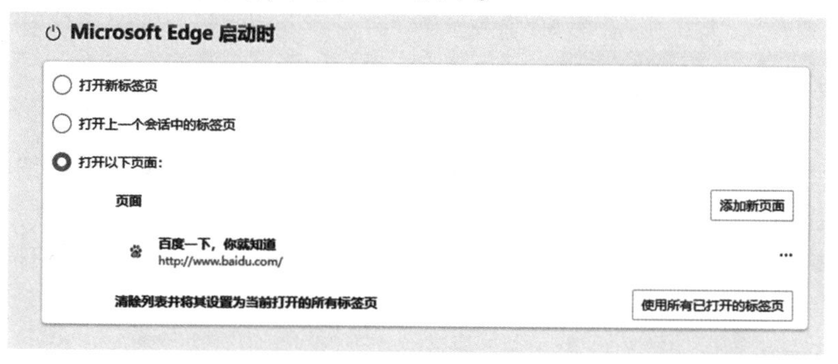

图 7-21 设置默认访问主页

②设置安全级别。在"设置"界面中选择"隐私、搜索和服务"，选择"平衡"，则 Microsoft Edge 浏览器的安全级别设置为中级，如图 7-22 所示。

③设置下载存储位置。在"设置"界面中选择"下载"，单击"更改"按钮，选择"桌面"位置，如图 7-23 所示。

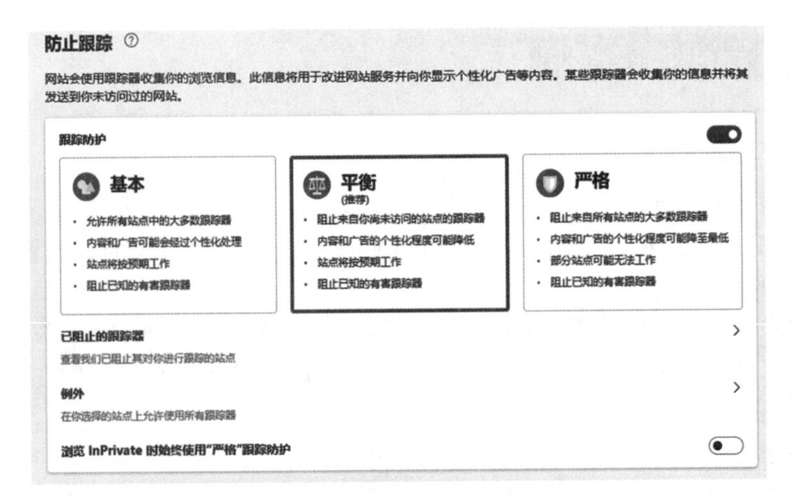

图 7-22　设置安全级别

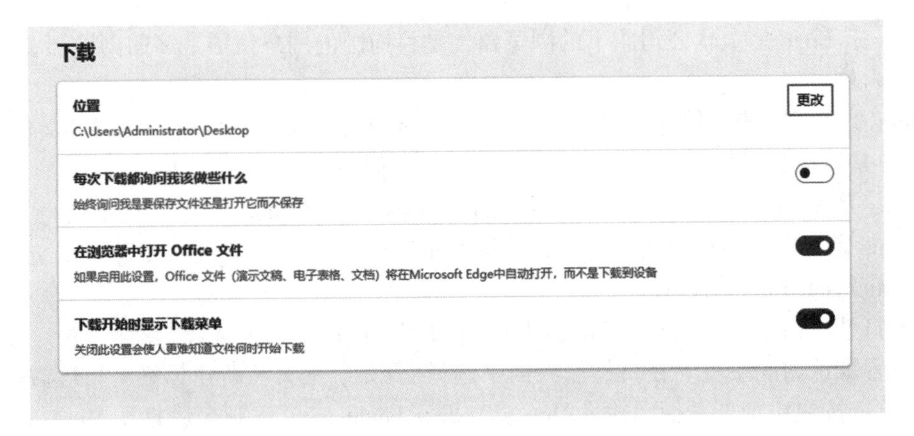

图 7-23　设置下载存储位置

7.4.3　绘制网络拓扑结构图

网络拓扑结构是指用传输媒体互连各种设备的物理布局。网络拓扑结构图给出了网络服务器、工作站的网络配置和相互间的连接。网络拓扑结构主要有星形结构(如图 7-24 所示)、环形结构(如图 7-25 所示)、总线型结构(如图 7-26 所示)、分布式结构、树形结构、网状结构、蜂窝状结构等。

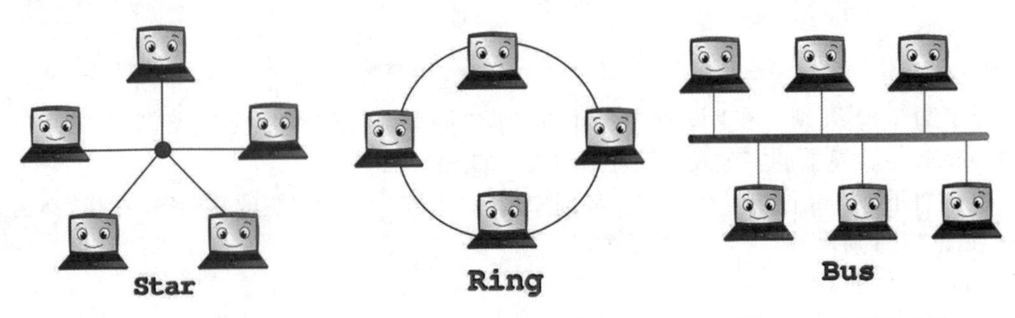

图 7-24　星形结构　　图 7-25　环形结构　　图 7-26　总线型结构

一、实验目的

(1)明确网络拓扑结构的概念。

(2)掌握网络拓扑结构图的绘制方法。

(3)了解选择网络拓扑结构时考虑的主要因素：可靠性；经济性；灵活性。

(4)认识常见的网络拓扑结构，如星形结构、环形结构、总线型结构。

二、实验设备

(1)器材：计算机、笔、笔记本、制图处理程序。

(2)网络：网络与计算中心三合班机房(如图 7-27 所示)，单合班机房(如图 7-28 所示)。

三、实验内容

(1)实地考察，确定实训选用的网络机房类型。

(2)认真观察，仔细询问，得出初步草稿图。

(3)细心琢磨，画出某机房的网络拓扑结构图。

图 7-27　学校三合班机房实景

图 7-28　学校单合班机房实景

7.4.4　制作双绞线并组建网络连接

局域网中连接计算机或网络设备最常用的线缆是非屏蔽双绞线，其两端需通过 RJ-45 连接器(水晶头)插入网卡或其他设备上进行连接，如图 7-29 所示。通常，我们会看到双绞线的两种常用连接方法：直通连接和交叉连接。

RJ-45 中的 RJ 是 Registered Jack 的缩写，它是一个家族，成员有 RJ-11、RJ-12、RJ-21、RJ-22、RJ-50 等，45 是编号。

直通线适用场合：交换机(集线器)UPLINK 口与交换机(集线器)普通端口的连接；交换机(集线器)普通商品与计算机(终端)网卡的连接。

交叉线适用场合：交换机(集线器)普通端口与交换机(集线器)普通端口的连接；计算机(终端)网卡与计算机(终端)网卡的连接，如图 7-30 所示。

图 7-29　水晶头

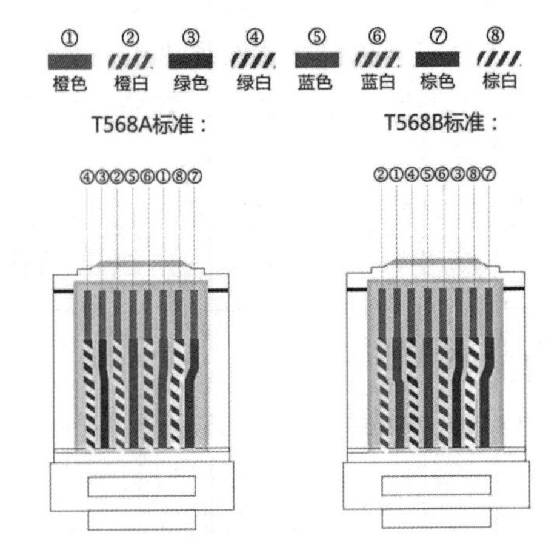

图 7-30　线序

一、实验目的

(1)掌握直通线和交叉线的制作方法。

(2)利用所制作的线缆组建简单的局域网。

(3)将两台计算机互连起来，实现两台计算机之间的资源共享。

二、实验设备

(1)六类非屏蔽双绞线(UTP)。

(2)RJ-45 连接器(水晶头)。

(3)压线钳、网线钳。

(4)集线器。

(5)网络电缆测试仪。

(6)计算机多台，均装有操作系统和网卡。

三、实验内容

(1)剪线：利用压线钳剪取适当长度的双绞线，如图 7-31 所示。

(2)剥线：利用网线钳(也可用其他工具)把双绞线的外层剥掉，使用适合的力度环绕双绞线转动一圈，注意不要将内部线缆破坏，如图 7-32 所示。

图 7-31　剪线

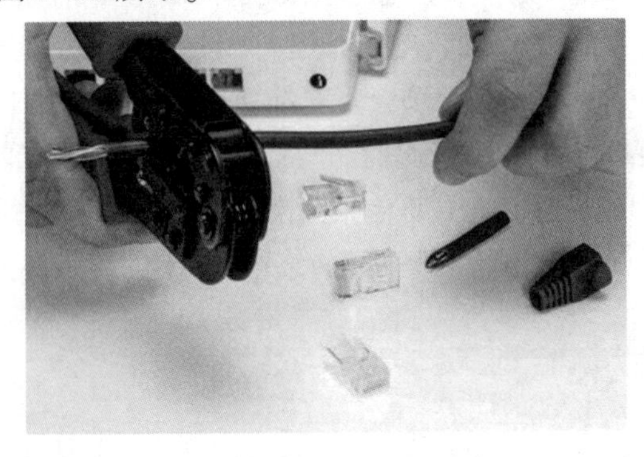

图 7-32　剥线

(3)排剪线：将内部 8 根线按线序标准摆列整齐，使用网线钳将顶部剪齐，注意留出合适的长度，如图 7-33、图 7-34 所示。

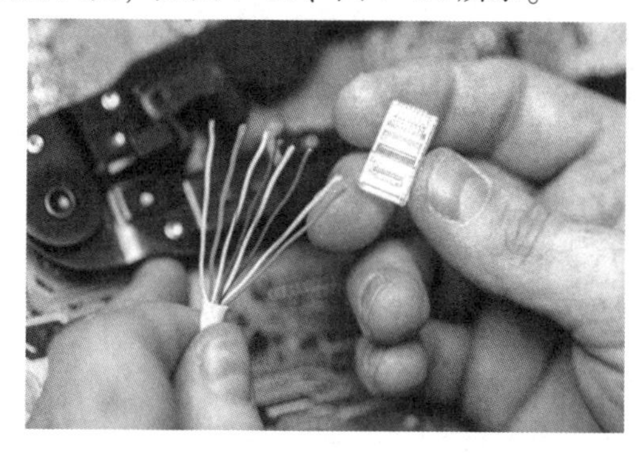

图 7-33　排线

图 7-34　剪线

(4)插压线：将网线完整插到水晶头的底部(水晶头的接口面向用户)。将插好线的水晶头轻轻放入网线钳对应的压线口，使用压线钳压线，保证弹簧片嵌入对应的线，如图 7-35 所示。

(5)测试并连接计算机：用网络电缆测试仪测试制作的双绞线是否合格，并将合格的双绞线分别连接到计算机网卡中，实现资源共享。

图 7-35　插压线

7.4.5　在网络中设置一个 FTP 站点

文件传输协议(File Transfer Protocol，FTP)是应用层的一个协议，主要作用是在服务器和客户端之间实现文件的传输和共享。基于该协议的 FTP 客户端与服务器可以实现共享文件、上传文件、下载文件。

一、实验目的

(1)掌握在 Windows 10 系统下搭建 FTP 的方法。

(2)掌握搭建 FTP 的具体设置和本地管理。

二、实验内容

1. 启动 IIS(Internet Information Services)服务

(1)打开“控制面板”，选择“程序”→“启用或关闭 Windows 功能”，如图 7-36、图 7-37 所示。

图 7-36　打开控制面板

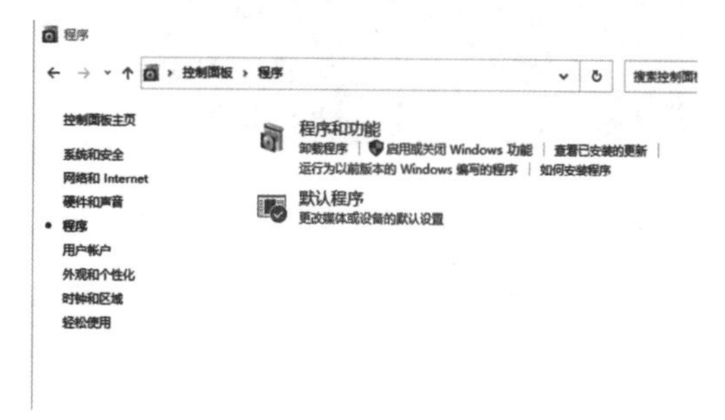

图 7-37　启用或关闭 Windows 功能

（2）选择 FTP 服务、IIS 管理控制台、TFTP 客户端等功能，如图 7-38 所示。

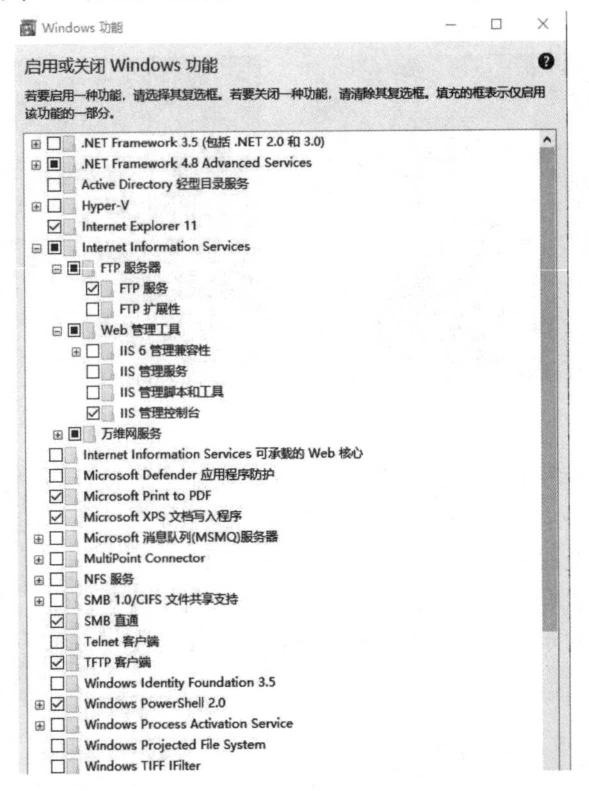

图 7-38　选择 FTP 服务、IIS 管理控制台、TFTP 客户端

2. 搭建 FTP 服务器

（1）在应用中搜索 IIS，打开 IIS 管理器，如图 7-39 所示。

（2）右击“网站”，在弹出的快捷菜单中选择“添加 FTP 站点”，填写站点信息，绑定和设置 SSL，“SSL”区域下选择“无 SSL”单选按钮，如图 7-40、图 7-41 所示。

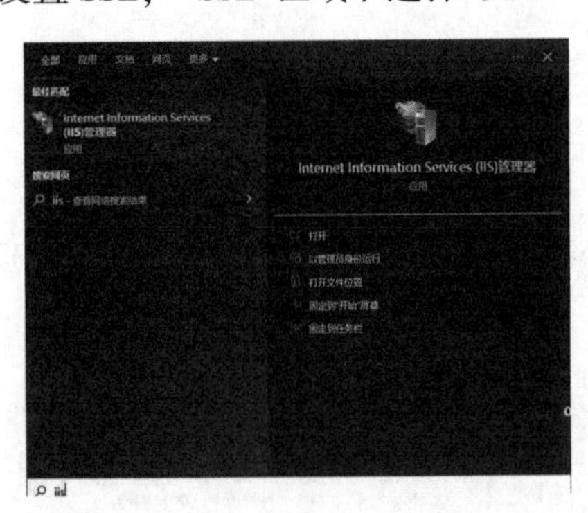

图 7-39　打开 IIS 管理器

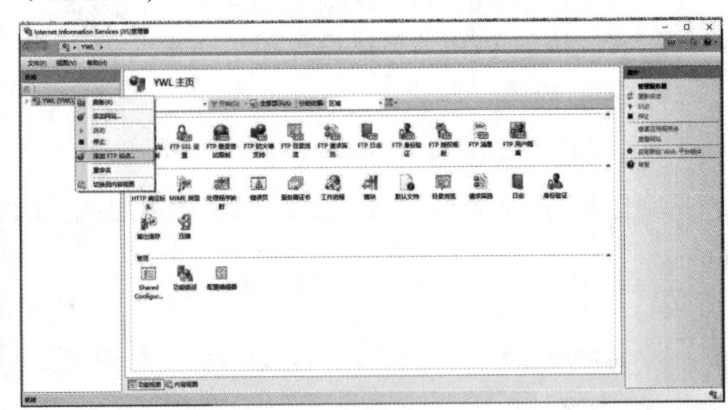

图 7-40　添加 FTP 站点

（3）“身份验证”区域下勾选“基本”复选框（如果不需要账号密码登录则勾选“匿名”复选框），可以在“授权”区域下先选择“所有用户”，后面再进行修改，根据自己的需求选择权限，这里勾选“读取”和“写入”复选框，如图 7-42 所示。

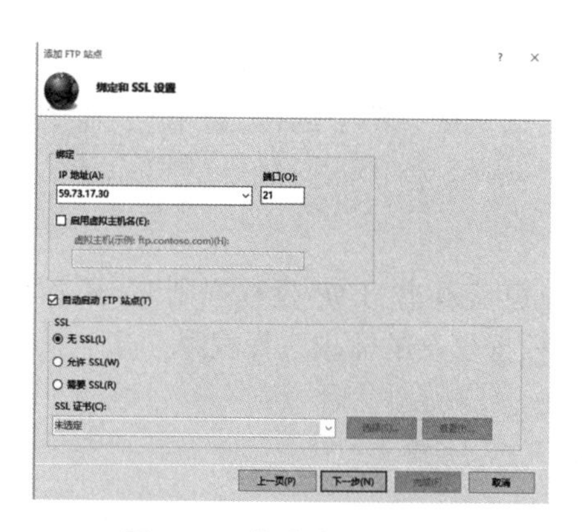

图 7-41 绑定和设置 SSL

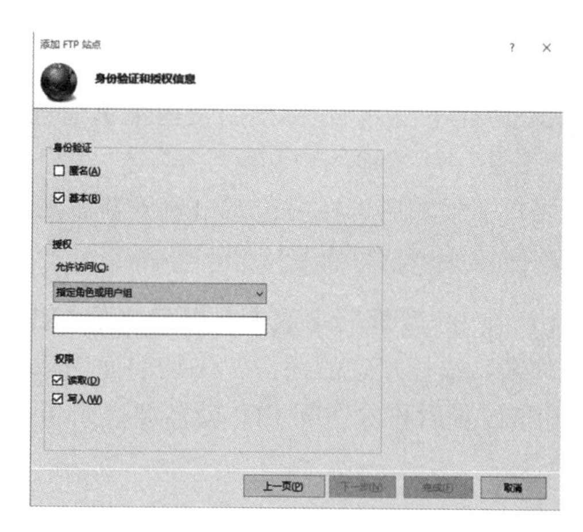

图 7-42 身份验证选择

3. 通过控制面板进入 Windows 防火墙

为 FTP 服务器(也可能是英文的 FTP 服务)放行，打开“控制面板”选择“系统和安全”→“Windows Defender 防火墙”→“允许应用或功能通过 Windows Defender 防火墙”，勾选“FTP 服务器”复选框，如图 7-43、图 7-44 所示。

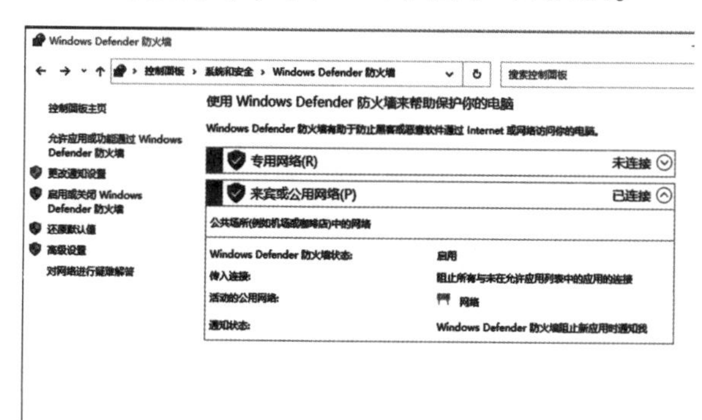

图 7-43 打开防火墙

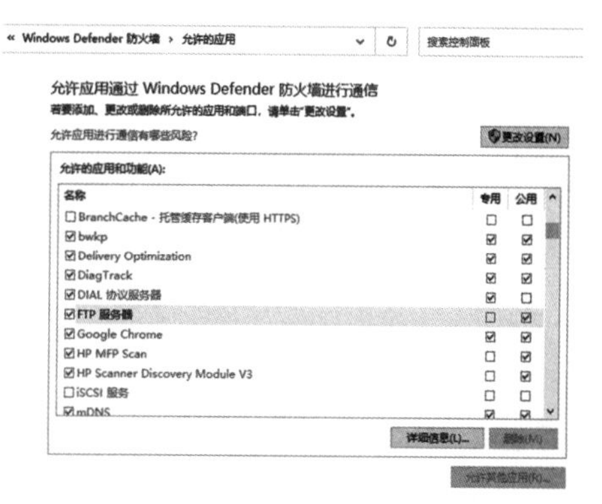

图 7-44 设置 FTP 服务器放行

4. 测试

在不同的计算机上打开“文件资源管理器”窗口(或按〈Win+E〉组合键)，输入 IP 地址，若能够访问则 FTP 搭建成功，如图 7-45、图 7-46 所示。

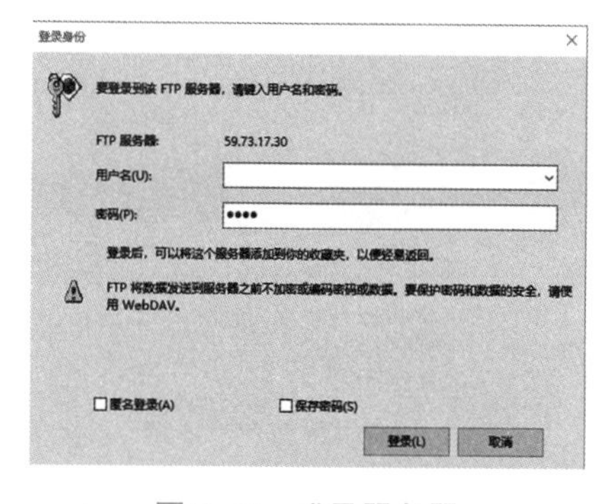

图 7-45 登录服务器

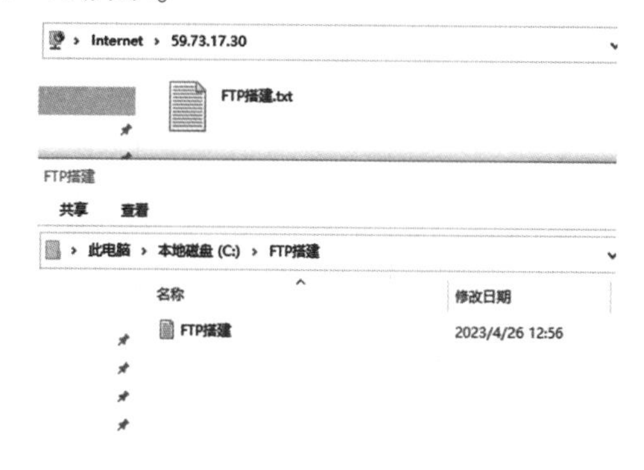

图 7-46 访问服务器内容

5. 添加用户，设置账号密码

右击“此电脑”，在弹出的快捷菜单中选择“管理”命令，打开“计算机管理”窗口，选择“系统工具”→“本地用户和组”，右击“用户”，在弹出的快捷菜单中选择“新用户”命令，添加新用户，添加后可在右边窗口看到新添加的用户。

6. FTP 设置用户登录

(1)在 IIS 管理器中双击自己建立的 FTP，在右边窗口双击“FTP 授权规则”，添加允许授权规则：选择指定的用户，添加前面创建的用户，根据自己的需求选择权限。

(2)设置后再次访问 FTP 就需要登录了。

第 8 章　计算机应用能力拓展

随着人们审美的不断提升，人们对照片等平面图像的处理有了更多更具体的要求，在国产化修图软件这一领域，美图秀秀可以说走在了大众便捷化的前列。

8.1　图像处理

美图秀秀(如图 8-1 所示)是 2008 年 10 月 8 日由厦门美图网科技有限公司研发、推出的一款免费影像处理软件，全球累计用户超 10 亿，在影像类应用排行上保持领先优势。2008 年 10 月，美图秀秀 PC 版上线，从此 PC 端多了一款功能强大且大部分功能可以免费使用的修图软件。

图 8-1　美图秀秀

8.1.1　界面简介

打开美图秀秀 PC 版后可以看到如图 8-2 所示的界面，界面主要分为两个区域，一是上方的标题栏，二是下方的主界面。

图 8-2　美图秀秀 PC 端界面

1. 标题栏

标题栏左侧分别为“主页”“美化图片”“人像美容”“文字”“贴纸饰品”“边框”“拼图”“抠图”8 个标签，便于用户快速找到所需功能。标题栏右侧包括“打开”“新建”“会员”“保存”按钮，用于打开需要修改的图片、新建一张图片、开通会员、保存已修改的图片。标题栏右上角有“设置”按钮、缩小界面按钮、扩大界面按钮、关闭软件按钮，用于对整体软件的调节。其中“设置”按钮可以用来设置美图秀秀默认美图图库地址。

2. 主界面

主界面包括了以下 4 个功能分区。

(1)常用功能——美化图片、人像美容、抠图、拼图。

(2)热门功能——批处理、海报设计、证件照设计、照片修复、高清人像、GIF 制作、纹理、场景。

(3)扩展功能——证件照制作、高级祛痘、人像去噪、风景去噪、夜景增强、HDR 效果、建筑动漫风、九格切图、打印商城、企业应用、美图云修、美图看看、动态闪字。

(4)关于我们——包含了软件开发官方的相关信息。

8.1.2 实例解析常用功能

1. 美化图片

单击右上角的“打开”按钮打开一个图片文件，选择左上角的“美化图片”标签进入美化图片界面，如图 8-3 所示。选择右侧“基础”标签，选择“全彩”特效滤镜，调节到合适的透明度，单击下方“对比”按钮，可以对比美图前、后图片效果的变化；也可以通过左侧功能面板来进行更多细节上的调节。

2. 人像美容

单击右上角的“打开”按钮打开一个图片文件，单击左上方的“人像美容”标签进入人像美容界面，如图 8-4 所示。在右侧“一键美颜”面板中选择“自然”将图片调节到适合的透明度，单击下方“对比”按钮可以看到人像修图前后的对比效果；也可以选择左侧功能面板中的“面部重塑”“皮肤调整”“头部调整”“增高塑形”来对图片进行细节上的更多调整。

图 8-3 美化图片界面

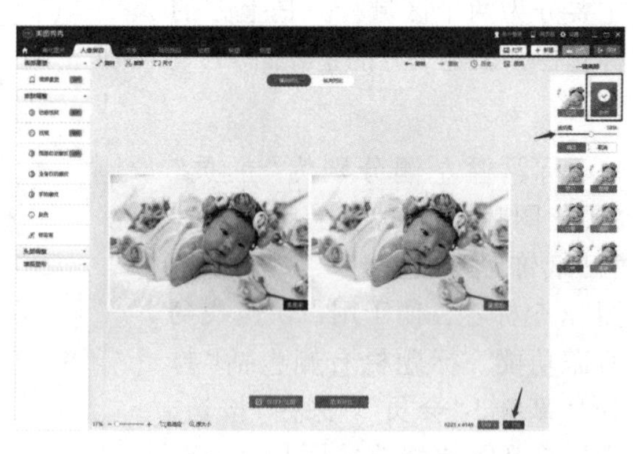

图 8-4 人像美容界面

3. 文字

单击右上角的“打开”按钮打开一个图片文件，单击左上方的“文字”标签进入文字编辑界面，如图 8-5 所示。单击左侧功能面板中的“输入文字”按钮，在弹出的“文字编辑”对话框中输入“今天也是小可爱”，并设置字体、颜色等相关数据，单击画面中出现的“今天也是小可爱”文字框，选中该文字框按住鼠标左键，拖动鼠标可以调整文字框的位置与文字的大小。

4. 贴纸饰品

单击右上角的“打开”按钮打开一个图片文件，单击左上方的“贴纸饰品”标签进入贴纸饰品编辑界面，如图 8-6 所示。选择左侧功能面板中的“精选贴纸”，在右侧的精选贴纸区中选择“默认”标签，选择“蝴蝶结”贴纸，在弹出的“素材编辑”对话框中进行透明度、旋转角度、素材大小等调整，选中图片上出现的“蝴蝶结”贴纸，按住鼠标左键，拖动鼠标可以调整该贴纸的位置与文字的大小等。

图 8-5　文字编辑界面

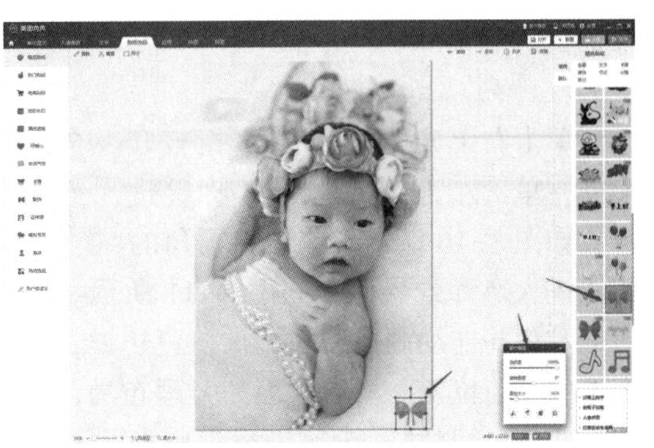

图 8-6　贴纸饰品编辑界面

5. 边框

单击右上角的“打开”按钮打开一个图片文件，单击左上方的“边框”标签进入边框编辑界面，如图 8-7 所示。单击左侧功能面板中的“简单边框”按钮，在弹出的界面右侧选择一个边框效果，即可看到添加了“边框”效果的图片。

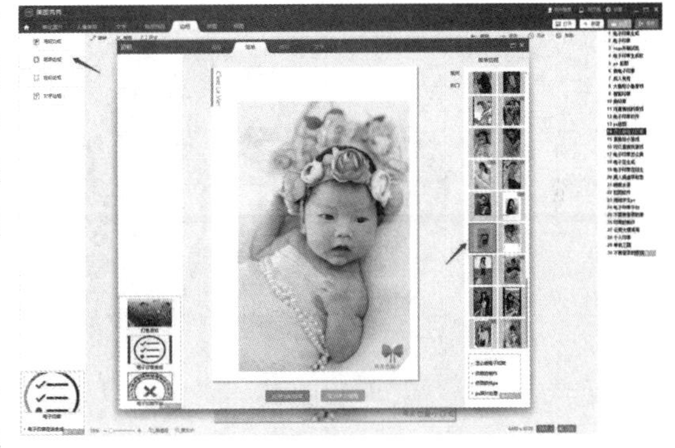

图 8-7　边框编辑界面

6. 拼图

单击右上角的“打开”按钮打开一个图片文件，单击左上方的“拼图”标签进入拼图编辑界面，如图 8-8 所示。单击左侧功能区的“海报拼图”按钮，在弹出的界面右侧选择一个喜欢的拼图模板，此刻可以看到选中模板后，图片上提示还需要添加图片才可以完成拼图，双击图片上“双击添加图片”区域，选择一张图片进行添加，添加图片后，单击选择任意一张拼图，图片在被选中后会弹出“图片设置”面板，如图 8-9 所示，该面板可对图片的大小、旋转角度等数据进行调节。图片被选中后也可以通过按住鼠标左键对图片位置进行移动从而调整拼图出现的效果。这里要特别注意的是，图片的边框不要离开拼图模板边框，以免出现“露白边”的现象。拼好图片之后单击“保存”按钮。

图 8-8 拼图编辑界面

图 8-9 “图片设置”面板

7. 抠图

单击右上角的“打开”按钮打开一个图片文件，单击左上方的“抠图”标签进入抠图界面，如图 8-10 所示。单击左下角的“换背景”按钮进入换背景界面，如图 8-11 所示。按住鼠标左键并拖动画面中间图像蓝色边框，调整图像大小与位置，构成画面的合理布局，如图 8-12 所示。调整完毕后进行抠图背景画面的选择，单击左侧“图片编辑”区的“颜色”中的蓝色，如图 8-13 所示，达到一个蓝色背景的效果，如图 8-14 所示。

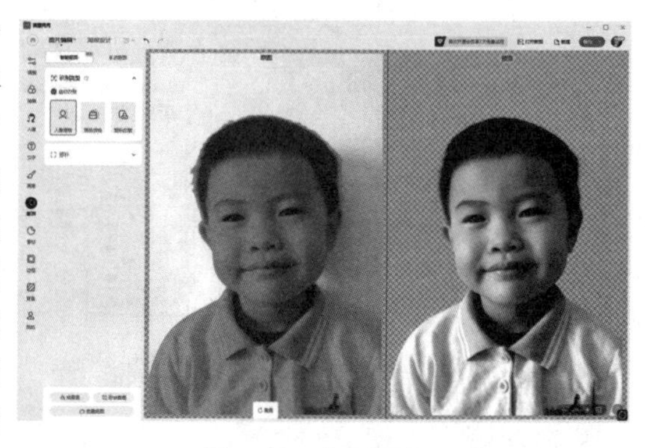

图 8-10 抠图界面

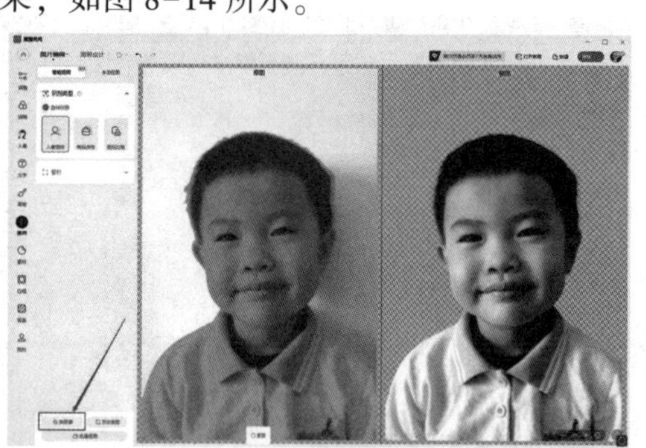

图 8-11 换背景界面

图 8-12 调整图像大小与位置

图 8-13 选择抠像背景

图 8-14 抠图背景效果

8. 保存

图片做好后，单击右上角的“保存”按钮，如图 8-15 所示，调出保存界面。在保存界面中，可以对“保存路径”“文件名称与格式”“画质调整”做出选择与调整，然后单击“保存”按钮进行保存，如图 8-16 所示。

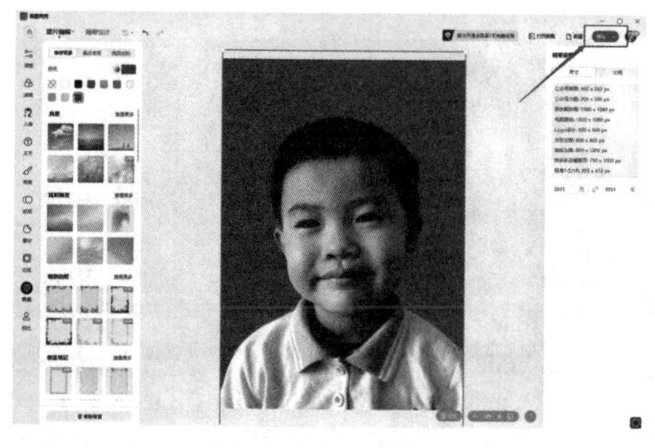

图 8-15　保存界面的调出

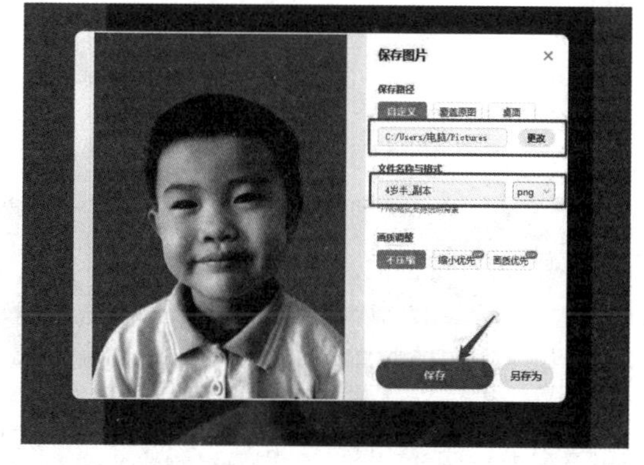

图 8-16　保存界面的设置与操作

如果想要在后期把图片修出理想的效果，除了要精通软件的操作、知道如何搭配色彩、如何通过剪裁画面进行构图的表达，还需要我们在学习生活中培养自己的美学素养，日积月累、厚积薄发。

8.2　短视频制作

剪映是抖音官方推出的短视频编辑工具，可用于短视频的制作与发布。剪映剪辑有丰富的曲库资源、模板，专业的视频处理工具(如画中画、蒙版、踩点、特效制作、倒放、变速等)，以及专业的风格滤镜、视频特效、精选贴纸，其包含的全面的剪辑功能让视频更专业。

8.2.1　下载安装

剪映 PC 端下载地址：https://www.capcut.cn/，同时提供 Android 版和 iOS 版手机移动端应用程序，如图 8-17 所示。

图 8-17　剪映的下载安装

8.2.2　特点优势

剪映剪辑功能齐全，有多种特效和转场，在众多手机剪辑软件中已经达到了专业级别。

剪映还拥有抖音专属乐库，用户可以先收藏抖音平台中的热门背景音乐然后一键应用到剪辑项目。视频剪辑完成后，能够将视频一键发布到抖音短视频平台和西瓜视频平台，如图 8-18 所示。

剪映内置的特效样式多且实用，使用这些特效能够让视频更加具有吸引力，如图 8-19 所示。

图 8-18　发布视频

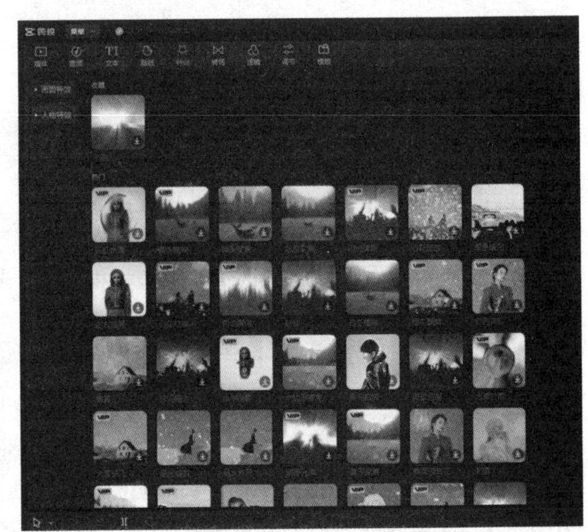

图 8-19　特效样式

8.2.3　制作流程

1. 导入视频

单击新建项目，选择素材进行视频制作。除了可以选择相册里的视频，剪映也为用户提供了黑白场景图片及动画素材，支持同时上传多段视频，如图 8-20 所示。

图 8-20　导入视频

2. 视频编辑

导入视频后，进入编辑界面，剪映提供了剪辑、音频、文本、滤镜、特效、比例、背景、调节等视频编辑工具，如图 8-21 所示。

图 8-21 视频编辑

1) 剪辑功能

在剪辑中，我们可以对视频进行基础操作，包括分割、变速、旋转、倒放等，如图 8-22 所示。

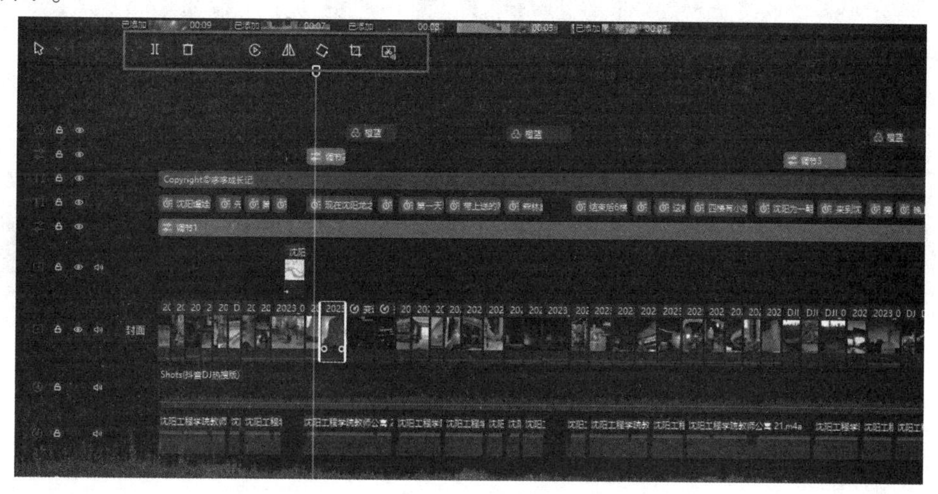

图 8-22 剪辑功能

2) 音频功能

在视频中，背景音乐(Back ground Music，BGM)是非常重要的一项元素。我们可以选择剪映中内置的音乐，也可以把音乐复制进软件中来提取，或是直接提取本地视频中的音乐。剪映同时支持为视频配音，可按视频类型选择不同的音乐素材，如图 8-23 所示。

3) 文本功能

剪映内置了丰富的文本样式和动画，搭配素材需要的制作效果，如图 8-24 所示。

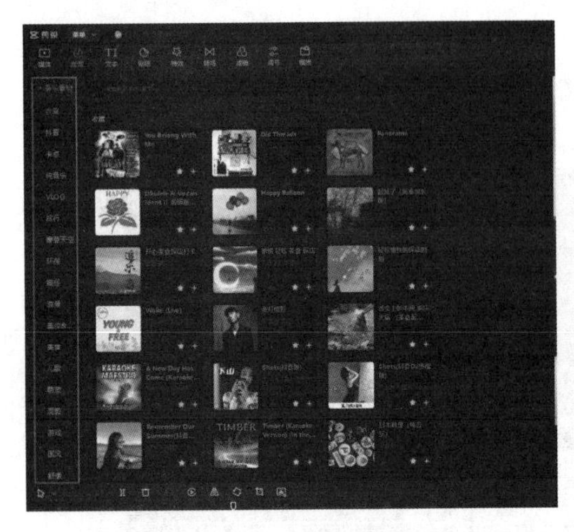

图 8-23 音频功能

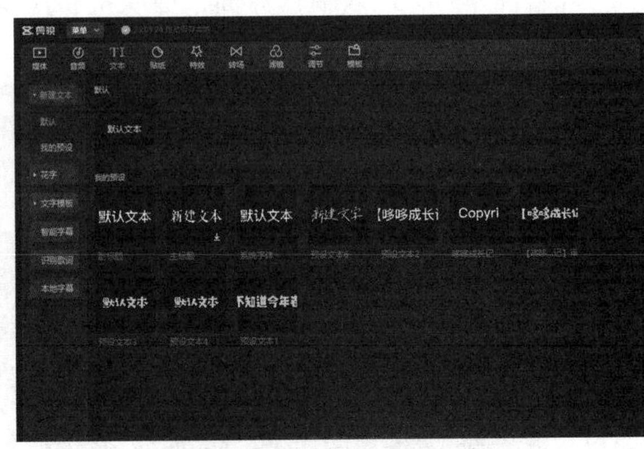

图 8-24 文本功能

也可通过识别视频中的声音，将其转出字幕文本。自动识别后的字幕样式调整方法和手动输入方法相同，单击字幕条即可进行操作，如图 8-25 所示。

4) 滤镜功能

剪映内置了 12 类 400 多种风格的滤镜，可以满足用户在大多数视频场景下的使用需求，如图 8-26 所示。

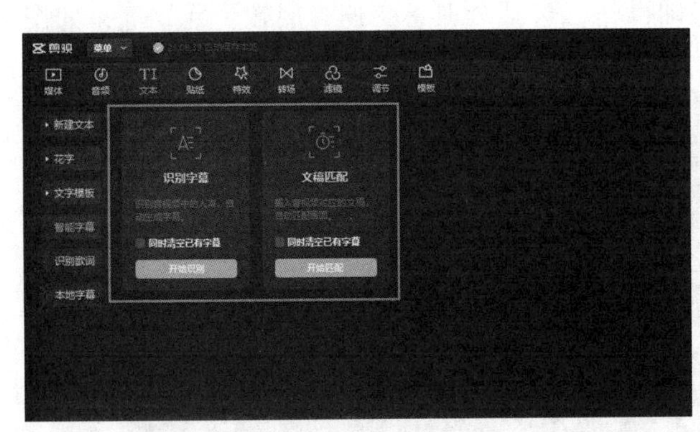

图 8-25 自动识别文本

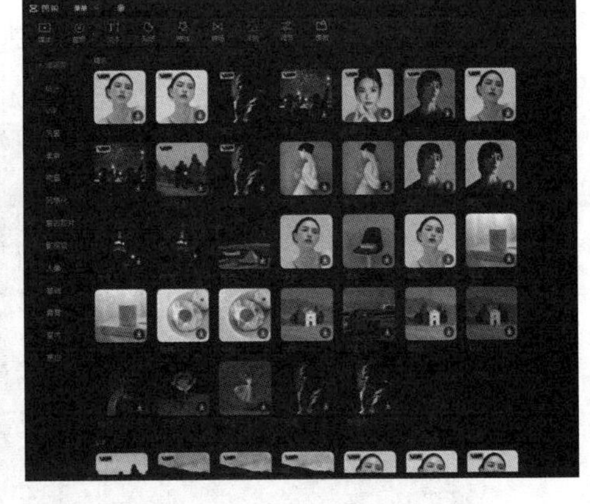

图 8-26 滤镜功能

5) 特效功能

剪映内置了 32 大类共 260 种特效供用户选择使用。

6) 比例功能

PC 版的剪映中可以直接调整视频比例及视频在屏幕中的大小，单击播放器右侧“比例”按钮，即可调用系统集成的 10 种比例，包括自定义，如图 8-27 所示。

7) 背景功能

如果视频内容本身并没有铺满整个屏幕，那么这时候就要选择视频的背景了。剪映把背景当成了视频的画布，用户可以调整画布的颜色和样式，也可以上传自己满意的图片作为背景，如图 8-28 所示。

图 8-27　比例功能

图 8-28　背景功能

8) 调节功能

用户可以通过调节亮度、对比度、饱和度、锐化、高光、阴影、色温、色调、褪色来剪辑视频。需要注意的是，剪映中没有具体参数，而是通过拖拽进度条来完成调节，如图 8-29 所示。

图 8-29 调节功能

8.3 华为鸿蒙系统

华为鸿蒙系统(HUAWEI HarmonyOS)，是华为公司在 2019 年 8 月 9 日于东莞举行的华为开发者大会(HDC. 2019)上正式发布的操作系统。华为鸿蒙系统是一款全新的面向全场景的分布式操作系统，创造一个超级虚拟终端互联的世界，将人、设备、场景有机地联系在一起，将消费者在全场景生活中接触的多种智能终端，实现极速发现、极速连接、硬件互助、资源共享，用合适的设备提供场景体验。

HarmonyOS 为了兼容接入更多的设备，目前保留了 Linux 内核，未来将去掉，只剩鸿蒙微内核。因此，其目前采用的内核有 Linux 内核+鸿蒙微内核+LiteOS，随着兼容过渡的发展优化，未来将只剩下鸿蒙微内核。鸿蒙系统是开源的，开源计划名称是 OpenHarmony。鸿蒙系统未来不只是会搭载在华为手机上，其他手机厂商也可以根据开源协议进行开发，让它们生产的手机也可以装上鸿蒙系统。

HarmonyOS 是一款面向全场景智慧生活方式的分布式操作系统。在传统的单设备系统能力的基础上，HarmonyOS 提出了基于同一套系统能力、适配多种终端形态的分布式理念，能够支持手机、平板、PC、智慧屏、智能穿戴、智能音箱、车机、耳机、AR/VR 眼镜等多种终端设备。对消费者而言，HarmonyOS 能够将生活场景中的各类终端进行能力整合，形成“One Super Device”(超级虚拟终端)，实现不同终端设备之间的极速连接、能力互助、资源共享，匹配合适的设备、提供流畅的全场景体验。

ArkTS 是华为自研的开发语言。它在 TypeScript(简称 TS)的基础上，匹配 ArkUI 框架，扩展了声明式 UI、状态管理等相应的能力，让开发者以更简洁、更自然的方式开发跨端应用。

8.3.1 H5

根据 W3C 标准，一个网页主要由结构(HTML)、表现(CSS)和行为(JavaScript)构成。

HTML 用于描述页面的结构、CSS 用于控制页面中元素的样式，JavaScript 用于响应用户操作。

8.3.2　HTML 基础

超文本标记语言(HyperText Markup Language，HTML)是一种用于描述网页结构的标记语言，它使用特殊的语法或符号描述网页。所谓的超文本是指超出了纯文本的限制，加入了图片、声音、动画、多媒体内容，并且由一个文件可以跳转到另一个文件，实现超级链接的文本。通常我们看到的网页，是以 . htm 或 . html 结尾的文件，因此我们把它称为 HTML 文件。

HTML 语言通常使用一对开始和结束标签对元素进行限定。例如，在文本周围放置不同的标签显示它是标题、段落还是列表，代码如下：

```
<h1>我的第一个标题</h1>
<p>我的第一个段落。</p>
<ol>
<li>我的第一个网站</li>
<li>我的第一个微信公众号</li>
</ol>
```

我的第一个标题

我的第一个段落。

1. 我的第一个网站
2. 我的第一个微信公众号

图 8-30　运行结果

运行结果如图 8-30 所示。

创建一个基本的 HTML 文档必须包含以下 4 个标签：<! DOCTYPE>、<html>、<head>、<body>。例如，查看百度新闻网页的部分源代码如图 8-31 所示。

```
<!doctype html>
<html class="expanded">
<head>

<!--STATUS OK-->
<meta http-equiv=Content-Type content="text/html;charset=utf-8">
<meta http-equiv="X-UA-Compatible" content="IE=Edge,chrome=1">
<link rel="icon" href="//gss0.bdstatic.com/5foIcy0a2gI2n2jgoY3K/static/fisp_static/common/img/favicon.ico" mce_href="../static/img/favicon.ico" type="image/x-icon">

<title>百度新闻——海量中文资讯平台</title>
<meta name="description" content="百度新闻是包含海量资讯的新闻服务平台，真实反映每时每刻的新闻热点。您可以搜索新闻事件、热点话题、人物动态、产品资讯等，快速了解它们的最新进展。" >
<script type="text/javascript">
<script type="text/javascript"> window.NEWSLOGURL = 'https://log.news.baidu.com/v.gif'; window.HUNTERLOGURL = '//log.news.baidu.com/u.gif'; window._hmt = window._hmt || [];</script>
<script type="text/javascript" src="//gss0.bdstatic.com/5foIcy0a2gI2n2jgoY3K/static/fisp_static/common/resource/js/usermonitor_88a158c.js?v=1.2"></script>
<script defer async type="text/javascript" src="//gss0.bdstatic.com/5foIcy0a2gI2n2jgoY3K/static/fisp_static/wza/aria.js?appid=c890648bf4dd00d05eb9751dd0548c30" charset="utf-8"></script>
<script src="//gss0.bdstatic.com/5foIcy0a2gI2n2jgoY3K/static/fisp_static/news/js/jquery-1.8.3.min_a6ffa58.js" type="text/javascript"></script>
<script src="https://efe-h2.cdn.bcebos.com/cliresource/ubc-report-sdk/2.0.8/ubc-web-sdk.umd.min.js"></script>
<link rel="stylesheet" type="text/css" href="//gss0.bdstatic.com/5foIcy0a2gI2n2jgoY3K/static/fisp_static/common/module_static_include/module_static_include_130fb43.css"/><link rel="stylesheet" type="text/css"
href="//gss0.bdstatic.com/5foIcy0a2gI2n2jgoY3K/static/fisp_static/news/focustop/focustop_415cfee.css"/>
</head>
<body>
<div id="header-wrapper" class="clearfix">
<div id="usrbar" alog-group="userbar" alog-alias="hunter-userbar-start"></div>
<ul id="header-link-wrapper" class="clearfix">
<li><a href="https://www.baidu.com/" data-path="s?wd=">网页</a></li>
<li style="margin-left:21px;"><span>新闻</span></li>
<li><a href="http://tieba.baidu.com/" data-path="f?kw=">贴吧</a></li>
<li><a href="https://zhidao.baidu.com/" data-path="search?ct=17&pn=0&tn=ikaslist&rn=10&lm=0&word=">知道</a></li>
<li><a href="http://music.baidu.com/" data-path="search?fr=news&ie=utf-8&key=">音乐</a></li>
<li><a href="http://image.baidu.com/" data-path="search/index?ct=201326592&cl=2&lm=-1&tn=baiduimage&istype=2&fm=&pv=&z=0&word=">图片</a></li>
<li><a href="http://v.baidu.com/" data-path="v?ct=301989888&ie=utf-8&s=2&word=">视频</a></li>
<li><a href="http://map.baidu.com/" data-path="?newmap=1&ie=utf-8&s=s%26wd%3D">地图</a></li>
<li><a href="http://wenku.baidu.com/" data-path="search?ie=utf-8&word=">文库</a></li>
<div class="header-divider"></div>
```

图 8-31　查看百度新闻网页的部分源代码

8.3.3　HTML 文档的基本结构

1. <! DOCTYPE>标签

从 HTML 第一个版本发布到 W3C 正式发布 HTML5 最新推荐标准过程中，有 3 个版本的 HTML 被广泛使用，即 HTML4、XHTML1.0 和 HTML5。由于 HTML 有 3 个版本被使用，因此需要在网页上方添加<! DOCTYPE>标签声明告之浏览器网页的版本。同时，添加该标签后还可以避免浏览器通过怪异模式解析网页。

这里只介绍 HTML5 的声明方法，代码如下：

```
<! DOCTYPE html>
```

注意：该标签没有结束标签并且不区分大小写。

2. <html>标签

<html>标签是除<！ DOCTYPE>标签之外的<head>和<body>两个标签的容器，它表示一个文档中 HTML 部分内容的开始。

```
<! DOCTYPE html>
<html>
同学们好！这里是 html 部分的内容！
</html>
```

注意：<html>与</html>成对出现。

3. <head>标签

<head>标签是所有头部元素的容器，用来定义一些特殊内容，这些内容往往都是“不可见内容”(在浏览器中不可见)。HTML5 的元素包括文档元素和元数据元素两个部分，其中文档元素包括<！ DOCTYPE>、<html>、<head>、<body>；元数据元素包括<title>、<style>、<link>、<meta>、<script>、<noscript>。因为<head>标签是所有头部元素的容器，所以它可以包括以上所有元素。

```
<! DOCTYPE html>
<html>
<head>
<meta charset="utf- 8">
<title>我的文档标题</title>
</head>
<body>
同学们好,这是我的文档部分。
</body>
</html>
```

注意：<title>标签必须包含在<head>标签中。

4. <body>标签

<body>标签用来定义文档的主体。<body>标签包含文档的所有内容(如文本、超链接、图像、表格和列表等)，它与<head>标签是同级别兄弟标签。

HTML 代码中可根据功能来为区段添加标记。可使用元素来无歧义地表示以上所讲的内容区段，屏幕阅读器等辅助技术可以识别这些元素，并帮助执行“找到主导航”或“找到主内容”等任务。

为了实现语义化标记，HTML 提供了明确这些内容区段的专用标签，例如，<header>表示页眉；<nav>，表示导航栏；<main>，表示主内容。主内容中还可以有各种子内容区段，可用<article><section>和 <div>等元素表示。<aside>表示侧边栏，经常嵌套在 <main>中。<footer>表示页脚，如图 8-32 所示。

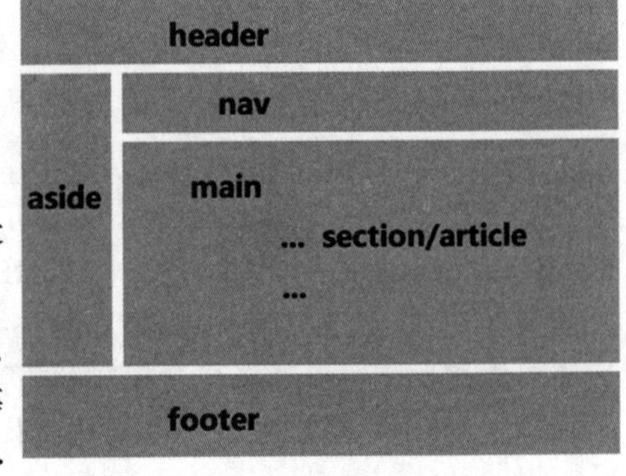

图 8-32　HTML 提供的内容区段专用标签

<header>

<header>标签是一种具有引导和导航作用的结构元素，该元素可以包含所有通常放在页面头部的内容。<header>标签可以用来放置整个页面或页面内的一个内容区块的标题，也可以包含网站 Logo 图片、搜索表单或其他相关内容。其与前面的<head>标签的区别是，<header>标签用来显示页面内容，是属于 body 元素里的内容，而<head>标签是所有头部元素的容器。

<nav>

<nav>标签用于定义导航链接，是 HTML5 新增的元素。该元素可以将具有导航性质的链接归纳在一个区域中，使页面元素的语义更加明确。

<nav>标签通常可以用于传统导航条、侧边栏导航、页内导航、翻页操作等情况。

<main>

<main>标签用于指定文档的主体内容。<main>标签中的内容在文档中是唯一的，如侧栏、导航栏、版权信息、站点标志或搜索表单等。

注意在一个文档中，<main>元素是唯一的，所以不能出现一个以上的 <main>元素。<main>元素不能是以下元素的后代：<article><aside><footer><header>或 <nav>。在<main>标签下面可以有<article>标签、<section>标签。

<article>

<article>标签代表文档、页面或应用程序中与上、下文不相关的独立部分，该元素经常被用于定义一篇日志、一条新闻或用户评论等。<article>标签通常使用多个<section>标签进行划分，一个页面中<article>标签可以出现多次。

<aside>

<aside>标签用来定义当前页面或文章的附属信息部分，它可以包含与当前页面或主要内容相关的引用、侧边栏、广告、导航条等其他类似的、有别于主要内容的部分。<aside>标签主要的用法分为以下两种。

(1) 被包含在<aside>标签内作为主要内容的附属信息。

(2) 在<aside>标签之外使用，作为页面或站点全局的附属信息部分。最常用的形式是侧边栏，其中的内容可以是友情链接、广告单元等。

<section>

<section>标签用于对网站或应用程序中页面上的内容进行分块，一个<section>标签通常由内容和标题组成。在使用<section>标签时，需要注意以下 3 点。

(1) 不要将<section>标签用作设置样式的页面容器，设置样式的页面容器是〈div〉。

(2) 如果<article>、<aside>或<nav>标签更符合使用条件，则不建议使用<section>标签。

(3) 没有标题的内容区块不要使用<section>标签定义。

<footer>

<footer>标签用于定义一个页面或区域的底部，它可以包含所有通常放在页面底部的内容。与<header>标签相同，一个页面中可以包含多个<footer>标签。同时，也可以在<article>标签或<section>标签中添加<footer>标签。

8.3.4 CSS基础及JavaScript介绍

层叠样式表(Cascading Style Sheet，CSS)是一种格式化网页的标准方式，用于控制设置HTML文件的样式，可以使用选择器来定位HTML元素。

1. CSS的3种使用方法

(1)使用style属性将内联样式直接用于HTML元素，代码如下：

```
<h1 style="height:20px;color:red">
```

(2)将CSS规则放在HTML文档的<style>标签内，代码如下：

```
<! DOCTYPE html>
<html>
<head>
    <title>Evan Sun</title>
    <style type="text/css">p {color:red;} </style>
</head>
<body>
<h1>标题</h1>
<p>段落 1</p>
<p>段落 2</p>
</body>
</html>
```

(3)在外部样式表中编写CSS规则，并通过<link>标签引入，代码如下：

```
<link rel="stylesheet" href="style. css">
```

2. CSS选择器

CSS的思想是通过选择器来定位HTML元素，将定义的各种属性用到元素上并改变在页面上的显示方式。表8-1列出了常用CSS选择器的作用和特点。

表8-1 常用CSS选择器

选择器	作用	特点
标签选择器(element)	可以选出所有的同种标签	不能差异化选择
类选择器(.class)	可以选出一个或多个标签	可以差异化选择，最灵活、最常用的基础选择器
id选择器(#id)	可以选出一个标签	可以选择一个指定的标签，同一个HTML中每个id都是唯一的
通配符选择器(*)	可以选出所有标签	特殊情况使用
属性选择器(attribute)	可以选出带有某属性的标签	标签中带有同一种属性
伪类选择器(hover)	鼠标单击、鼠标悬停、获取焦点等状态	特殊情况使用

3. JavaScript 介绍

JavaScript 是客户端脚本语言，运行在客户端浏览器中。每一个浏览器都具备 JavaScript 的解析引擎，不需要编译，直接就可以被浏览器解析执行。JavaScript 可以用来增强用户和 HTML 页面的交互过程，可以用来控制 HTML 元素，让页面有一些动态的效果，增强用户体验。

```
HTML 引入 JavaScript
1.3.1 内部引入
定义 script 标签,标签体内容就是 js 代码
<script>
    //js 代码
</script>
```

<script>标签可以写在任意位置，推荐写在<body>的尾部。浏览器在执行时，是自上而下依次执行。

```
1.3.2 外部引入
<script src="js/文件名.js"></script>
```

说明：

(1)script 标签不能自闭合；

(2)外部脚本不能包含<script>标签；

(3)如果 script 标签使用 src 属性，那么浏览器将不会解析此标签体的 js 代码。

由于 JavaScript 是一门脚本语言，所以本章只对其做初步介绍，JavaScript 的语法、语句、变量、函数等相关知识，请同学们参阅相关书籍。

8.3.5　Linux 下的网页编辑软件

随着 Web 制作技术的进步，对于一般用户来说，制作页面已经不是难题。Linux 系统中，也有一些强大的网页制作工具可以用于制作专业的网页，下面介绍一款 Linux 下的网页编辑软件——Bluefish 编辑器。

Bluefish 编辑器是可以运行在 Linux 下的一款网页代码编辑软件。其具有以下几个特色。

(1)Bluefish 编辑器的文字和图标结合得很好，初学者能够快速上手，并在不断地积累中发现和掌握它的其他功能。

(2)Bluefish 编辑器提供了很多常用的 HTML 任务选项，如字体、表格等，当然还有链接，其采用了一个比较不常见的“链接描述”(anchor)来表明可单击的链接。“链接描述”对话框甚至还提供了例如 OnClick 和 OnMouseover 这样的 JavaScript 脚本事件功能。

(3)Bluefish 编辑器是一个为有经验的网页设计者准备的 GTK HTML 编辑器，除了可以在 Linux 下运行，许多网站也都已经完全采用它来制作网页。很多人认为它是 Linux 下最好的 HTML 编辑器，包含非常优秀的创建向导(WIZARD FOR STARTUP)，以及表格、帧编辑器。

8.4 微信小程序

8.4.1 小程序的定义

小程序是一种全新的连接用户与服务的方式，微信小程序自 2017 年上线以来，已经逐渐渗透到了人们的日常生活和各行各业中(如图 8-33 所示)，企业对小程序技术开发、产品设计、运营方面的人才需求不断增加，如图 8-34 所示。

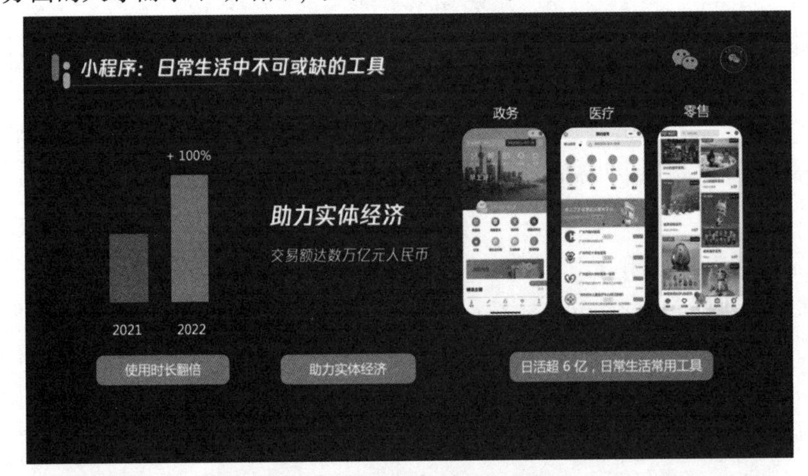

图 8-33　生活中的微信小程序

图 8-34　微信小程序的应用趋势

8.4.2 小程序的技术框架

微信小程序是一种开放开发工具，开发者可以快速开发出一个小程序。小程序可以在微信内被便捷地获取和传播，同时具有出色的用户使用体验。微信小程序 2022 年的日活跃用户数达 6 亿，开发者数量超过 300 万，其已被广泛应用于各行各业，成为日常生活中不可或缺的应用工具。例如：通过一卡通小程序完成校内小额支付及门禁授权进出，通过地铁乘车码小程序出行乘车，通过医院小程序挂号就诊，用小程序查询成绩等。

微信小程序提供了一个简单、高效的应用开发框架和丰富的组件及应用程序接口（Application Program Interface，API），帮助开发者在微信中开发具有原生 APP 体验的服务。微信小程序使用 WXML、WXSS 标记语言完成样式开发设计，用 JavaScript 语言响应用户动作交互。小程序具有快速的加载、高效和简单的开发、原生的体验、易用且安全的微信数据开放、易于传播分享等优势，被业界广泛使用。

可以使用微信开发者工具，选择丰富多样的代码模板（如图 8-35 所示），学习微信官方提供的免费入门课程，快速开发一个小程序，如图 8-36 所示。

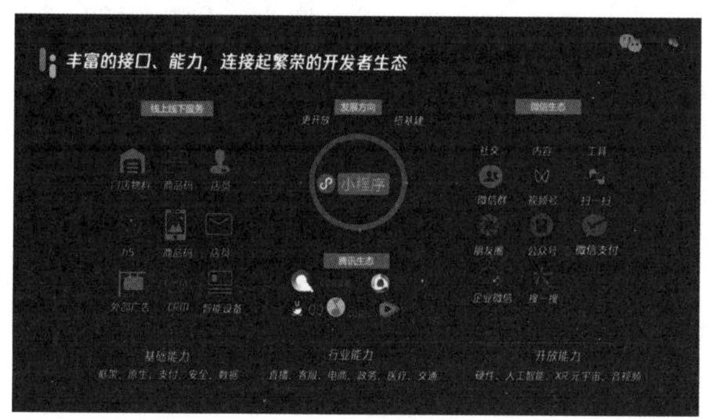

图 8-35　微信小程序代码模板

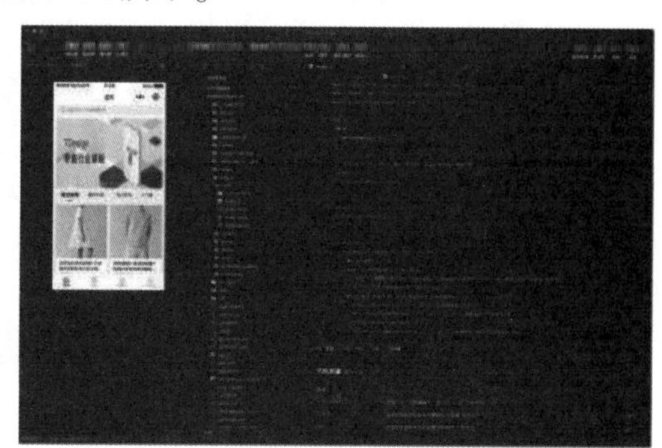

图 8-36　微信小程序的开发界面

8.4.3　小程序的技术优势

（1）小程序提供各行各业所需的底层技术和行业解决方案。以教育为例，小程序提供增强现实（Augmented Reality，AR）能力，AR 技术具备提升现实情境的清晰直观性和感知冲击力，使情景式的学习方式更具亲和性、动态性和自然性；提供 AI 技术，助力语义理解、知识图谱搭建；提供校内生活、学习、科研创新平台，如图 8-37 所示。

（2）小程序融合最新元宇宙、人工智能、硬件等技术。例如，元宇宙数字人演讲，AI 生成音乐和图片，小程序连接智能家具和新能源汽车等。新技术均通过小程序落地到产业场景中，如图 8-38 所示。

图 8-37　小程序应用场景

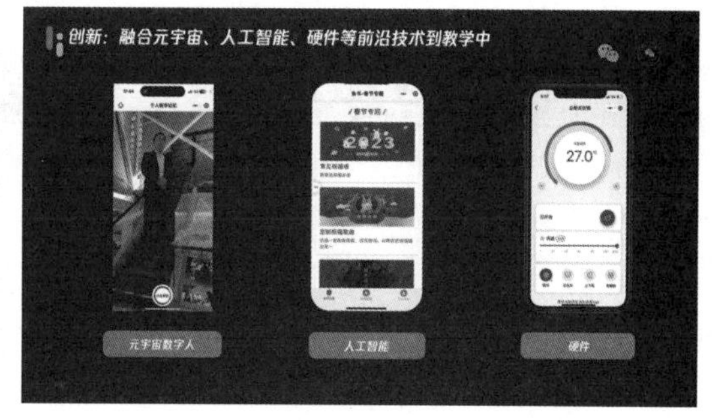

图 8-38　小程序结合最新科技

(3)小程序是一种开发门槛低、易于传播分享的轻应用。学生可以以极低的成本开发上线小程序，解决生活中的实际问题，除能提高编程技术外，还能培养行业认知、产业理解、商业模式分析、运营推广等综合素质，如图 8-39 所示。

8.4.4 小程序助力人才培养

小程序能够解决教学脱离实际的难题，真正做到产学结合、学有所用。学生学习小程序，能够同时达成以下目标。

(1)掌握基于小程序的移动应用开发能力。由于小程序提供了一种移动应用解决方案和前端框架，所以学生可以掌握前端、后端开发的所有基础知识。学生不仅有机会找到小程序开发的工作，还有机会找到 Web、iOS、Android 等移动应用开发的工作。

(2)掌握新兴技术开发能力。学生以小程序为切入点，了解 AR 元宇宙、硬件框架、硬件通信、人工智能等知识，提升其就业竞争力。

(3)培养行业认知、产业理解能力。学生以小程序解决方案为切入点，了解行业前沿解决方案，帮助其在该行业就业。例如，近些年新兴的行业解决方案包括：社区团购、新零售、直播电商、新能源汽车、医疗信息化、金融数字化。学生通过积累相关行业经验，提升就业竞争力。

(4)培养商业模式分析、运营推广等综合素质。学生以小程序为案例，学会如何调研、分析、策划产品，学会运营、维护、推广、增长裂变等知识，培养其综合素质，提升就业竞争力。

综上所述，我们应该结合自身教育学习场景，从专业人才培养、项目实训等角度，将小程序从了解到精通，从理论到实践，如图 8-40 所示。

图 8-39　小程序带来便捷生活

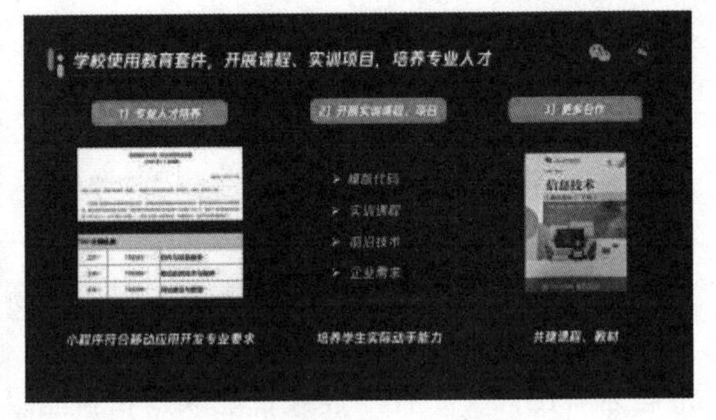

图 8-40　小程序助力人才培养

8.4.5 小程序官方项目课程和开发组件

1. 官方学习资料

小程序官方提供项目课程，既包括免费资料也包括进阶的付费资料，如图 8-41、图 8-42 所示。

图 8-41　官方学习资料——免费

图 8-42　官方学习资料——付费

2. 小程序教育套件

小程序教育套件(如图 8-43 所示)提供以下几大核心能力。

(1)实训平台和实训工具，降低学生学习门槛，整合微信云开发、AR 元宇宙、AI、硬件技术与接口能力。

(2)独家行业实训模板和实训课程(如图 8-44 所示)。

(3)教学管理平台。

图 8-43　小程序教育套件

图 8-44　实训课程

8.5 VMware 虚拟机

8.5.1 VMware 虚拟机简介

1. 什么是虚拟机

虚拟机指通过软件模拟的计算机系统，具有完整的硬件系统功能。虚拟机是在一个完全隔离的环境中运行的，所实现的功能与实体计算机无异。

在工作学习中，如果想要在一台计算机上安装多个操作系统，一般有两个解决办法，一是安装多个硬盘，二是在一个硬盘上安装多个操作系统。前者的问题是花费比较高，后者则是安全性差，虚拟机刚好可以解决这两个问题。

2. VMware Workstation 介绍

常见的虚拟机包括威睿推出的 VMware Workstation、甲骨文推出的 VirtualBox、微软推出的 Hyper-V 和 Virtual PC，本小节以目前用户基数最大、使用较为简单、功能较为完善的 VMware Workstation 为例进行介绍。

VMware Workstation（简称 VMware）是由威睿公司开发的一款具有高灵活性和技术先进性的桌面虚拟计算机软件，它允许操作系统和应用程序在一台虚拟机内部运行，可以使用户在单一的桌面上同时运行两个或多个操作系统（如 Windows、Linux、Mac OS），由于虚拟机处于离散环境中，故其对于不同的操作系统所进行的虚拟分区和配置都不会对真实的硬盘数据产生影响。

3. 主要的功能和优点

（1）优秀的物理机隔离效果，性能高，计算机虚拟能力强。

（2）相比于“多启动”系统，VMware Workstation 无须分区或重启即可实现在同一台计算机上运行多个操作系统并进行切换。

（3）对于不同操作系统的操作环境、所有操作系统中存储的资料和安装的应用软件，能够进行完全隔离和有效保护。

（4）不同的操作系统之间能够进行网络、文件分享、复制粘贴等互动操作。

（5）拥有快照功能，便于用户将系统恢复到之前的状态。

（6）可以对内存、设备、磁盘空间等操作系统的操作环境随时进行设定和修改。

（7）操作界面简单明了，对于不同领域的用户都可以快速上手使用。

8.5.2 安装 VMware Workstation

（1）进入 VMware 官网，选择“资源”→“产品下载”，如图 8-45 所示。

（2）单击“Desktop & End-User Computing”产品“VMware Workstation Pro”对应的“下载产品”按钮，如图 8-46 所示。

（3）按照个人需求选择下载的版本，根据个人计算机操作系统下载对应的产品，如图 8-47 所示。

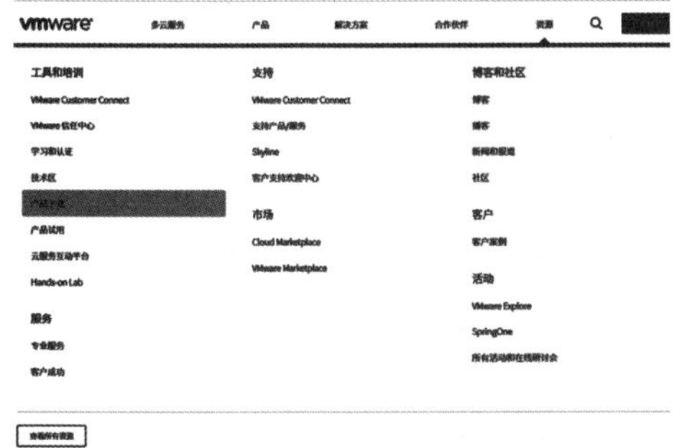

图 8-45　进入 VMware 官网

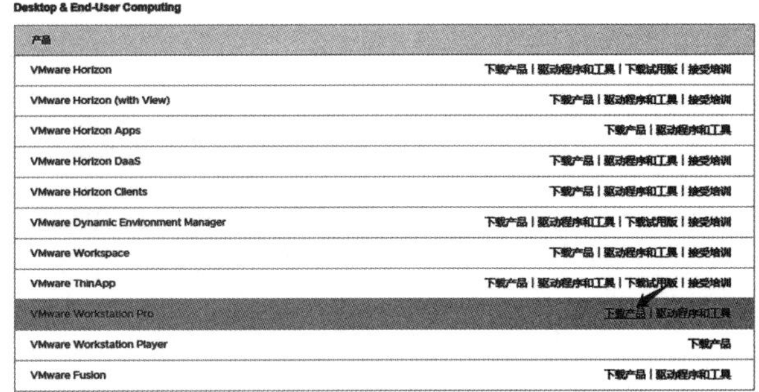

图 8-46　单击“下载产品”按钮

图 8-47　选择下载的版本

（4）下载完成后，在下载路径中双击 . exe 文件进行安装，如图 8-48 所示。

图 8-48　下载的应用程序

（5）进入安装界面，单击“下一步”按钮，如图 8-49 所示。

（6）勾选“我接受许可协议中的条款”复选框，单击“下一步”按钮，如图 8-50 所示。

图 8-49　安装界面

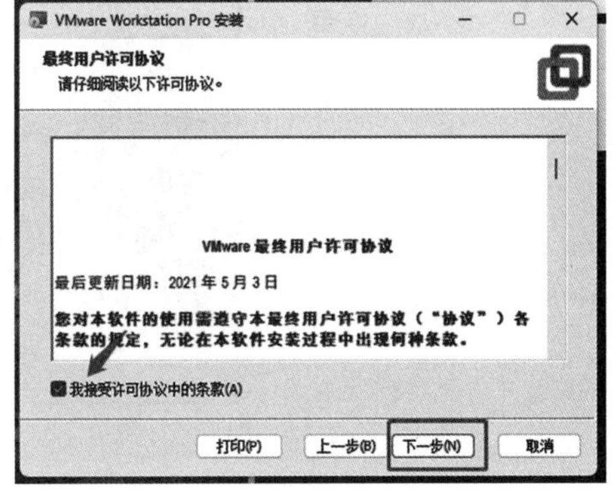

图 8-50　接受许可协议条款

(7)自定义安装位置并勾选第二项，单击“下一步”按钮，如图 8-51 所示。

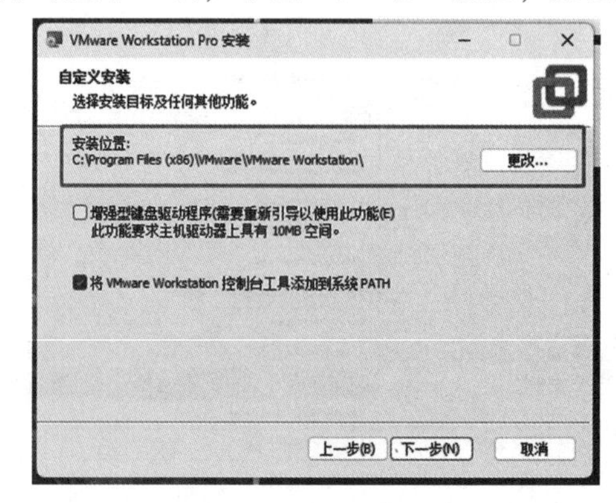

图 8-51　更改安装位置

(8)默认选项，单击“下一步”和“安装”按钮，VMware Workstation 即可安装完成，如图 8-52 所示。

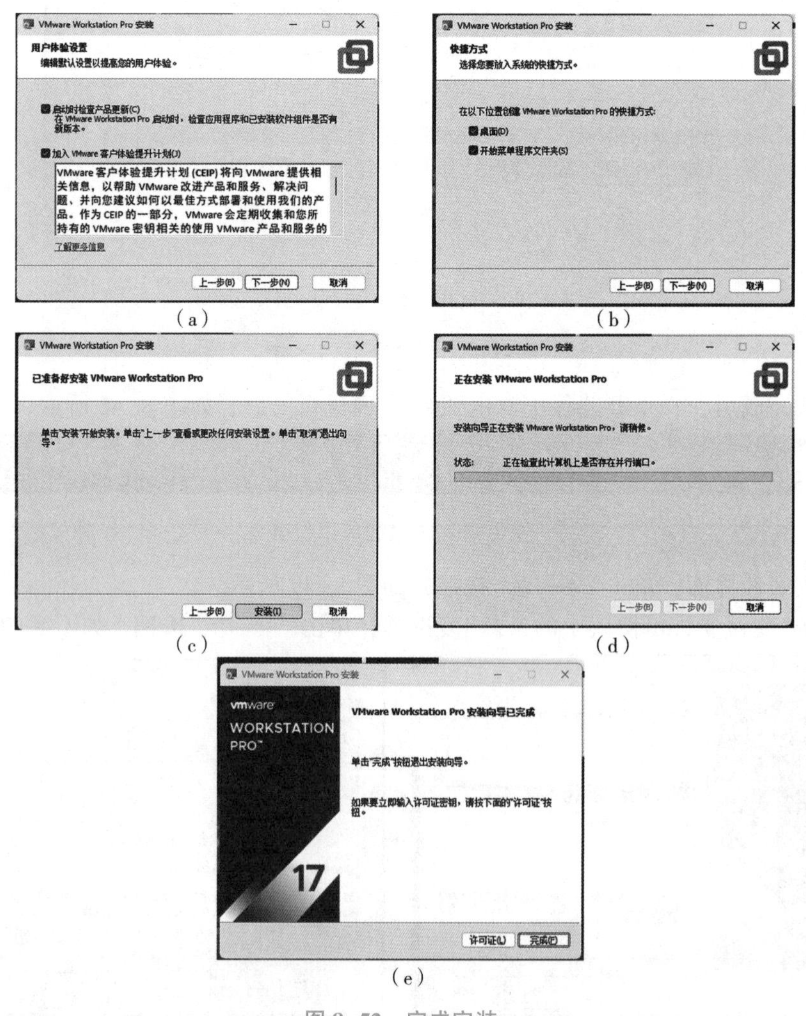

图 8-52　完成安装

(a)安装界面 1；(b)安装界面 2；(c)安装界面 3；(d)安装界面 4；(e)完成界面

8.5.3　创建 VMware Workstation 系统

本小节我们以安装优麒麟系统为例，介绍创建虚拟机的步骤和过程。

(1)首先打开安装好的 VMware Workstation，在 VMware Workstation 界面单击“创建新的虚拟机”按钮，如图 8-53 所示。

图 8-53　VMware Workstation 界面

(2)选择“自定义”单选按钮，单击“下一步”按钮，如图 8-54 所示。

(3)默认选项，单击“下一步”按钮，如图 8-55 所示。

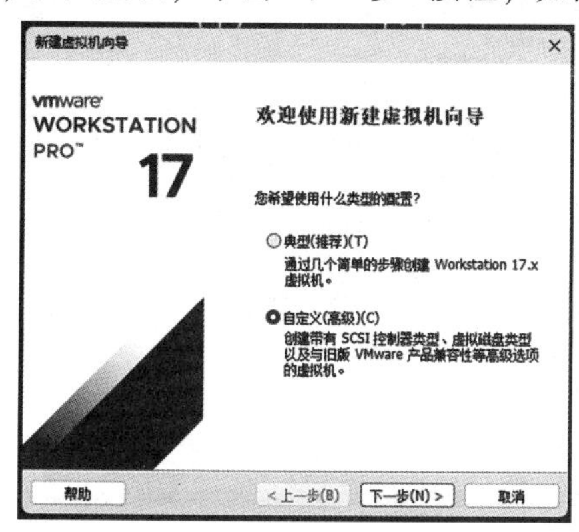

图 8-54　“自定义”配置

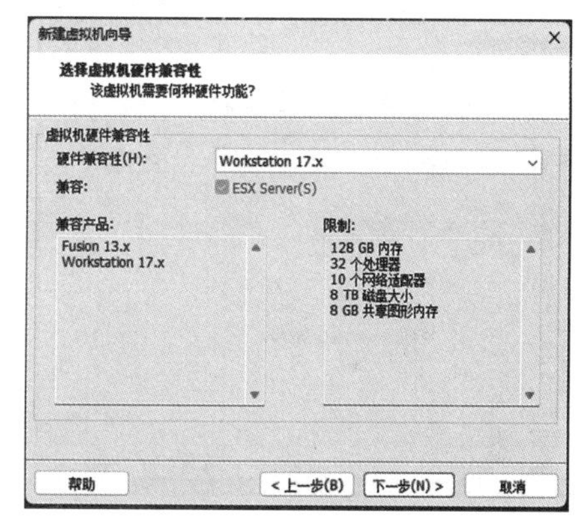

图 8-55　选择虚拟机硬件兼容性

(4)选择“稍后安装操作系统”单选按钮，单击“下一步”按钮，如图 8-56 所示。

(5)选择“Linux”单选按钮，版本选择“Ubuntu 64 位”，单击“下一步”按钮，如图 8-57 所示。

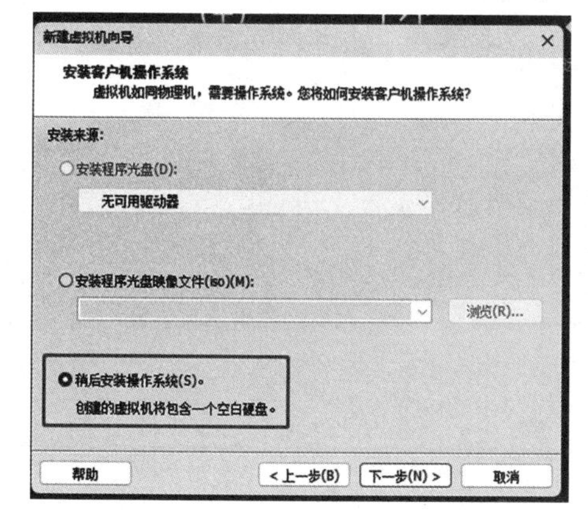

图 8-56　选择安装客户机操作系统方式

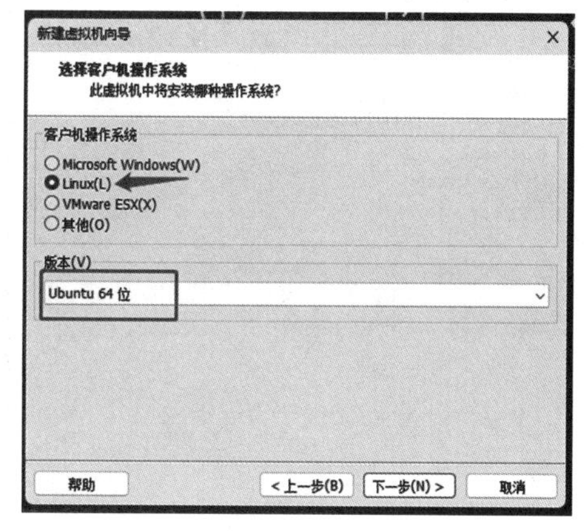

图 8-57　选择客户机操作系统

(6)自定义虚拟机名称和位置，单击“下一步”按钮，如图 8-58 所示。

(7)自行选择处理器的内核数量，单击“下一步”按钮，如图 8-59 所示。

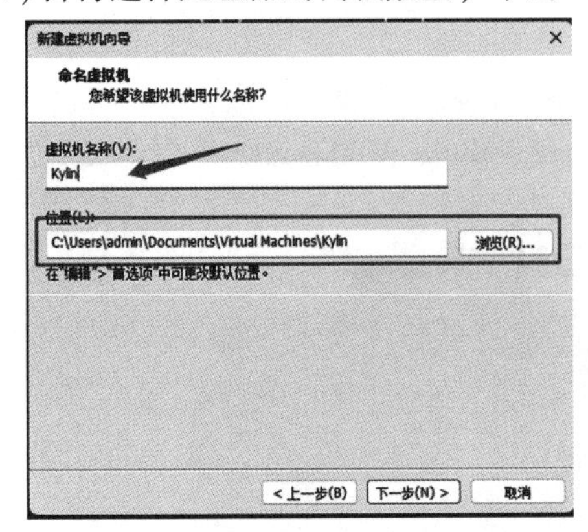

图 8-58 自定义虚拟机名称和位置

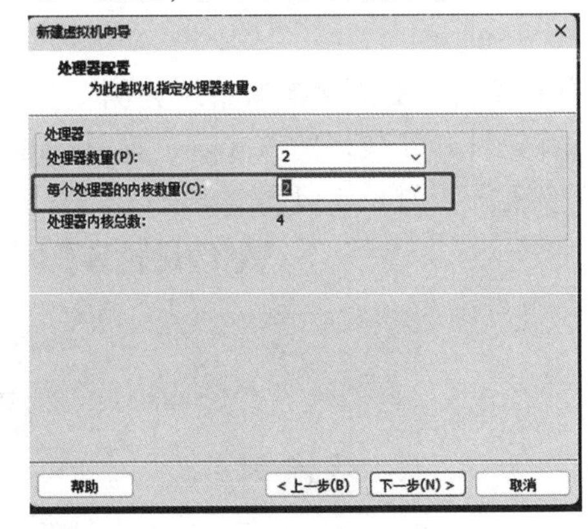

图 8-59 处理器配置

(8)调整虚拟机内存，单击“下一步”按钮，如图 8-60 所示。

(9)选择第二项，单击“下一步”按钮，如图 8-61 所示。

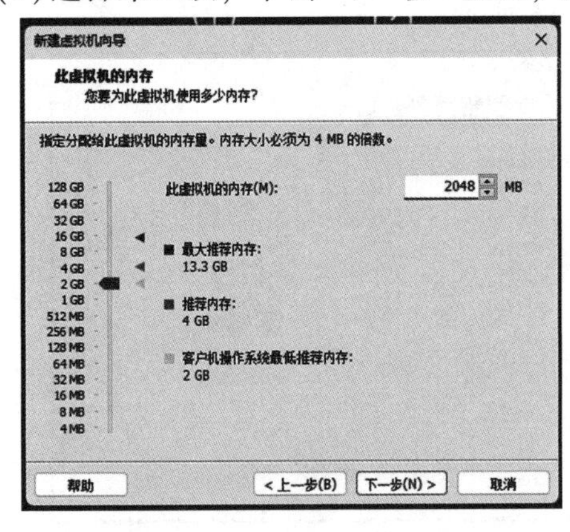

图 8-60 设置虚拟机内存

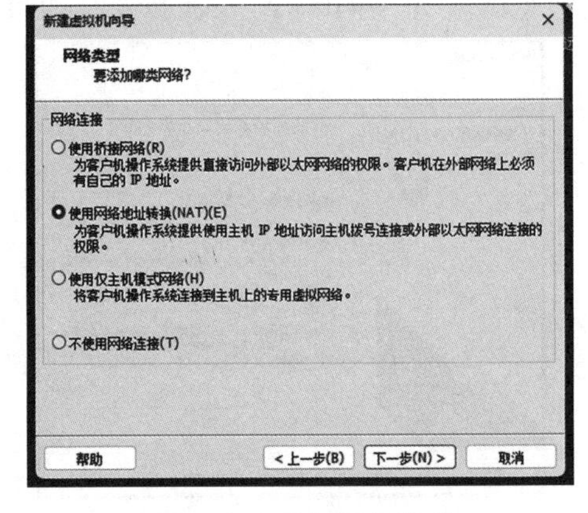

图 8-61 选择网络类型

(10)默认选项，单击“下一步”按钮，如图 8-62 所示。

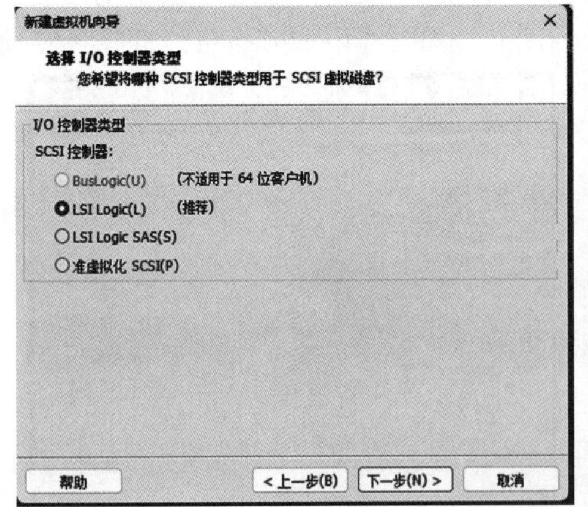

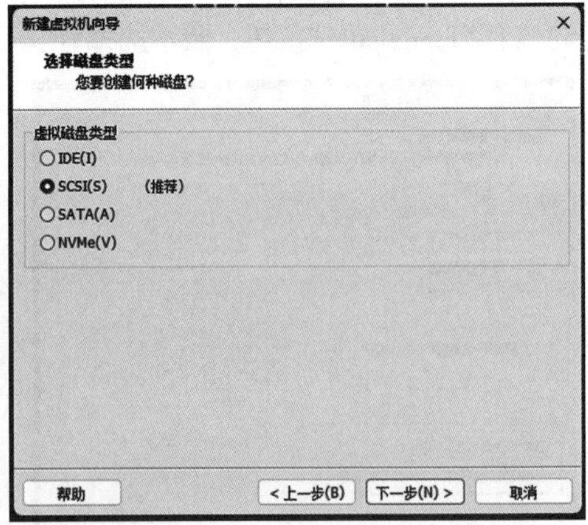

图 8-62 选择 I/O 控制器类型和虚拟磁盘类型

(11)选择“创建新虚拟磁盘”单选按钮，单击“下一步”按钮，如图 8-63 所示。

（12）磁盘大小可以默认为 20 GB 也可以根据需要自行更改，选择“将虚拟磁盘存储为单个文件”单选按钮，单击“下一步”按钮，如图 8-64 所示。

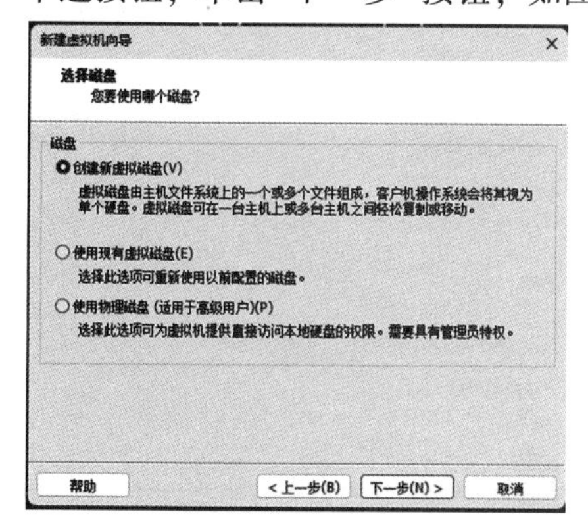

图 8-63　选择磁盘

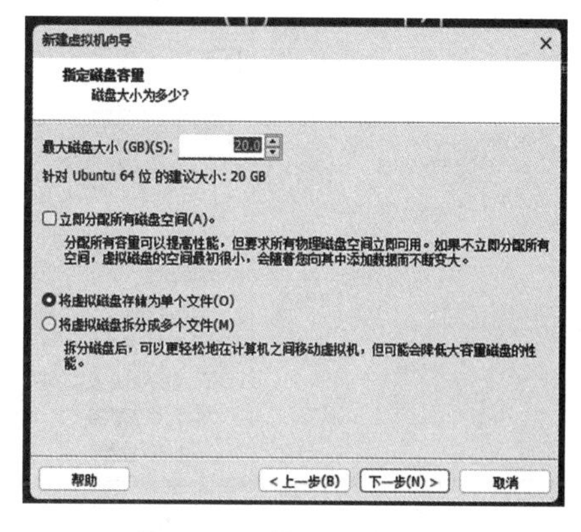

图 8-64　指定磁盘容量

（13）无须更改，直接单击“下一步”按钮，如图 8-65 所示。

（14）单击“自定义硬件”按钮，如图 8-66 所示。

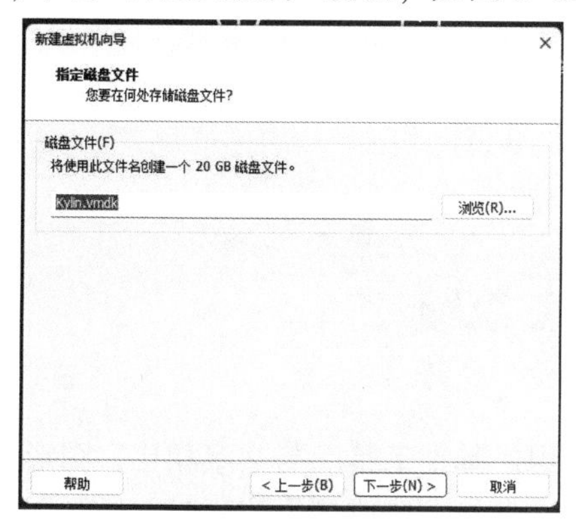

图 8-65　指定磁盘文件

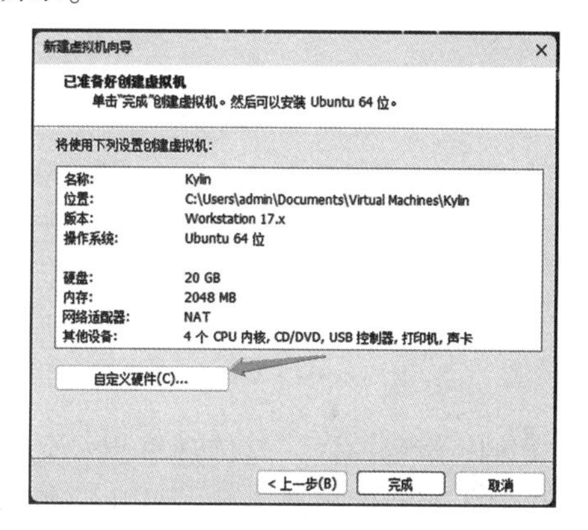

图 8-66　自定义硬件

（15）在左侧选择“新 CD/DVD”，在右侧选择“使用 ISO 映像文件”单选按钮，选择下载的 ISO 镜像文件所在位置，单击“关闭”按钮，如图 8-67 所示。

（16）单击“完成”按钮，如图 8-68 所示。

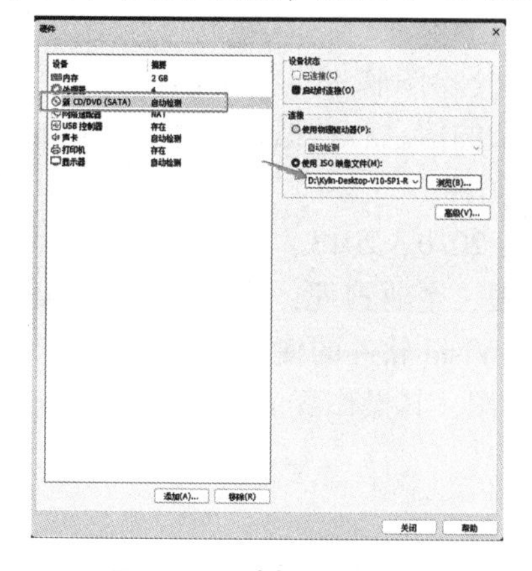

图 8-67　选择镜像文件

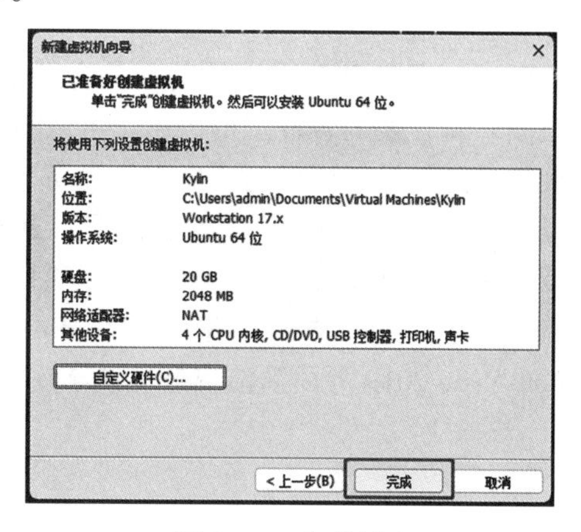

图 8-68　完成创建

(17)单击“开启此虚拟机”按钮，安装优麒麟系统，进入操作系统桌面，如图 8-69 所示。

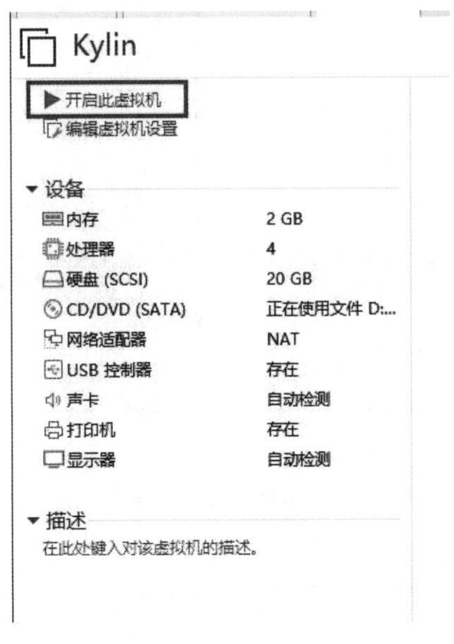

图 8-69　开启虚拟机

8.6　办公绘图

图与文字、声音一样，是传递思想、交换知识的基本工具。与文字相比，图形的直观性和生动性更强。当我们想要表达一些比较复杂的信息、系统或逻辑流程时，绘制图形图表往往比纯文字表述得更清晰明了，利于理解。无论是写论文还是做报告，图都发挥着不可替代的作用，所以学会使用一种专业的办公绘图软件应该成为当代大学生的必备技能。

8.6.1　Microsoft Visio

Microsoft Visio 是微软公司推出的一款专业的办公绘图软件，支持创建流程图、组织结构图、网络图、日程表等各种图形，用户可以将复杂的信息和数据转换为可视化的图表，以便快速准确地传达信息，降低沟通成本，提高工作效率。

Microsoft Visio 自发布以来，已经更新了 2007、2010、2013、2016、2019 等多个版本，并已被广泛应用于软件设计、办公自动化、项目管理、企业管理、建筑等众多领域，下面以 Microsoft Visio 2019 为主要操作环境，介绍 Microsoft Visio 软件的使用方法。

Microsoft Visio 2019 界面简洁友好、便于用户操作，其操作界面如图 8-70 所示。

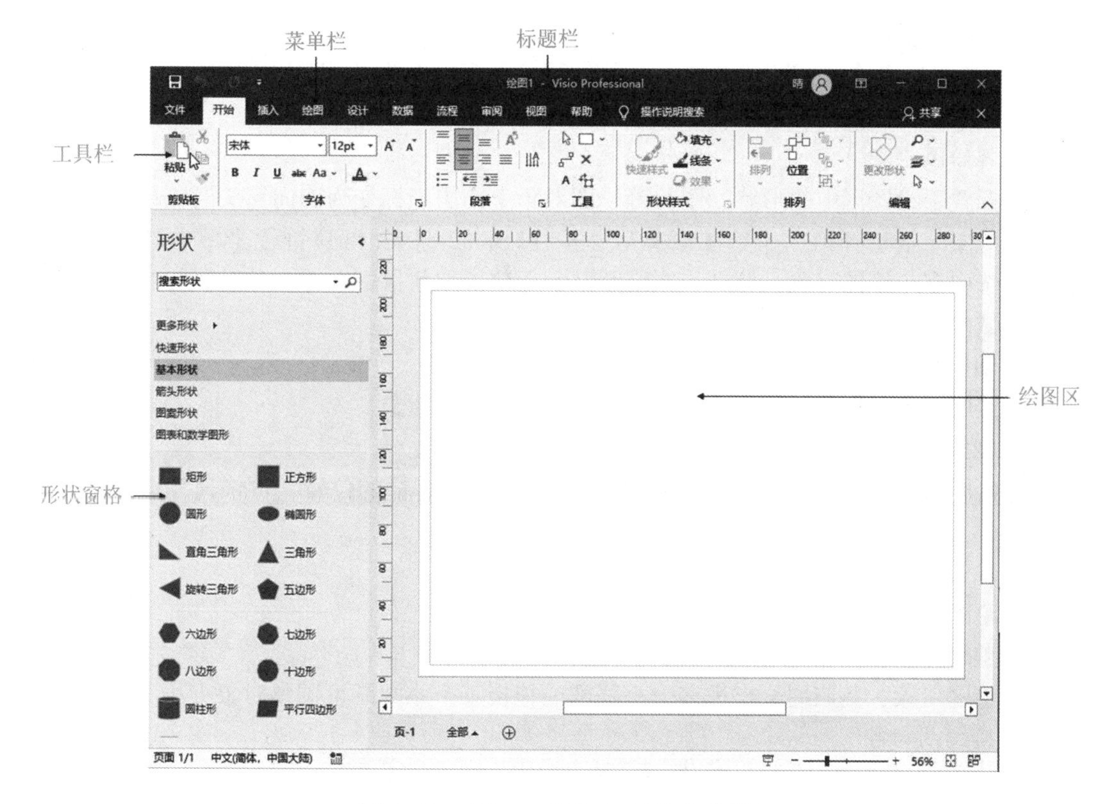

图 8-70 Microsoft Visio 2019 操作界面

1. 管理绘图文档

1）创建绘图文档

选择“文件”→“新建”命令，打开“新建”窗口，窗口中展示了基本框图、空白绘图、基本流程图等模板列表，选择合适的模板，弹出样式预览窗口，根据需要选中某个模板样式，单击“创建”按钮，即可创建相应的绘图文档。

2）保存绘图文档

选择“文件”→“保存”→“另存为”命令来保存绘图文档，此时所保存的绘图文档的文件类型是系统默认的绘图文件（*.vsdx），在“保存类型”下拉列表中可修改文件类型。

2. Microsoft Visio 基本操作

创建绘图文档后，用户可以按照绘图方案，将形状、文本框、图片等绘图对象添加到绘图区中，并按需对这些绘图对象进行调整。

1）添加绘图对象

（1）添加形状：在使用 Microsoft Visio 创建基于模板的绘图文档后，与该模板适配的模具自动显示在操作界面左侧的形状窗格中，除使用模具中自动显示的形状外，还可单击形状窗格中的“更多形状”按钮，将其他模具添加到形状窗格中。在形状窗格中选中某个形状，并将其拖拽至右侧绘图区即可添加形状。双击某个形状，在显示出的文本框内输入文字可为形状配上相应文本。

（2）添加文本框：单击“插入”选项卡，在“文本”选项组中单击“文本框”下拉按钮，选择“绘制横排文本框”→“竖排文本框”命令，可在绘图区的任意位置单击添加文本框，在闪烁的光标处输入文字。

(3)添加图片：单击“插入”选项卡，在“插图”选项组中单击“图片”按钮，打开“插入图片”对话框，选择磁盘中的图片，单击“打开”按钮，即可添加图片。

2)选择绘图对象

将光标置于绘图区中的形状、图片等绘图对象上，当光标变为四向箭头时，单击即可选择该绘图对象。当选择第一个绘图对象后，按住〈Shift〉键或〈Ctrl〉键逐个单击其他绘图对象，即可选中多个绘图对象。此外，在绘图区空白位置按住鼠标左键，移动鼠标拖拽出一个区域，区域内的多个绘图对象可被同时选中。

3)移动绘图对象

选中绘图对象，按住鼠标左键，移动鼠标可移动绘图对象。

4)复制绘图对象

选中绘图对象，按住〈Ctrl〉键，移动鼠标将其拖拽至合适的位置，可快速完成绘图对象的复制。

5)删除绘图对象

选中绘图对象，按〈Delete〉键即可将其删除。

6)调整对象大小

选中绘图对象，其四周会出现多个小圆圈，拖拽某个小圆圈可调整对象大小。

7)连接绘图对象

在形状窗格中单击“更多形状”按钮，在展开的列表中选择 “其他 Visio 方案”→“连接符”，形状窗格中将显示出专业连接符，将合适的连接符拖拽至绘图区，并将连接符两端连接到相应绘图对象上即可。此外，使用连接线工具也可以连接两个绘图对象。单击“开始”选项卡，在“工具”组中单击“连接线”按钮，将鼠标指针移动到要连接的其中一个绘图对象的连接点上，拖动鼠标到另外一个绘图对象的连接点上，即可连接两个绘图对象。

8)调整对象层次

当多个绘图对象没有按要求叠放在一起时，就需要调整对象的显示层次。选择需要调整层次的绘图对象，单击 “开始”选项卡，在“排列”选项组中单击“置于顶层”或“置于底层”下拉按钮，在展开的下拉列表中选择相应选项，可将绘图对象上移一层、置于顶层、下移一层或置于顶层。

9)组合绘图对象

为方便多个绘图对象的处理，可将多个绘图对象合并成一个绘图对象。选择多个绘图对象，单击“开始”选项卡，在“排列”选项组中单击“组合”下拉按钮，在展开的下拉列表中选择“组合”选项即可。

10)美化绘图对象

选择形状、文本框绘图对象，单击“开始”选择卡，单击“形状样式”选项组中的相应功能按钮，可以调整形状和文本框的填充颜色、线条颜色、线条箭头方向、显示效果等。选中图片对象，单击“图片工具”→“格式”选项卡，单击“图片样式”或“调整”选项组中的相应功能按钮，可调整图片显示效果。

8.6.2 动手练习

一、实验目的

(1)掌握 Microsoft Visio 软件的主要功能。

(2)掌握 Microsoft Visio 软件绘制流程图的方法。

二、实验内容

制作会员注册流程图如图 8-71 所示。

三、实验步骤

(1)选择"文件"→"新建"命令,在"新建"窗口中选择"基本流程图",在模板样式中选择"基本流程图"样式,单击右侧"创建"按钮,打开 Microsoft Visio 绘图操作界面。

(2)在形状窗格中找到名为"开始/结束""流程""判定"的形状,并依次将它们拖拽至绘图区适当的位置。

(3)按〈Ctrl+A〉组合键选中所有图形,单击"开始"选项卡,在"排列"选项组中选择"排列"→"水平居中"选项,即可将绘图区的形状排列整齐。

(4)在形状窗格中单击"更多形状"按钮,在展开的列表中选择"其他 Visio 方案"→"连接符",连接符模具被加载到形状窗格内,使用模具中的"动态连接线"连接符将所有形状进行连接。

(5)依次双击各形状和连接线,在光标处输入相应文字,为每个形状和连接线配上文字。

(6)最后,选择"文件"→"保存"→"另存为"命令,将绘图文件保存到本地文件夹。

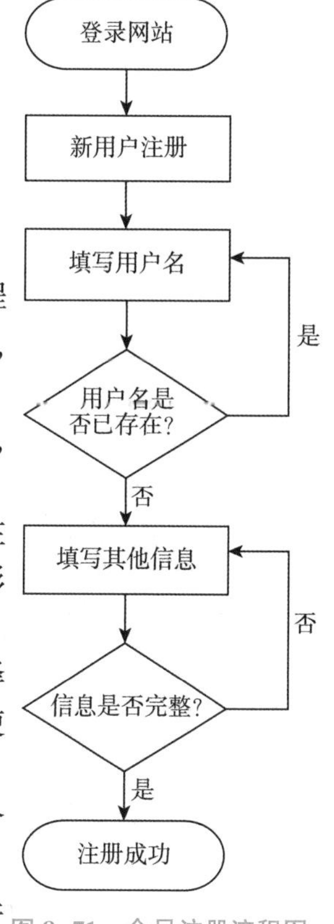

图 8-71 会员注册流程图

8.6.3 其他绘图软件

亿图图示是一款国产综合性办公绘图软件,包含大量的事例库和模板库,可以很方便地绘制各种专业的业务流程图、工程管理图、软件设计图、网络拓扑图等各种图形。此外,该软件支持 Windows、Mac OS、Linux、Android 等多个平台,对使用平台有更多需求的用户可考虑此软件工具。

百度脑图是百度公司旗下的一款免费的思维导图编辑工具,支持线上直接创建、保存并分享用户的思路,操作简单快捷。

参考文献

[1]刘音，王志海. 计算机基础应用[M]. 北京：北京邮电大学出版社，2020.
[2]兰雨晴. 麒麟操作系统应用与实践[M]. 北京：电子工业出版社，2021.
[3]闫瑞峰，张立铭，薛佳楣. 大学计算机基础(Windows 10+Office 2016)[M]. 北京：清华大学出版社，2022.
[4]曾陈萍，陈世琼，钟黔川. 大学计算机应用基础(Windows 10+WPS Office 2019)[M]. 北京：人民邮电出版社，2021.
[5]张丕振，张朋. 计算机应用基础[M]. 北京：电子工业出版社，2020.
[6]孙连科. 计算机应用基础[M]. 北京：中国水利水电出版社，2014.
[7]卢晓丽，于洋. 计算机网络基础与实践[M]. 北京：北京理工大学出版社，2020.
[8]金秋萍，陈国俊，孙雪凌，等. 计算机应用基础[M]. 成都：电子科技大学出版社，2020.
[9]何国辉. WPS Office 高效办公应用与技巧大全(案例·视频)[M]. 北京：中国水利水电出版社，2021.